단밍이네
어린 정원

단밍이네 어린 정원

고현경
이재호
지음

허허벌판을 1년 동안 정원으로 만든 과정,

고스란히 한 권의 책으로 말하다!

동화같이 아름다운 나만의 셀프 정원 만들기

티나

가장 큰 사랑과 위로는 꽃과 식물들로부터!

단밍이네 가족을 먼저 소개할게요. 우리는 모두 네 식구입니다. 우리 부부와 단지, 그리고 밍키. 아빠를 닮은 단지는 멍때리기를 좋아해 조용하고 친절한 아이입니다. 곁을 내어주며 늘 주변에 있지만 소리를 내는 일이 드물어 참 사랑스런 아이지요. 그리고 엄마를 닮은 동생 밍키는 참견이 많고, 고요한 단밍이네를 소란스럽게 만드는 장난꾸러기입니다. 이렇게 넷이 서로를 보듬으며 살고 있습니다.

유튜브 채널 '단밍이네 어린 정원'은 정원 가꾸는 일에 흥미를 보인 아내가 자신이 식물과 함께 성장하는 이야기를 사람들과 나누고 싶어 만든 공간입니다. 이 공간이 탄생하기까지 우리 가족은 몇 번의 이사를 해야 했습니다. 다른 사람에게 피해 주는 것을 극도로 꺼리는 우리 부부는 아파트에 살 때 강아지 짖는 소리로 이웃에게 불편을 끼칠까 노심초사했는데, 어느 날 아파트 추첨에 떨어지자 아내가 불현듯 전원주택을 알아보기 시작했습니다. 그때 저는 속으로 환호성을 질렀습니다. 제 삶의 버킷

리스트 중 하나가 바로 전원주택에서의 삶이었기 때문입니다. 그래서 옆에서 열심히 도와 주택으로 이사했습니다. 아이들에게 뛰어놀 넓은 마당을 선물해주고 싶었기 때문입니다.

전원주택으로 이사한 후에 제일 먼저 펜스를 쳐야 했는데, 펜스 창살 간격이 넓어 망을 덧대어야 했으며 대문이 필요했습니다. 그렇게 자연스럽게 만들어진 우리 공간은 옆집과 맞닿아 있어 나무가 필요했습니다. 그런데 더디게 자라는 나무의 특성상 꽃이 필요했고, 그래서 땅을 일구어야 했습니다. 결국 햇빛 아래 나가서 그을리는 만큼 우리 부부의 꿈과 계획도 커져갔습니다. 아내는 꿈을 꾸고 그림을 그렸으며, 저는 그림을 그릴 도화지를 준비했고, 입체감 있는 정원을 위한 아내의 부탁에 톱을 사고 못을 샀으며 망치질을 했습니다. 아내의 칭찬에 행복했고, 십 수 년간 간절히 바라던 나만의 도예 작업실에 대한 열망도 꿈틀거리는 것을 느꼈습니다.

그렇게 우리 손으로 일군 땅에 처음 델피늄을 파종하여 꽃을 피우기 직전,

아쉽게도 우리 가족은 근처 이웃 동네로 다시 이사를 해야 했습니다. 지금 집을 기준으로 주차장이 있는 뒤편 공간에는 작은 주목나무 한 그루와 황금조팝, 삼색조팝이 화려한 빛을 뽐내고, 자연스럽게 자란 토종 뽕나무 두 그루와 스트로브잣나무가 펜스와 집 사이를 숲길로 만들어내고 있습니다. 요즘은 벚나무 한 그루와 청단풍, 장미들이 무수히 많은 가지와 싱그러움을 더하고 있습니다.

대문을 밀면 아내가 소중히 여기는 수국(앤들리스 썸머)과 매발톱, 휴케라 등 그늘을 좋아하는 아이들을 위한 공간이 제일 먼저 단밍이네 어린 정원을 방문한 사람들을 반겨줍니다. 밀던 대문을 고이 닫고 살짝 돌아서면 필요할 때만 가끔 열리는 가든 아치를 지나 나무로 만들어 지붕을 씌운 가든 게이트 2개를 차례로 지나치게 됩니다. 목수국과 겹수선화, 맥문동 등도 허리를 굽혀 눈맞

춤하면 만날 수 있습니다. 식물이 감싸고 초록들이 자라는 공간을 오가는 길은 좁고 낮은데도 즐겁습니다. 자연스레 조심하여 거닐면 더 신기하고 반가우며 새롭습니다. 단밍이네 정원을 드나드는 길은 크고 넓지 않으나 안으로 스미며 사랑스럽습니다.

우리가 이곳을 시크릿 가든이라 부르는 이유는 이렇습니다. 두 번째 가든 게이트의 출입문 앞에 서면 커다란 주목나무 한 그루가 떡하니 버티고 길을 내어주지 않습니다. 벽을 타고 오르는 클레마티스의 커다란 꽃송이가 반가이 인사할 뿐입니다. 벽돌을 쪼개 만든 굽이도는 길을 공작단풍의 토닥임을 받으며 슬쩍 따라 돌면 오른편으로는 장미의 벽이, 정면으로는 파빌리온이, 다시 왼편으로는 5개의 아치로 이루어진 장미터널이 손짓합니다.

공간 구성은 사시사철 변하되 뻔한 모습이 아니라 눈길 닿는 곳의 크기와 넓이에 따라 변화가 있기를 소망했으며 고개를 들고 숙이고 돌아들고 달려

가는 모든 시선과 동작 속에 멈칫하는 발견이 있기를 바랐습니다.

아치를 나서면 아치 왼편과 오른편에도 작은 언덕을 이룬 숲이 있으며, 그 둔덕의 내림을 따라 길이 두 갈래로 나뉘며, 한 갈래는 먼 길을 돌고 또 한 갈래는 원형정원을 돌아 또 다른 가든 게이트로 안내합니다. 아치터널을 통과한 뒤 제가 주로 가는 길인 왼편은 도자 작업실로 향하는 길이며, 아내가 주로 향하는 오른편은 벤치가 있고 작은 아치가 있는 그녀의 작업 공간입니다.

서로 다른 길을 다른 시간대에 오가는 일이 잦으나 두 사람을 다시 만나게 하는 가든 게이트 앞에는 쉼과 애틋함을 전하는 테이블과 파라솔이, 그리고 늘 밍키에게 빼앗기는 야외용 리클라이너 의자가 놓여 있습니다. 가든 게이트를 지나면 유실수 나무가 농약 없이 태고의 모습으로 자라고 있으며, 오른편으로는 퇴비장이, 왼편으로는 쿠바식 텃밭이 자연스럽게 채소를 담은 채로 놓여 있습니다.

관목장미, 홍가시나무가 문그로우와 은빛과 홍빛으로 어우러지고, 놀러 오는 새들과 나눠먹을 수밖에 없도록 풍성한 블루베리 나무가 겨울만 되면 가지를 붉게 물들이고, 조팝나무들이 텃밭과 정원을 구분해줍니다. 자연을 품고자 하나 자연에 안기게 되고 계획하고 구성하고자 하나 스스로 나고 자라 만들어지는 풍경은 그저 바라보기에 아득할 뿐입니다. 봄이 되면 겨울눈의 트임이 간절하고, 여름 기나긴 장마에 늘어지면 애처로워지며, 가을빛에 스러지면 처연해집니다. 그리고 움틈과 성장과 기다림과 인내의 꿈틀거림을 속삭이듯 달래주는 겨울눈의 포근함이 섭리처럼 이어지는 단밍이네 어린 정원은 그렇게 성장하고 있습니다.

최근, 자연의 고통이 인간이 겪게 될 고통과 다르지 않다는 사실에 대한 깨달음과 함께 상처받고 아픔을 겪은 자연을 치유하는 일에 함께하고자 하는 인류의 외침이 커져가고 있습니다. 자신의 삶 안에 자연을 가까이 두고자 하는 사람들의 열망은 베란다 가드닝, 정원 가드닝, 플랜테리어, 식물테라피 등 다양한 이름으로 불리며 인간의 일상 속으로 스며들었습니다.

사실 우리 민족은 있는 그대로의 자연에 길을 만들고 자신을 감추었으며, 해가 떠오르고 지는 방향에 따라 처마 길이를 다르게 하고 툇마루 너비를 알맞게 앉혔으며, 그 속에 스미는 햇살 한 줌, 나뭇가지와 바람이 선사하는 그늘과 바람소리를 사랑했던 사람들이었습니다. 단밍이네 어린 정원은 그 오래된 사랑을 기억합니다. 식물이 싹이 트고 꽃이 피며 열매가 맺는 희열을 느끼기 이전에 흙을 생각하고 길을 생각하며 빛과 바람길을 고민합니다.

식물의 성장은 결과가 중요한 것이 아닙니다. 결과만이 아니라 사이사이 뿌리는 어땠는지, 바람은 지나다녔는지, 서로 싸우지는 않았는지, 땅속의 모습은 어떠했는지를 살피고 돌보는 일은 자연을 그야말로 자연답게 만드는 일입니다. 단밍이네는 자연을 겉모습만 화려한 공간으로 가꾸고자 노력하지 않습니다. 숲이 성장하고 길가의 꽃이 하늘거리는 곳의 가장 낮고 쿰쿰한 내음을 기분 좋게 맡으며 성장해가고 있습니다. 그래서 늘 '어린 정원'입니다.

식물과 소통하고 식물에게 위로받으며 행복했던 우리 가족의 이야기는 가드닝에 대한 방법보다는 정원 가꾸기에 대한 방향으로 읽혀지길 바랍니다. 예쁜 꽃의 이야기보다는 그 꽃을 피우기 위해 자신을 온전히 녹여 스미게 한 땅의 이야기로 읽혀지길 바랍니다. 이 책은 꽃과 식물의 뻔한 사연을 들려주기보다는 식물들이 자신의 온전한 모습으로 서 있을 때의 조화와 그들이 인간과 함께 성장하고 소멸하는 이야기를 전하고자 합니다. 그리하여 꽃과 식물들이 자신의 모든 것으로 인간에게 주는 사랑과 위로가 얼마나 큰지 모두가 느낄 수 있기를 바랍니다.

차례

Part 2 자유로운 성장을 가능케 하는 식물의 환경

Part 3 정원이라는 도화지 준비하기

Part 1

정원의 주인공, 식물 이해하기

'관심을 가지면 궁금하게 되고 궁금하면 알게 되며 알면 사랑하게 된다'는 말이 있습니다. 흔한 말이지만 무언가에 빠지고 사랑하며 마니아가 되어가는 과정을 가장 잘 표현하는 말이기도 하며 누군가에게 관심과 애정을 바랄 때 자주 인용하는 말이기도 합니다.

바람에 하늘거리는 꽃잎에 가슴이 따뜻해지고 흐르는 낙엽의 처연함에 마음 뭉클해지는 어느 가을 날, 우리는 새삼스런 감회에 젖습니다. 자연, 특히 식물의 생과 사가 늘 곁에 있어 무심하였지만 늘 함께 해왔으며 순간순간 우리의 마음을 동여매고 때론 위로하였음을 느끼며 살아갑니다. 간절해집니다. 곁에 두어 사랑하고 싶어집니다. 그리하여 궁금합니다. 이름은 무엇이고 어떻게 키워야 잘 크며 그에 대한 보답으로 언제 꽃을 피우고, 또 얼마나 오래 그 어여쁜 모습을 보여주는지에 대해서 말입니다.

그러나 마음 같지 않습니다. 식물이 내 곁에서 행복하지 않다는 것을 느끼는 경우가 많습니다. 사랑하면 미안해지는 탓일까요? 잘못된 방법으로 하는 연습은 자신을 해칠 뿐입니다. 관심과 노력이 말 못하는 식물에게 얼마나 적절한가에 대한 물음은 꼬리에 꼬리를 뭅니다. 어떤 이는 다양한 방법으로 해결책을 찾습니다. 또 어떤 이는 방법을 잠시 미루고 식물에 대한 이해를 시작합니다.

우린 많은 경우에 대비해야 합니다. 지식과 방법은 넘쳐나나 식물의 본질에 대한 설명은 멀리 있습니다. 그 먼길을 향한 걸음 속에 자연스럽게 방법들이 존재합니다. 길을 걸으며 살피면 그뿐입니다. 외우지 않아도, 기록하지 않아도 자연스럽게 알게 됩니다. 그 먼길이 오히려 가장 가까운 길입니다. 함께 떠나길 바랍니다.

식물은 어떻게 분류할까? 01

식물은 크게 포자로 번식하는 식물과 씨앗으로 번식하는 식물로 나눌 수 있습니다.

포자로 번식하는 식물(선태식물과 양치식물)

포자로 번식하는 식물에는 선태식물과 양치식물이 있습니다. 이들은 꽃이 피지 않는 은화식물입니다. 솔이끼, 우산이끼 등과 같은 선태식물은 지구 생성 초기에 육상에 나타난 최초의 식물군입니다. 이 식물들은 물과 양분이 이동할 수 있는 통로인 유관속이 발달하지 않은 하등식물로 분류됩니다.

솔잎란, 속새, 쇠뜨기, 고사리 등이 속한 양치식물은 선태식물에 이어 지구상에 등장한 식물군으로 고생대 말엽에 크게 번성한 식물입니다. 이 식물들은 선태식물과는 다르게 유관속이 발달했기에 고등식물로 분류됩니다. 선태식물보다 원예적 용도가 더 넓고 다양하며 식용과 관상용으로 널리 이용되고 있습니다.

씨앗으로 번식하는 식물(나자식물과 피자식물)

씨앗으로 번식하는 식물에는 나자식물(겉씨식물)과 피자식물(속씨식물)이 있습니다. 나자식물(겉씨식물)은 이름처럼 씨앗을 감싸고 있는 씨방이 없어서 씨앗이 겉으로 드러나 있는 식물입니다. 소나무, 잣나무, 주목, 향나무, 은행나무 등이 나자식물입니다. 나자식물은 씨앗으로 번식하기는 하지만, 꽃이 눈에 잘 띄지 않기에 관찰하기 어렵습니다. 소나무의 경우 솔방울이라는 열매를 맺지만, 우리는 소나무의 꽃이 어떤 모양인지는 잘 모릅니다.

피자식물(속씨식물)은 완전한 꽃이 피는 식물로 씨앗이 씨방에 싸여 있고 열매를 맺는 식물입니다. 우리가 주로 알고 있는 식물 형태이지요. 현재 지구상에 약 25만 종이 분포하며 전체 식물의 90% 이상을 차지합니다. 자엽(떡잎) 수에 따라 붓꽃, 백합, 둥글레 등과 같은 단자엽식물(외떡잎식물)과 진달래, 목련, 산수유 등과 같은 쌍자엽식물(쌍떡잎식물)로 구분됩니다.

식물의 실용적 분류

식물의 특성은 지역의 기후조건에 따라 다르기 때문에 분류방식도 다양합니다. 아래는 식물학적인 특성과 생육시기, 이용방식 등을 기준으로 나눈 실용적 분류입니다. 우리가 일상적인 가드닝에서 주로 사용하는 분류방식이기도 합니다.

일년초Annuals

일년초란 씨앗을 파종한 후 일 년 이내 개화 및 씨앗을 맺으며 씨앗을 맺으면 생을 마감하는 식물로서 한해살이 풀이라고 합니다. 일년초 중에는 자생지인 열대 지방에서는 다년생이지만 추운 계절이 있는 온대 지방에서는 겨울을 버티지 못하고 얼어 죽는 것이 있습니다. 따라서 동일한 식물일지라도 재배 지역에 따라 열대나 아열대지역에서는 다년생, 겨울이 있는 온대지역에서는 일년초가 되는 경우가 있습니다. 또한 같은 의미로 노지에서는 일년초이나, 온실이나 실내로 들일 경우 다년생이 되기도 합니다.

일년초는 주로 씨앗을 통해 번식하고 완전히 자라는 데까지 걸리는 기간이 짧으며, 꽃이 한꺼번에 많은 양이 피어나는 특성을 가지고 있습니다. 씨앗을 파종하는 시기에 따라 '춘파일년초'와 '추파일년초'로 나뉩니다.

● **춘파일년초** / 봄에 씨앗을 파종하는 일년초를 말합니다. 주로 열대나 아열대 원산으로 고온, 건조, 척박한 토양 등에 강한 특성을 지니고 있습니다. 위도가 낮은 열대나 아열대가 원산이기 때문에 꽃이 피기 위해서는 해의 길이가 점차 짧아지는 단일조건일 때 개화가 촉진됩니다. 여름에서 가을에 걸쳐 개화하는 식물들이 주로 포함됩니다.

예) 나팔꽃, 맨드라미, 코스모스, 샐비어, 해바라기, 메리골드, 일일초, 한련화, 분꽃 등

● **추파일년초** / 가을에 씨앗을 파종하는 일년초를 말합니다. 이 식물들은 주로 온대나 아한대 원산이고 서늘한 기후에서 잘 자라며, 꽃이 피기 위해선 해의 길이가 밤보다 길어야 하는 장일식물입니다. 또한 가을이나 이른 봄에 파종하여 모종 상태에서 어느 정도의 저온을 겪어야 꽃눈이 잘 생깁니다. 해의 길이가 점차 길어지기 시작하는 봄에서 여름에 이르는 시기에 개화합니다.

예) 팬지, 비올라, 페튜니아, 스토크, 과꽃, 금어초, 패랭이, 데이지. 프리뮬러 등

숙근초Perennials

겨울이 되면 줄기나 잎 등 지상부는 말라 죽지만 지하의 뿌리는 계속 남아 생육을 계속하는 초본성 식물입니다. 내한성을 기준으로 하여 노지 숙근초, 반노지 숙근초, 온실 숙근초로 나누어집니다.

● **노지 숙근초** / 내한성이 강한 식물들로 노지에서도 뿌리나 줄기의 일부가 살아남아 월동한 후 이듬해 봄에 싹을 틔워서 꽃을 피웁니다. 일반적으로 겨울 동안 충분한 저온을 겪어야 꽃눈이 만들어집니다.

예) 접시꽃, 원추리, 아이리스, 비비추, 작약, 루드베키아, 샤스타데이지, 매발톱꽃 등

● **반노지 숙근초** / 온대 원산으로 내한성이 약해 겨울에 짚이나 낙엽 등으로 보온

을 해주어야 겨울을 나는 식물들입니다.

예) 카네이션, 국화 등

● 온실 숙근초 / 열대 및 아열대 지방 원산으로 내한성이 약해 겨울에는 온실이나 실내로 들여야 하는 식물입니다.

예) 제라늄, 꽃베고니아, 스타티스, 숙근안개초, 거베라, 카랑코에 등

구근식물Bulbous plants

구근식물은 숙근초의 일종으로 알뿌리를 형성합니다. 이때의 알뿌리를 구근이라고 합니다. 구근은 잎, 줄기, 뿌리 등이 비대한 저장기관으로, 번식 수단으로 이용되기도 합니다. 구근의 발달근원이 되는 기관이 무엇이냐에 따라 인경(저장엽), 구경(줄기), 괴경(땅속줄기), 근경(땅속줄기), 구근(뿌리)으로 분류됩니다. 한 가지 특이점은 구근은 일정 기간 생장을 중지하는 휴면(Dormancy)을 한다는 것입니다. 휴면이 끝나야 싹이 올라오기 시작합니다. 구근식물은 내한성과 식재 시기 등을 기준으로 춘식 구근, 추식 구근, 온실 구근 등으로 구분합니다.

● 춘식 구근 / 춘식 구근은 봄에 심는 구근입니다. 대개 춘식 구근은 추위에 약하기 때문에 가을 서리가 오기 전이나 직후에 캐어내 안전하게 보관했다가 봄에 다시 심습니다. 보통 고온과 해가 긴 장일 조건에서 생육과 개화가 잘 이루어집니다.

예) 달리아(괴근), 칸나(근경), 글라디올러스(구경), 아마릴리스(인경), 칼라디움(괴경) 등

● 추식 구근 / 추식 구근은 주로 늦가을에 심는 구근입니다. 추식 구근은 추위에 강하며, 고온에는 휴면하는 특징이 있습니다. 추위에 강하기 때문에 노지에 식재 후 그대로 다년생으로 키우기도 하나 여름 장마철에 잘 썩기 때문에 장마가 오기 전에 캐내어 통풍이 잘되고 서늘한 곳에 보관했다가 늦가을에 다시 심는 방법을 선택하기도 합니다. 추식 구근은 실외에서 월동을 하며 월동하는 동안 충분한 저온을 겪어야 꽃눈이 만들어지고 꽃이 잘 피는 특성이 있습니다.

예) 튤립(인경), 작약(괴근), 라넌큘러스(괴근), 백합(인경), 수선화(인), 아이리스(근경), 히아신스(인경) 등

● 온실 구근 / 온실 구근은 노지에서 월동이 불가능하여 주로 온실이나 실내에서 키우는 구근입니다. 봄 또는 가을에 화분에 심어 실내 장식용으로 이용하기도 합니다.

예) 아네모네(괴경), 시클라멘(괴경), 글록시니아(괴경), 구근베고니아(괴경) 등

관엽식물Foliage plants

관엽식물은 잎의 모양, 색깔, 형태, 무늬 등을 주로 감상하는 식물입니다. 주로 열대나 아열대 원산으로 추위에 약하며 늘 싱싱한 잎을 지니고 있습니다. 대부분 고온을 좋아하는 식물로 수분을 많이 요구하며 건조에는 약하다는 특징이 있습니다. 반면 잎이 넓고 큰 식물들이 많아서 실내처럼 빛이 강하게 들지 않는 곳에서도 잘 견디기 때문에 실내 식물로 인기가 많은 편입니다.

예) 고무나무, 크로톤, 야자류, 파키라, 드라세나, 몬스테라, 팔손이, 스킨답서스, 싱고니움, 산세베리아, 칼라디움, 필로덴드론, 베고니아 등

다육식물Succulents

다육식물은 두꺼운 잎과 줄기에 수분을 저장하는 특징을 가지고 있습니다. 건조에 강하고 고온에서 잘 견디는 특성을 지니고 있습니다. 다른 종류의 식물에 비해 생장 속도는 더디며, 간혹 꽃이 피기도 합니다.

예) 선인장류, 채송화, 칼랑코에, 알로에, 꽃기린, 유카, 산세베리아 등

난초류Orchid

난이라고 부르기도 하며 한국, 중국 등에서 자생하는 난류를 동양란이라고 하고, 중남미 혹은 동남아시아에서 자생하는 난류를 서양란이라고 부르기도 합니다. 동양란은 잎과 꽃의 향기를 주로 즐기며, 서양란은 꽃이 크고 화려하여 주로 꽃을 즐기는 난입니다. 난은 뿌리를 뻗는 형태에 따라 지생란과 착생란으로 나누기도 합니다. 지생란은 뿌리를 땅속에 내리는 난이며, 착생란은 뿌리를 수목이나 바위표면에 펼치고 붙어서 자라기에 가정에서 키울 때에도 뿌리를 흙에 묻어 키우지 않으며 붙여 키우는 방식으로 재배합니다.

- **동양란** / 새우난, 타래난, 춘란, 한란, 석곡, 풍란 등
- **서양란** / 심비디움, 카틀레야, 덴드로비움 등
- **지생란** / 동양란류, 타래난, 심비디움 등
- **착생란** / 서양란류, 카틀레야, 석곡, 풍란 등

화목류Flowering trees

화목류는 아름다운 꽃이 피는 목본식물입니다. 내한성과 나무의 특징에 따라 온실화목, 관목화목, 교목화목으로 나누어집니다. 온실화목은 열대 혹은 아열대 원산으로 추위에 약해 노지에서 월동이 어려워서 주로 실내 식물로 이용됩니다. 관목화목은 키가 작은 편이며, 땅 표면과 인접한 기부에서 많은 가지가 새롭게 올라오는 특징을 지닙니다. 교목화목은 우리가 흔히 볼 수 있는 나무 모습을 하고 있고, 키가 크고 원줄기에서 가지가 발달하는 화목입니다.

- **온실화목** / 아잘레아, 꽃치자, 꽃기린, 익소라 등
- **관목화목** / 장미, 무궁화, 개나리, 철쭉, 라일락, 모란 등
- **교목화목** / 배롱나무, 동백나무, 산수유, 매화, 목련 등

관상수Ornamental trees

관상용 목본 식물 중에 화목류를 제외한 나무들입니다. 주로 나무의 수형과 줄기, 가지, 잎 등이 아름다운 식물로, 조경수, 정원수 등으로 이용하고 있습니다.

예) 단풍나무, 소나무, 주목, 향나무, 느티나무, 은행나무 등

식물의 일반적인 모습

원예 식물은 종류가 많고 또한 종류에 따라 형태와 구조가 매우 다양합니다. 하지만 모두 식물로서의 공통점뿐만 아니라 분류체계 내에서 비슷한 구조적인 특징을 가지고 있습니다. 식물의 대부분을 차지하는 피자식물(속씨식물) 중 쌍자엽식물(쌍떡잎식물)은 식물의 전형적인 모습을 보여줍니다.

✖ 기부와 말단부

기부(proximal): 땅의 표면과 맞닿는 부분을 말합니다. 기부는 줄기와 뿌리의 경계 부분이며, 같은 의미로 식물의 지상부와 지하부를 나누는 기점입니다.

말단부(distal): 줄기와 뿌리의 끝부분을 의미합니다. 줄기의 끝부분에는 생장점이 있고, 생장점을 어린잎이 감싸 정아를 형성합니다. 줄기 끝부분 정아에서 한 가지 특이한 점을 관찰할 수 있는데 바로 '정아 우세(apical dominance)' 현상입니다.

정아에서 생성된 '옥신'이라는 식물 호르몬은 정아의 생장은 촉진하나 아래쪽 측아의 발달은 억제합니다. 영양을 지상부의 가장 높은 곳으로 집중시켜 자신의 키를 키워서 다른 식물에 가려지는 것을 막고 광합성에서 우위를 차지하기 위한 살아남기 전략으로 생각됩니다. 이 '정아 우세' 현상으로 인해 식물을 인위적인 처치 없이 키울 경우 곁가지는 풍성하게 발생하지 않고 키만 삐죽 크는 모습을 보이기도 합니다. 반대로 필요에 따라 인위적으로 순집기 작업을 통해 정아를 제거해주면 '정아 우세' 현상이 사라져, 곁가지가 풍성하게 발생되기도 합니다. (재미있게도 자연에서는 진딧물이 이 역할을 대신 하기도 합니다.)

뿌리의 끝부분에도 뿌리의 생장점이 있으며 그 생장점을 감싸 보호하는 근관이 있습니다. 생장점의 세포들은 분열, 생장, 분화하여 길이가 늘어나고 줄기 끝의 생장점은 곧 새잎이나 꽃으로 분화됩니다.

✽ 지상부 슈트계

지상부의 슈트(shoot)는 어린 가지와 새싹을 의미합니다. 슈트계는 줄기와 그 위에 나 있는 잎, 눈, 꽃과 과실 등 모두를 포함합니다. 줄기는 지상부 슈트계의 축이며 일정한 간격으로 마디를 형성하고 마디마다 잎이 달리게 됩니다. 마디 사이사이의 잎 겨드랑이에서는 측아가 형성되며, 이들은 자라 측지(곁가지)가 됩니다.

줄기나 가지의 끝에는 생장점이 있으며, 생장점 활동으로 줄기와 가지가 자라고 새잎이 계속 발생하게 됩니다. 그리고 생장점은 적당한 시점에 이르면 꽃눈으로 변하며, 이 꽃눈은 꽃으로 자라게 되고 수분과 수정을 거쳐 종자와 열매를 생산하게 됩니다.

✽ 지하부 뿌리계

뿌리는 땅속에서 땅 깊은 곳을 향해 자라게 됩니다. 뿌리 형태는 쌍떡잎식물과 외떡잎식물의 모습이 다릅니다. 쌍떡잎식물의 뿌리는 주근(원뿌리)과 측근(곁뿌리)이 구분됩니다. 외떡잎식물의 경우 원뿌리와 곁뿌리의 구분이 잘 가지 않는 특징이 있습니다.

뿌리의 끝부분에는 생장점이 있고 생장점은 근관(뿌리골무)이 감싸고 있습니다. 뿌리에는 뿌리털(근모)이 자라며 뿌리털은 뿌리의 표면적을 넓혀 양·수분의 흡수력을 증가시키는 역할을 합니다.

식물의 각 부위별 특징과 역할: 줄기, 잎, 뿌리, 꽃, 종자, 과실

식물의 줄기와 잎, 뿌리를 영양기관이라 하고, 꽃, 종자, 열매를 생식기관이라고 합니다.

✖ 줄기

식물의 줄기는 식물을 지탱하는 역할을 합니다. 잎, 눈, 꽃, 과실 등이 줄기에 붙어 있습니다. 줄기 안에는 뿌리까지 이어진 물관과 체관으로 이루어진 관다발이 있습니다. 물관은 줄기의 안쪽에 위치해 있으며 뿌리로부터 흡수된 수분을 잎으로 이동시켜서 증산작용을 돕는 역할을 합니다. 체관은 무기질, 즉 영양소를 흡수해서 옮기는 역할을 합니다. 또한 광합성을 하기도 하며, 사용하고 남은 양분을 저장하기도 합니다.

다년생 목본식물의 경우는 형성층이 존재하여 줄기가 굵어지는 비대생장이 이루어집니다. 이 비대생장은 계절에 따라 생장속도가 다르기 때문에 우리가 잘 알고 있는 나무의 나이테가 생기는 것입니다.

줄기는 대부분 땅 위에 있지만 붓꽃이나 칸나처럼 땅속에 줄기가 있는 경우도 있습니다. 또한 꼿꼿하지 않고 딸기처럼 땅 위로 기어다니는 것도 있습니다. 광합성과 수분저장 기능이 있는 선인장의 다육질 줄기나, 영양물질의 저장과 번식 기능을 하는 감자의 덩이줄기처럼 줄기 형태가 변하여 독특한 기능을 수행하는 줄기도 있습니다.

✽ 잎

잎은 대개 잎몸과 잎자루, 턱잎(탁엽)의 세 부분으로 이루어져 있습니다. 잎몸에는 선처럼 보이는 잎맥이 존재합니다. 잎자루는 잎몸과 줄기를 이어주는 역할을 하며, 턱잎은 어린 싹을 보호하는 일을 하는데 잎이 성장함에 따라 자연스럽게 떨어져나갑니다. 또한 잎몸에서는 잎의 가장 중요한 기능인 광합성, 가스교환, 그리고 수분 배출이 이루어집니다.

잎의 표면은 보통 큐티클로 덮여 있는데, 이 큐티클은 일종의 지질 성분입니다. 이 지질 성분 덕분에 잎의 앞면은 물에 잘 젖지 않고, 곰팡이, 세균 등이 수분이 남아 있음으로 인해 쉽게 번식하는 것을 막아줍니다. 잎의 엽록체 안에는 엽록소라는 세포가 존재하며, 이 엽록소를 통해 광합성이 이루어지고 영양분을 스스로 만들어냅니다. 잎이 초록색으로 보이는 이유는 이 엽록소가 초록색이기 때문입니다.

잎에는 기공과 수공이라는 작은 구멍이 존재합니다. 이 기공은 여러 가지 환경적 요인에 따라 열리고 닫히며, 열려 있는 기공을 통해 광합성과 호흡에 필요한 산소와 이산화탄소가 드나들게 됩니다. 또한 뿌리로부터 빨아올린 수분 또한 이 기공을 통해 외부로 빠져나가게 됩니다. 이를 증산작용이라고 합니다. 이 기공은 주로 잎 뒷면에 많이 분포되어 있습니다.

반면 공기중에 수분이 많고 기온이 높지 않은 상황에서는 증산작용이 활발하게 이루어지지 않습니다. 증산작용이 부족하여 뿌리로부터 흡수한 수분이 식물체내에 많아지면 잎 끝에 있는 수공이라는 구멍을 통해 수분을 배출해냅니다. 이 현상을 '일액현상'이라고 합니다. 일액현상은 이른 아침에 흔히 볼 수 있으며 잎 끝마다 마치 이슬이 맺혀 있는 듯한 모습과 흡사합니다.

그렇다면 같은 역할을 하는 잎 모양이 식물마다 모두 다른 이유는 무엇일까요? 바로 각각의 식물들이 자라온 자생지 환경이 다르기 때문입니다. 숲속과 같이 햇빛이 잘 들지 않는 곳에서 사는 식물들은 최대한 많은 광합성을 할 수 있도록 잎을 크고 넓게 발달시켰습니다. 그리고 사막과 같은 건조한 지역의 선인장 식물들은 잎에서 수분이 빠져나가는 것을 방지하고자 잎을 좁고 긴 바늘과 같은 모양으로 발달시켰습니다. 또한 순간적으로 폭우가 강하게 내리는 지역의 식물들은 폭우로 인해 줄기가 꺾이는 것을 방지하기 위해 스스로 잎에 구멍을 만들어 빗물 저항을 줄이는 방식을 선택했습니다. 이렇듯 각 식물들의 다양한 모양의 잎은 주어진 환경에서 살아남기 위해 자신을 치열하게 적응시켜 온 결과물인 것입니다.

✖ 뿌리

뿌리는 식물체를 땅에 고정시키는 역할을 합니다. 또한 흙 속의 양분과 수분을 흡수하여 물관을 통해 지상부로 운송시킵니다. 뿌리는 대개 줄기와 잎 등 지상부 크기에 비례하여 식물체를 지탱하기 위해 땅 아래로 뻗어나가게 됩니다.

식물 뿌리에는 미세한 솜털처럼 보이는 뿌리털이 존재하며, 이 뿌리털은 뿌리의 표면적을 넓혀 물과 양분을 더욱 많이 흡수할 수 있도록 돕습니다. 또한 식물 뿌리에서는 산소를 받아들이고 이산화탄소를 배출하는 호흡작용이 일어납니다. 뿌리가 오랜 시간 물에 잠겨 있으면 이 호흡작용이 어렵게 되고 숨을 쉴 수 없어 고사하게 됩니다. 무, 당근, 고구마처럼 광합성을 통해 만들어진 영양분이 다양한 형태로 뿌리에 저장되기도 하며, 뿌리는 번식기관으로도 이용됩니다.

식물을 옮겨 심을 때 주의해야 하는 사항 - 지상부와 지하부의 비율 T/R율
지하부 뿌리의 부피에 대한 지상부 부피의 비율을 T/R율(top/root ratio)이라고 합니다. 보통 식물은 지상부에 해당하는 부피 정도의 뿌리를 가집니다. 이 균형은 식물이 자라면서 잎에서 일어나는 증산작용과 증산작용에 필요한 수분의 공급 등 원활한 생장을 위해 스스로 만들어낸 균형인데, 이 균형이 무너질 경우 식물들은 큰 피해를 입게 됩니다. 예를 들면 땅에서 자라고 있던 식물들을 옮겨심기 위해 파낼 경우 뿌리가 잘려나가는 등의 손상을 입어 그 부피는 크게 줄어들 것입니다. 이때 지상부의 잎과 줄기도 적당히 제거하여 그 부피를 줄여준다면 뿌리 부피와의 균형이 유지가 되어 안전하게 옮겨 심는 것이 가능할 것입니다. 하지만 이 작업을 하지 않았을 경우 많은 잎에서 계속되는 증산작용에 필요한 충분한 수분을 부피가 줄어든 뿌리는 원활하게 공급하기가 어려워집니다. 잎이 마르는 것을 시작으로 하여 최악의 경우 식물이 고사할 수도 있습니다. 식물을 옮겨 지상부의 잎과 가지 등 T/R율을 조절해주었는데도 잎 끝이 계속 마르는 현상을 보일 경우에는 가지나 잎을 좀 더 제거해주도록 합니다.

✽ 꽃

식물이 성숙하고 일정 단계에서 적절한 자극이 주어지면 생장점이 꽃눈으로 변하고 꽃눈이 발달하여 꽃이 됩니다. 꽃은 보기에도 아름답지만 수정 과정을 거쳐 과실과 씨앗을 생성하는 중요한 기관입니다.

꽃은 꽃받침, 꽃잎, 암술, 수술로 구성되어 있습니다. 이 4가지 요소를 모두 갖춘 꽃을 '갖춘꽃'이라고 하며 네 가지 요소 중 한 가지라도 갖추지 못한 꽃을 '안갖춘꽃'이라고 부르기도 합니다. 또한 암술과 수술이 모두 하나의 꽃 안에 포함되어 있는 경우를 '양성화', 둘 중 하나만 있는 꽃을 '단성화'라고 부르며, 단성화 중에서는 암술만 있는 꽃을 '암꽃', 수술만 있는 꽃을 '수꽃'이라고 합니다.

꽃받침과 꽃잎은 암술과 수술을 보호하는 역할을 하며, 꽃받침은 엽록체를 갖고 있어서 광합성을 하기도 합니다. 또한 꽃잎은 다양한 색소와 휘발성 기름을 함유하여 화려한 색상과 독특한 향기를 발산하여 수분을 위한 수분 매개자들을 불러모으는 역할을 합니다.

암술은 암술머리와 암술대, 씨방의 3부분으로 이루어져 있으며, 씨방 안에는 수정 후 씨앗이 될 밑씨가 들어 있습니다. 수술은 꽃밥과 수술대로 이루어져 있으며, 꽃밥에서 꽃가루가 만들어집니다. 벌과 나비 등의 곤충이나 바람 등에 의해 꽃가루가 암술머리에 닿으면 암술대를 따라서 씨방으로 내려가 밑씨와 만나게 되고, 이 과정을 수정되었다고 표현합니다. 수정 후 밑씨는 씨앗, 그리고 밑씨를 감싸고 있던 씨방은 부풀어올라 열매가 됩니다.

✖ 씨앗(종자)

씨앗은 기본적으로 배, 배유(배젖), 종피(씨껍질)로 이루어져 있습니다. 배는 식물이 될 싹을 말합니다. 배는 씨앗 상태에서부터 어린잎과 어린뿌리, 어린줄기, 어린눈 등을 가지고 있습니다. 또한 배유는 배젖이라고도 부르며, 배에게 영양분을 공급하는 역할을 합니다. 이 배젖의 영양분 덕분에 싹이 트기 전까지의 씨앗 상태 기간을 버텨내며, 발아 시에도 영양분을 공급해주는 역할을 합니다.

하지만 모든 종류의 씨앗이 배유를 가지진 않으며, 대신 커다란 떡잎을 가지고 있어 떡잎 안에 영양분을 보관하는 씨앗들도 있습니다. 싹이 터서 스스로 광합성을 할 수 있을 때까지 떡잎이 영양분을 제공해줍니다. 영양분을 모두 잃은 떡잎은 노랗게 되어 스스로 탈락하는 모습을 보입니다. 씨껍질은 번식과 생존을 위해 민들레처럼 털이나 도꼬마리처럼 뾰족한 가시들이 발달해 있기도 합니다.

✽ 과실

토마토, 감, 복숭아, 귤 등 우리가 먹는 많은 수의 열매채소와 과일들은 부풀어오른 씨방을 먹는 것이랍니다. 과실은 그 안의 씨앗을 보호하는 역할을 합니다. 시간이 지나 씨앗이 성숙하게 되면 씨방 또한 색깔이 변화하며(예를 들면 초록색에서 붉은색으로) 맛 또한 좋아지게 됩니다. 맛이 좋아진 과실은 다람쥐, 새 등 자연 속 동물들의 먹이가 되고 그들의 배설물을 통해 종자를 이동시키는 데 필요한 수단이 되기도 합니다.

광합성(Photosynthesis)이란?

식물은 지구상의 생명체 중 유일하게 스스로 영양분을 만들어내는 놀라운 능력을 지니고 있는데, 이 능력을 광합성이라고 부릅니다. 식물이 만들어낸 영양분은 동물들이 소비하기도 합니다. 이것이 식물을 '생산자'라고 부르는 이유입니다.

그렇다면 식물은 스스로 어떻게 영양분을 만들어내는 것일까요? 바로 잎에 '엽록체'가 있기 때문입니다. 엽록체 안에는 더욱 작은 초록색 세포인 엽록소가 존재합니다. 식물의 잎이 초록색으로 보이는 이유도 바로 이 엽록소가 초록색이기 때문입니다. 엽록체는 빛과 물 그리고 이산화탄소를 이용해서 식물이 스스로 살아갈 수 있게 하는 영양분을 만들어냅니다. 이 과정을 빛으로 합성한다 하여 '광합성'이라고 합니다.

광합성을 통해서는 당이 만들어지며, 이 당을 합성하기 위한 화학반응의 부산물로 산소가 만들어집니다.

빛 + 이산화탄소 + 물 ⇒ 당, 산소

빛 + $6Co_2$ + $6H_2O$ ⇒ C6H12O6 + 6O2

광합성을 통해 만들어진 당은 식물이 생장하는 데 우선적으로 사용되고 남은 당은 다양한 형태로 다양한 부위에 저장합니다. 탄수화물, 지방, 혹은 단백질 형태로 전환하여 뿌리(고구마-탄수화물), 줄기(감자-탄수화물), 씨앗(땅

콩-지방, 콩-단백질) 등으로 말이지요.

최초의 식물 광합성은 언제, 어떻게 이루어졌을까?
36억 년 전 당시의 지구에는 산소가 거의 없었습니다. 화성이나 금성처럼 대기의 대부분은 이산화탄소였을 뿐이지요. 지구에 있는 미생물들은 산소 호흡이 아닌 황화수소를 분해하며 살아갔습니다. 그러던 어느 날 식물의 조상이라고 불리는 식물 플랑크톤이 등장합니다. 이 식물 플랑크톤은 태양빛을 이용해서 에너지를 만들어내는 광합성 방법을 지니고 있었습니다. 이렇게 최초의 식물 광합성이 시작되고 이것은 지구환경을 극적으로 변화시켰습니다. 산소는 태양빛 중 자외선에 노출되면 오존으로 변합니다. 식물 플랑크톤이 배출하던 산소는 자외선과 만나 곧 오존이 되었고 지구 상공에 서서히 쌓여갔습니다. 그리고 곧 오존층을 형성했습니다. 오존층은 지구상에 쏟아지던 해로운 자외선을 막아주었고, 이에 바다 속에 있던 생물이 지상으로 진출할 수 있게 되었습니다.

식물 호흡에 대해 알아보기

사람이나 동물처럼 식물도 호흡한다는 것을 알고 계신가요? 식물도 사람처럼 살아가는 동안 계속해서 호흡을 합니다. 호흡기관이 따로 있지 않은 식물은 뿌리, 줄기, 잎, 꽃 등의 모든 부분을 통해 호흡을 하게 되는 것이지요. 이 호흡 과정은 광합성을 통해 만들어진 당과 산소를 이용하여 물과 이산화탄소, 그리고 생장하기 위한 에너지를 만들어내는 과정입니다.

당 + 산소 ⇒ 물 + 이산화탄소 + 에너지

$C6H12O6 + 6O2 \Rightarrow 6Co_2 + 6H_2O +$ **에너지**(686Kcal/mol)

사람이나 동물과 같이 식물의 호흡작용에도 산소가 필요하며, 이산화탄소

를 형성하여 배출합니다. 다만 식물이 광합성을 통해 만들어내는 산소의 양이 호흡으로 인한 이산화탄소 양보다 많기 때문에 '식물들은 산소를 만들어낸다'고 알려져 있어 호흡을 통해 이산화탄소가 배출된다는 사실을 잊는 경우가 많습니다.

예외적인 식물도 있습니다만 일반적으로 '관엽식물은 잠을 자는 침실에는 두지 말라'는 이야기를 종종 하곤 합니다. 이는 빛이 없는 밤에 광합성을 하지 않는 식물은 호흡으로 이산화탄소를 배출하기 때문입니다.

광합성을 하지 않는 특이한 식물 이야기

8월의 무더운 어느 여름날이었습니다. 종이꽃과 샐비어 위에서 특이한 무언가를 발견했습니다. 노란 고무줄처럼 생긴 물체(?)였지요. 처음 보는 물체가 신기해서 자세히 관찰해보니 샐비어와 종이꽃, 플록스 등 근처의 식물들 줄기를 이 노란 고무줄처럼 생긴 녀석이 칭칭 감고 있었습니다. 언젠가 읽었던 책에서 이렇게 생긴 식물이 있었다는 것이 기억났습니다. 바로 '실새삼'이었습니다.

변형된 뿌리를 이용해서 다른 식물에 기생하여 살아가는 식물들을 '기생식물(Parasitic plant)'이라고 합니다. 기생식물에는 겨우살이처럼 광합성을 스스로 하는 식물도 있지만, 실새삼처럼 광합성을 전혀 하지 않고 다른 식물에게 기생하여 살아가는 식물들도 있습니다. 실새삼의 경우, 광합성을 하지 않아도 되기에 광합성을 위한 엽록소가 존재하지 않습니다. 따라서 초록색이 아닌 노란색으로 보이는 것입니다. 실새삼은 다른 식물의 몸체를 칭칭 감고 덩굴에서 송곳니 같은 모양의 기생뿌리를 뻗어 먹이의 몸체에 박아 넣고 영양분을 빨아들입니다. 피해를 받은 식물은 곧 모든 영양분을 빼앗겨 고사하고 맙니다.

다른 식물에게 기생하는 방법을 선택한 것 또한 자연에서 살아남기 위한 식물의 진화이자 투쟁 과정의 산물이지만 그것이 결코 반갑지 않은 곳이 있습니다. 바로 나의 정원이지요. 기생식물을 발견했을 때는 빠르게 제거하여 정원의 식물들이 피해를 입는 것을 방지하도록 합니다.

식물에게도 영양분이 필요해요

식물은 광합성을 통해 스스로 영양분을 만들어낼 수 있습니다. 하지만 이를 위해서는 광합성에 필요한 물과 이산화탄소, 그리고 무기영양분이 공급되어야 합니다. 식물은 보통 물과 함께 무기영양분을 뿌리를 통해 흡수하게 됩니다.

처음 식물을 구입해서 작은 화분에서 키우다 보면 초기에는 잘 자라다가 어느 날인가부터 잘 자라지 않는다는 것이 느껴지곤 합니다. 그리고 실제로 식물들 잎이 누렇게 변하며 무엇인가 이상이 생겼음을 알리는 신호를 발견하게 됩니다.

잘 자라던 식물이 서서히 잘 자라지 않게 되는 이유로는 여러 가지가 있겠지만, 식물이 건강하게 자라기 위해 반드시 필요한 영양분이 부족할 경우에도 위와 같은 일이 발생합니다. 비옥했던 흙이더라도 식물들을 재배하면서 영양분의 양이 점차 줄어들거나 식물이 흡수할 수 없는 형태로 변화되어 식물이 요구하는 만큼 양분을 충분히 공급하지 못하는 경우가 많아지기 때문입니다. 반면 식물에 대한 우리의 애정이 넘쳐 지나치게 많은 영양분이 공급될 경우에도 다양한 문제가 발생합니다. 따라서 식물을 건강하게 키우기 위해서는 시기적절한 비료의 사용이 중요합니다.

필수 원소에 대해 알아보기

일반적으로 식물은 70~95% 물로 이루어져 있으며, 식물을 건조한 후 태웠을 때 여러 가지 화학 원소들이 검출됩니다. 이들 중 일부는 식물 생육에 꼭 필요한 원소로서 이를 필수 원소라고 합니다.

식물의 17가지 필수 원소
탄소(C) 수소(H) 산소(O) 질소(N) 황(S) 칼륨(K) 인(P) 마그네슘(Mg) 칼슘(Ca) 몰리브(Mo) 구리(Cu) 아연(Zn) 망간(Mn) 붕소(B) 철(Fe) 염소(Cl) 니켈(Ni)

식물체에서 발견되는 원소 중에서 현재까지 위에 나열한 17가지가 필수 원소인 것으로 밝혀졌습니다. 위 17가지 필수 원소 중 탄소(C) 수소(H) 산소(O) 질소(N) 황(S) 칼륨(K) 인(P) 마그네슘(Mg) 칼슘(Ca)과 같이 많이 요구되는 원소들을 '다량원소'라고 하며, 몰리브(Mo) 구리(Cu) 아연(Zn) 망간(Mn) 붕소(B) 철(Fe) 염소(Cl) 니켈(Ni)과 같이 체내 함량이 낮고 식물에 적은 양이 요구되는 원소들을 '미량원소'라고 부릅니다.

필수 원소 중 탄소, 수소, 산소는 물과 공기 중에서 공급받기 때문에 비료로 공급하지 않습니다. 우리에게 친숙한 질소, 인산, 칼륨은 특히 식물이 많이 필요로 하는 원소이자 영양분으로, 부족해지기 쉽기 때문에 인위적인 공급이 필요할 수 있습니다.

식물 주요 영양분의 역할과 부족 및 과다 증상

✖ 질소의 역할

질소는 모든 생물체의 기본이 되는 세포를 구성하는 단백질의 구성원소입니다. 광합성을 담당하는 엽록소의 구성요소 중 하나이며 식물이 가장 많이 이용하는 원소 중 하나입니다.

질소는 새로운 줄기의 생장을 촉진하고 잎 수와 잎의 크기를 크게 하여,

결과적으로 광합성이 활발히 일어나면서 식물의 성장을 촉진합니다. 따라서 질소는 생육 초기에 가장 중요한 원소 중 하나이므로 생육 초기에 부족하지 않도록 공급해주어야 합니다.

✽ 질소가 부족할 때 나타나는 증상

질소가 부족해지면 잎이 작아지고 누렇게 변하는 황화현상이 나타납니다. 이 황화현상은 오래된 아랫잎부터 발생하기 시작한다는 특징이 있습니다. 오래된 잎의 질소를 새로 성장하는 줄기와 잎으로 이동시켜 질소결핍으로부터 식물이 스스로 견디기 위한 노력을 기울이기 시작하는 것입니다.

질소결핍이 심화되면 새 줄기가 연약해져 길게 웃자라는 모습과 함께 생육이 불량해집니다. 다행히 질소는 흡수와 체내 이동이 쉽기 때문에 결핍증상이 나타나도 쉽게 회복시킬 수 있습니다. 흙에 질소 영양제와 더불어 수용성 비료를 적정 비율로 물에 희석하여 잎에 분무해줄 경우 빠른 시일 내에 질소결핍으로부터 회복시킬 수 있습니다.

✽ 질소가 과다할 때 나타나는 증상

반면 질소가 과다해지면 새 줄기의 생장이 지나치게 왕성해지고 늦게까지 지속됩니다. 이는 식물이 줄기와 잎을 키우는 '영양생장'을 연장해서 꽃을 만들어내는 '생식생장'으로의 전환을 억제하게 됩니다. 결과적으로 많은 양의 질소 공급은 식물이 꽃을 잘 피우지 않게 만듭니다.

또한 잎 색상이 비정상적인 어두운 녹색을 띠며 식물체 자체의 조직이 연약해져 병충해나 바람에 대한 저항력이 약해지기 쉽습니다. 또한 추위를 이겨내는 내한성도 약해지기 때문에 늦가을 질소를 공급하는 것에 대해 주의

가 필요합니다.

✖ 인산의 역할

인산은 주로 꽃과 열매의 발달과 관련이 깊습니다. 인산은 활발하게 대사가 이루어지는 조직, 즉 새 줄기나 어린잎, 잔뿌리 등 어린 조직에 많이 포함되어 있습니다. 인산은 꽃눈이 만들어지는 꽃눈 분화기, 그리고 개화기와 수정 전후에 많은 양을 필요로 하게 됩니다.

✖ 인산이 부족할 때 나타나는 증상

인산은 질소와 마찬가지로 식물 체내에서 이동이 수월하기 때문에 인산이 부족해질 경우 오래된 잎에서 결핍증상이 먼저 나타납니다. 인산이 부족해질 경우 식물은 스스로 늙은 조직의 인산을 어린 조직으로 이동시켜 인산결핍에 대응하기 시작합니다. 식물 스스로의 초기 대응에도 불구하고 인산결핍이 지속되면 인산결핍 증상이 발생하기 시작합니다. 어린 식물의 생육이 좋지 않게 되며 줄기는 가늘어지고 성장이 느려집니다.

보통 오래된 잎부터 결핍증상이 나타나는데 잎의 폭이 좁고 크기가 작아지며 질소결핍 증상과는 달리 잎이 광택이 없는 짙은 녹색을 띠게 됩니다. 또한 간혹 안토시아닌 색소가 많아져 잎의 가장자리나 엽맥을 따라서 보라색이 나타나기도 합니다. 산성토양에서는 인산이 철과 알루미늄과 결합하여 대부분 사용이 어렵게 되어 인산결핍 현상이 발생할 가능성이 높습니다.

✖ 인산이 과다할 때 나타나는 증상

반면 인산이 과도하게 공급되었을 경우에는 아연, 철, 붕소, 구리 등의 결핍 증상이 발생할 수도 있습니다.

✽ 칼륨의 역할

칼륨은 줄기와 뿌리를 튼튼하게 하여 추위를 견디게 하는 내한성과 병에 저항할 수 있는 내병성을 증가시킵니다. 또한 여름철의 건조함에 견디는 내건조성도 증대시켜줍니다.

칼륨은 식물 세포 내에서 삼투압을 조절하여 수분흡수, 영양물질의 이동, 기공을 열고 닫는 등 여러 가지 과정에 관여합니다. 칼륨은 생장이 왕성한 부분인 생장점, 형성층, 곁뿌리가 발생하는 조직, 열매 등에 많이 포함되어 있습니다.

✽ 칼륨이 부족할 때 나타나는 증상

칼륨이 부족해지면 대개 오래된 잎에서부터 증상이 나타나기 시작합니다. 오래된 잎의 가장자리에서 시작하여 안쪽으로 진전되는 잎에서 타는 듯한 증상이 발견되거나 표면에 갈색반점이 생겨 수분부족 증상과 비슷하게 아래 잎부터 말라죽기 시작하여 조기 낙엽 현상을 보이기도 합니다. 또한 식물의 생장점이 말라죽으며 줄기가 약해지기도 합니다.

✽ 칼륨이 과다할 때 나타나는 증상

열매 등의 숙성이 지연됩니다.

✽ 칼슘의 역할

식물의 세포막 조직을 강하게 하여 거친 환경을 견뎌내게 해주며, 꽃의 수

명 연장에도 영향을 미칩니다. 칼슘은 산성토양을 중화시키는 목적으로도 사용됩니다.

✖ 칼슘이 부족할 때 나타나는 증상

칼슘이 부족해지면 생장이 왕성한 부분, 즉 줄기 끝, 뿌리 끝의 생장점이나 꽃눈이 검게 변하여 마르는 현상이 발생합니다. 또한 가장 어린 잎에서 모양이 일그러지며 누렇게 되는 모습이 관찰됩니다.

✖ 칼슘이 과다할 때 나타나는 증상

반면 칼슘이 과다하면 망간, 붕소, 아연, 마그네슘, 철 등의 흡수가 불량해질 수 있습니다.

비료의 종류

사람도 물만 마시고는 살 수 없듯이 식물들도 결국 적절한 영양분이 공급되어야 건강하게 자랄 수 있습니다. 식물에게 필요한 영양분을 비료 형태로 공급해주는 것을 시비(Fertilization)라고 합니다. 비료 종류에는 성분별, 제재 형태별로 여러 가지가 있습니다. 크게는 화학비료와 유기질 비료로 나누어 집니다.

✖ 무기질 비료(화학비료)

무기질 비료는 흔히 화학비료라고 합니다. 화학적으로 만들어 뿌리나 잎에 주는 비료입니다. 무기질 비료는 한 가지 성분만을 포함한 단일성분 비료와 질소, 인, 칼륨 3요소 가운데 두 종류 이상이 들어 있는 복합비료로 나누어집니다.

무기질 비료는 식물이 쉽게 이용할 수 있는 형태로 만들어져서 시비효과가 빨리 나타납니다. 가격 또한 비교적 저렴합니다. 무기질 비료를 사용할 때는 제품마다 표기되어 있는 사용량을 반드시 지켜서 사용해야 합니다. 잘못 사용하면 농도장해를 일으키기 쉽기 때문입니다. 또한 과도하게 공급할 경우 토양에 염류집적(토양에 화학 비료와 농약의 분해물들이 축적되는 현상) 현상을 일으킬 가능성이 있습니다. 무기질 비료는 토양의 질 자체는 개선시키지 못한다는 단점이 있습니다.

✽ 유기질 비료

유기질 비료에는 주로 동물의 배설물로 이루어지는 동물성 비료와 식물체를 부숙시켜서 제조하는 식물성 비료가 있습니다. 유기질 비료는 원료로 어떤 것이 사용되었는가에 따라 주요 성분이 많이 달라집니다. 유기질 비료는 퇴비화가 되는 과정 중에 발생하는 가스로 인해 식물이 피해를 입는 경우가 있습니다. 따라서 유기질 비료를 사용할 때는 충분히 퇴비화 과정이 완료된 것을 사용해야 합니다.

유기질 비료 중 깻묵이 주요 성분인 유박 비료는 퇴비화가 이루어지지 않은 상태이기 때문에 토양에 들어가서야 발효과정이 일어납니다. 이 발효과정 중에 식물에게 유해한 가스가 발생합니다. 가스 피해를 방지하기 위해서는 식물을 정식하기 최소 1~2주 전에 미리 토양에 섞어주거나, 식물 뿌리에 너무 가깝게 주지 않도록 합니다.

또한 유기질 비료는 토양 미생물의 도움을 받아 식물이 흡수할 수 있는 특정한 형태로 분해되어야 비로소 이용이 가능하므로, 비료 효과가 다소 느리고 완만하게 나타난다는 특징이 있습니다.

하지만 유기질 비료는 토양의 통기성과 보수성을 향상시키며, 토양 미생물 활동을 증진시켜 장기적으로 토양을 비옥하게 만듦으로써 토양의 질 자체를 향상시키는 효과가 있습니다.

종류	성분(중량 %)		
	질소	인산	칼륨
낙엽	-	15.0	50.0
짚재	-	8.0	50.0
녹비	0.5	0.1	0.7
퇴비	0.4	0.2	0.5
계분	40.0	15.0	50.0
깻묵	5.0	2.5	1.3
골분	5.6	25.0	-

※ 유기질 비료의 주된 재료에 따른 성분

비료를 주는 시기와 방법

비료를 주는 시기에 따라 비료 종류를 크게 세 가지로 분류하면 다음과 같습니다.

✖ 밑거름

식물을 심기 전, 흙이나 화분흙에 뿌려 미리 섞는 지효성 비료(거름)를 말합니다. 퇴비화가 잘된 좋은 거름은 흙을 떼알구조로 만듭니다. 떼알구조란 흙을 이루는 알갱이 구조를 이르는 말로, 흙에 공극이 많아 물과 공기가 잘 통하는 구조를 말합니다. 이 떼알구조는 주로 유기질을 먹이로 하여 토양 미생물들에 의해 만들어집니다. 떼알구조가 잘 만들어진 토양은 보수력과 보비력이 좋아집니다. 토양이 물을 보유하는 능력과 양분을 보유하는 능력이 좋아지는 것이지요. 또한 흙 자체가 부드러워져서 뿌리가 잘 뻗게 되며 결국 식물이 건강하게 자랄 수 있도록 도와줍니다.

✽ 웃거름

식물이 성장함에 따라 보충해주는 거름을 말하며, 식재한 식물 사이사이에 뿌려줍니다. 뿌리에 닿지 않도록 식물의 폭만큼 띄어서 뿌려줍니다. 보통 꽃이 피기 시작할 때와 열매가 맺기 시작할 때, 식물의 잎이 노랗게 변하여 잘 자라지 못할 때 웃거름이 필요합니다. 꽃이 크고 많이 피는 식물이나 열매를 많이 맺는 식물은 보다 많은 영양이 필요합니다.

✽ 엽면 시비

비료는 식물체 뿌리 이외에도 잎, 줄기 등을 통해서도 흡수될 수 있습니다. 주로 큐티클층의 균열 부위나 잎의 기공을 통해 흡수됩니다.

수용성 비료를 물에 희석하여 식물의 잎, 줄기 등 지상부에 뿌려주는 것을 엽면 시비(Foliar fertilization)라고 합니다. 엽면 시비 방법으로는 일부 미량원소를 제외하면 식물이 필요로 하는 영양분을 모두 공급하기에는 다소 부족한 면이 있긴 합니다. 하지만 토양에 비료를 사용하는 것에 비해 훨씬 빨리 식물 세포까지 영양분을 공급할 수 있다는 큰 장점이 있습니다. 식물의 영양 결핍 문제를 신속히 해결해줄 수 있는 좋은 방법이지요.

엽면 시비 시 주의할 점은 1~2% 이하의 묽은 농도로 희석하여 잎의 한 부분에 먼저 뿌려보는 것입니다. 식물이 스트레스를 받고 있을 경우 묽은 농도

로도 잎이 타는 등의 약해를 입을 수 있기 때문입니다. 따라서 몇 개의 잎에 테스트를 한 후 약해가 발생하는지 하루 이틀 지켜본 후에 전체 잎에 뿌려주도록 합니다. 잎에 뿌려줄 때는 기공이 많은 잎의 뒷면을 포함하여 잎 앞뒤에 골고루 뿌려주도록 합니다.

휴면

휴면(Rest, Dormancy)은 쉬며 잠을 잔다는 뜻으로, 일시적으로 생장 활동이 멈추는 생리현상입니다. 식물의 휴면은 생존에 불리한 환경이 다가오는 것을 스스로 느낀 식물이 생장을 멈추고 에너지를 보존하면서 살아남기 위해 자신을 보호하는 현상입니다. 다람쥐나 곰 등의 동물들이 겨울잠에 들어가는 것과 비슷한 현상이지요. 이 휴면은 사계절이 뚜렷한 온대 지방이나 우기와 건기가 반복되는 지역에서 자생하는 식물들에게서 많이 관찰됩니다.

가을이 되면 활엽수들 잎이 노랗고 빨간색의 고운 단풍으로 물듭니다. 그리고 머지않아 잎들은 모두 떨어지며 헐벗은 가지만 남은 상태에서 겨울을 나게 됩니다. 이 모습은 추위에서 살아남기 위한 식물의 대표적인 휴면현상입니다. 나무뿐만 아니라 대부분의 씨앗들과 구근들 역시 일정 기간 동안 휴면을 하기도 합니다. 싹을 틔우기 위해 적당한 환경이 주어지기 전까지 깊은 잠에 들어 때를 기다리는 것이지요.

발아

씨앗과 눈(bud)은 휴면이 타파되고 적합한 환경이 부여되면 생장을 시작합니다. 배가 생장하여 어린뿌리와 싹이 씨앗 껍질을 뚫고 나오는 현상을 발아(Gemination)라고 합니다. 나무들은 추운 겨울을 휴면하여 견뎌내고 따듯한 봄이 찾아오면 겨울눈에서 잎이나 꽃을 피워 올리기 시작합니다. 이를 눈을 틔운다고 표현하며, 맹아(Sprouting)라고 합니다.

휴면하는 동안에는 '아브시스산'이라는 식물 호르몬이 분비됩니다. 이 아브시스산 호르몬은 겨울 동안 식물의 휴면을 유지시킵니다. 봄이 되면 또 다른 식물 호르몬인 '지베렐린' 농도가 높아지는데, 이 지베렐린 호르몬이 식물들을 휴면에서 깨어나도록 합니다.

성숙

우리 모두는 어린 시절이 있었고 성장하여 어른이 되었습니다. 식물 또한 어린 시절을 겪고서야 비로소 어른 식물이 됩니다. 사람이 어느 정도 신체적 성숙이 이루어져야 2차 성징이 나타나는 것처럼 식물 또한 일정한 나이나 크기에 도달해야만 꽃눈이 만들어지기 시작합니다. 즉 잎과 줄기 등의 덩치를 키우는 영양생장이 어느 정도 이루어진 후에야 꽃을 피우고 열매를 맺는 생식생장으로의 전환이 가능해지는 것입니다. 이를 식물의 '유년성(juvernility)'이라고 합니다.

이 유년성이 지속되는 기간을 유년기라고 부르는데, 식물에 따라 유년기는 모두 다릅니다. 식물들이 유년기를 거친 후 꽃과 열매를 만들어낼 수 있는 상태가 되면 비로소 식물이 '성숙'했다고 표현합니다. 성숙하기 전까지, 즉 꽃을 만들어낼 수 있는 상태 직전까지 만들어진 식물의 잎 수를 '최소엽수'라고 합니다. 이 최소엽수는 어느 정도까지는 잎을 만들어내야 그다음 꽃을 만들어낼 수 있음을 의미합니다.

식물은 성숙하면 꽃을 만들고 피워내는 것이 보통입니다. 하지만 간혹 식물 중에는 개화에 적합한 환경이 주어지지 않으면 성숙한 상태일지라도 꽃을 피우지 않는 식물들도 있습니다.

개화

어른 식물이 된 후 환경이 적합해지면 줄기 끝의 생장점이 변화를 일으켜 꽃을 만들어내기 시작하고 이윽고 꽃을 피웁니다. '개화(flowering)'란 꽃받침과 꽃잎이 벌어져 수정을 하고 열매를 맺을 준비를 하는 상태를 말합니다.

꽃을 만들고 피워내기 위해서는 각각 다른 환경 조건을 요구하는 경우도 있으나 대부분 해가 떠 있는 하루 낮의 길이인 일장과 온도의 영향을 크게 받습니다. 일장이 개화에 영향을 미치는 효과를 광주성(photoperiodism)이라고 하며, 개화를 위해 생육의 일정한 시기에 저온 시기를 거쳐야 하는 생리적 현상을 춘화(春化, vernalization)라고 합니다. 또한 개화를 촉진시키기 위해 인위적으로 저온 환경을 제공하는 것을 춘화처리라고 합니다.

결실

개화 후 암술에 수술 꽃가루가 묻어 수정되면 씨앗과 씨앗을 포함한 열매를 맺게 됩니다. 결실이 진행되면서 식물은 전체 혹은 부분이 구조적, 기능적으로 쇠퇴하여 노화가 진행됩니다.

노화와 죽음

사람과 마찬가지로 식물 또한 정해진 수명이 있으며 서서히 늙어갑니다. 식물도 노화(senescence)되면서 구조적, 기능적으로 쇠퇴하기 시작합니다. 식물체 자체의 활력이 떨어지며 기능이 나빠지고 호르몬 분포가 변하며 단백질이 감소하고 곧 기관 탈락이 이어지며 결국 죽음에 이릅니다.

식물에게는 꽃을 피우고 열매를 맺는 일이 많은 에너지를 소모하는 일입니다. 따라서 꽃을 피워내고 열매가 맺힐 경우 노화의 진행이 빨라집니다. 식물은 스트레스를 받는 상황에서도 노화가 촉진되기도 합니다. 스트레스 원인은 고온, 충분하지 못한 햇빛, 영양분과 수분부족 등입니다.

너의 이름은? 식물 학명에 대하여

학명(Scientific name)이란 식물에게 주어지는 세계 공통의 이름입니다. 전 세계에서 '이 식물은 이렇게 부르자'고 약속한 이름이지요.

보통 생물은 계(Kingdom), 문(Division), 강(Class), 목(Order), 과(Family), 속(Genus), 종(Species)으로 분류됩니다. 식물의 학명은 주로 속명과 종명 이름을 붙여 명명하는 '이명법'으로 사용됩니다. 이 방법은 스웨덴의 식물학자 린네(Carl von Linne)가 1753년에 출판한 책 《식물의 종(Species Plantarum)》에서 제창한 것이지요.

속명은 라틴어 명사로서 첫 글자는 반드시 대문자로 표기되며, 종명은 원칙적으로 소문자 라틴어를 사용합니다. 종 이하의 분류표기는 아래와 같습니다.

- **아종 subsp. 또는 ssp.(subspecies)**
  동일한 종에서 주로 지리적으로 다른 특성이 나타나는 경우에 사용하는 종하분류단계
- **변종 var.(varietus)**
  동일한 종에서 개체 간에 명확한 차이를 나타내는 종하분류 단계
- **품종 forma(=form. =f.)**
  변종의 하위계급으로 꽃색깔 등과 같은 미세한 형질이 차이 나는 경우
- **재배품종(cultivar)**
  인위적으로나 교잡 등의 방법으로 만들어낸 재배 식물: 보통 학명 뒤에 따옴표('품종명')를 붙여 표기하며 첫 글자는 대문자로 표기한다.
  예) Delphinium elatum 'Casa blanca', Delphinium elatum 'Magic fountains dark blue'
- **같은 속에 속하는 두 종 사이의 잡종 경우에는 두 종의 이름을 알파벳 순서대로 쓰고 사이에 'x' 표시를 한다.** 예) Viola x wittrockiana

Part 2

자유로운 성장을 가능케 하는 식물의 환경

모든 생명체가 그러하듯 식물 또한 다양한 주변 환경에 영향을 받으며 살아갑니다.

그런데 살아가기 힘든 환경에 처한 동물들이 먹이와 물을 찾아

이동하는 것과는 달리 식물은 스스로 이동할 수 없습니다.

우연히 씨앗이 떨어진 최초의 그 자리가 평생을 살아갈 자리가 되곤 합니다.

자신이 처한 환경이 불리해지더라도 그 환경을 회피할 수 없다는 뜻이지요.

식물은 그저 주어진 환경에 어떻게든 적응하며 살아남기 위해 최선을 다할 뿐입니다.

가드너가 이를 알고 각 식물에게 적절한 환경을 제공하고 조절해주거나,

불리한 환경도 이겨낼 수 있도록 지원할 경우 식물은 더욱 안전하고

건강하게 자라 자신을 도운 가드너에게 빛나는 아름다움으로 보답할 것입니다.

식물이 살아가는 데 영향을 받는 환경에는 크게 온도환경, 광환경,

토양환경, 수분환경, 공기환경이 있습니다.

온도가 식물에게 주는 영향 01

온도는 식물이 살아가는 데 영향을 미치는 가장 기본적인 환경요인입니다. 광합성과 호흡량, 영양분의 흡수와 증산작용 등 식물의 많은 생리적인 기능에 영향을 미칩니다. 또한 앞서 설명한 휴면, 발아, 성숙, 개화, 결실 그리고 노화와 죽음 등 식물의 생육 모든 단계에 영향을 미치는 요소이기도 합니다.

식물이 좋아하는 온도에 대하여(최고, 최저, 최적 온도의 이해)

성인의 대부분이 신체 생리적인 활동 조절이 원활하며 가장 편안하다고 느끼는 온도는 약 19~22도라고 합니다. 하지만 어린아이들 경우에는 조금 다를 수 있습니다. 또한 더운 지역에 사는 사람과 추운 지역에 사는 사람이 느끼는 편안한 온도 또한 다를 것이며 각 개인별로도 조금씩 차이가 있을 것입니다. 이처럼 사람마다 편안하게 느끼는 온도가 다르듯이 식물 또한 편안하게 느끼는 온도가 있고 이 온도는 식물마다 다르기도 합니다.

식물이 가장 활발하고 건강하게 잘 자라는 온도를 '최적온도'라고 부릅니다. 최적온도는 식물의 종류, 품종, 성장단계별로 조금씩 달라지기도 합니다. 예를 들면 서늘한 온도를 좋아하는 팬지, 비올라, 국화 등 호랭성 식물들은 대부분 온대지역이나 한대지역을 원산지로 하는 경우가 많습니다. 우리나라의 봄과 가을 정도의 온도인 약 15~20도의 다소 서늘한 온도를 좋아하며 그 온도에서 잘 자랍니다.

반대로 다알리아, 백일홍 등 따듯한 온도를 좋아하는 호온성 식물들 원산지는 대부분 열대나 아열대지역인 경우가 대부분입니다. 우리나라 여름철처럼 다소 높은 온도인 25~30도에서 잘 자랍니다. 이렇듯 식물마다 잘 자라는 온도에는 차이가 있는 것이지요. 한편 식물들은 너무 춥거나 더운 날씨에서는 생장이 중지되기도 합니다. 식물들이 버텨낼 수 있는 최저, 최고 한계온도를 각각 '최저온도', '최고온도'라고 합니다.

최저온도는 식물들 파종 시기를 결정할 때 아주 중요한 의의를 가집니다. 어떤 식물이 버텨낼 수 있는 최저온도 이상이 된 시점에 파종을 하고 어린 식물을 키워야 그 식물이 얼어 죽지 않는 것이지요.

식물이 너무 높은 온도에서 받는 피해

봄에 예쁘게 꽃 피웠던 봄꽃들이 여름이 되면 건강해 보이지 않습니다. 꽃을 더이상 피우지 않고, 그나마 피운 꽃들도 예쁘지 않고 곧 시드는 모습을 보이게 되는 것이지요. 우리는 이런 모습들을 통해 봄꽃들이 견디기에는 온도가 너무 높아졌다는 것을 예상해볼 수 있습니다.

뙤약볕이 쏟아져내리는 7~8월의 무더운 날씨가 연일 이어지면 사람들이 더위에 지치듯 식물도 지쳐갑니다. 식물마다 견딜 수 있는 최고온도는 모두 다릅니다. 식물이 견딜 수 있는 최고온도는 대체로 저온식물의 경우 28~30도, 고온식물은 40~45도 정도입니다. 고온이 오랜 기간 지속되면 식물들 몸에는 유기물 과잉소모, 질소대사 이상, 철분의 침전 또는 과다한 증산작용 등의 생리적 이상 징후가 생기기 시작합니다. 이런 상황에서 식물들 스스로 견딜 수 있는 온도를 넘어서는 날들이 오랜 기간 이어진다면 결국 버텨내지 못하고 고사해버리고 마는 것이지요.

식물들이 여름철을 지낼 때 생장이 현저히 쇠퇴하거나 정지하고 고사하는

현상을 '하고 현상'이라고 합니다. 일반적으로 다년생의 내한성이 강한 식물들은 겨울철 추위는 잘 이겨내지만 여름철에 접어들면서 생장이 쇠퇴하는 하고 현상을 보입니다. 대표적인 예로 루피너스, 델피니움 등을 들 수 있습니다.

이러한 하고 현상은 여름철에 기온이 높고 대기가 건조할수록 급증합니다. 따라서 이를 방지하기 위해서는 수분을 충분히 공급하여 지온을 낮추거나, 멀칭 등을 통해 뿌리를 고온으로부터 보호해주어야 하며, 그늘막을 쳐서 햇빛을 가려주거나, 식재 간격을 넓혀 바람이 잘 통하도록 해주는 것이 좋습니다.

식물이 너무 낮은 온도에서 받는 피해

식물이 견디기 힘든 너무 낮은 온도 또한 식물에게는 매우 위협적입니다. 저온으로 받는 피해는 크게 냉해와 동해로 구별할 수 있습니다. 냉해(chilling injury)는 식물의 조직 즉 줄기나 뿌리, 잎 등이 얼지 않는 범위에서 식물이 받게 되는 피해를 말합니다. 냉해를 입게 되면 광합성 능력이 낮아지고 영양분 흡수도 줄어들게 됩니다. 또한 호흡 저하로 에너지를 만들어내기 힘들어져 생육이 크게 위축됩니다.

동해(freezing injury)는 식물이 월동하는 도중 겨울 추위로 인해 받는 피해를 말합니다. 추위가 너무 극심한 나머지 식물체 세포가 얼어버려 파괴되고 결국 죽게 되는 것입니다. 봄철 늦추위가 갑자기 찾아올 때 식물들의 어린잎이나 꽃 등이 낮은 온도로 피해를 받는 경우가 종종 있습니다. 일반적인 저온 피해를 받은 식물일 경우 피해가 가벼울 때는 속효성 비료로 엽면시비를 해주어 생육을 촉진시키면 회복에 도움을 줄 수 있습니다.

빛이 식물에게 주는 영향

식물은 빛을 받아 엽록소를 형성하며 곧 광합성이라는 놀라운 능력으로 이산화탄소와 물 그리고 빛을 이용하여 당을 만들고 산소를 내보냅니다. 동물들은 먹이사슬을 통해 식물이 만든 이 당에 의존하여 살아가는데, 결국 지구상의 대부분 생물들이 태양빛에 의존하여 살아가고 있는 것이지요. 빛은 광합성뿐만 아니라 식물이 발아하고, 자라고, 꽃을 만들고 열매를 맺는 모든 과정에 큰 영향을 미칩니다.

식물이 좋아하는 빛에 대하여

식물이 좋아하는 빛이 따로 있을까요? 꼭 태양빛이어야만 할까요? 집안 형광등이나 백열등 아래에서는 광합성을 하지 못하는 것일까요? 이 점에 대해 한 번쯤 의문을 가진 적이 있으리라 생각합니다. 결론부터 말씀드리면, 식물은 실내의 인공적인 빛 아래에서도 광합성을 할 수 있습니다. 그래서 실내 환경에서는 부족한 빛을 보충해주는 장치들이 개발되어 많이 사용되고 있습니다.

자연 태양광의 경우 주로 자외선, 가시광선, 적외선으로 구분됩니다. 식물은 가시광선 영역에 포함되는 400~700nm 범위의 빛을 주로 광합성에 사용합니다. 그래서 이 영역을 특별히 광합성 유효광(photosynthetically active radiation: PAR)이라고 부르기도 합니다. 가시광선 중에서 붉은색 빛은 식물의 광합성과 광발아성 씨앗의 발아를 주도하는 중요한 광선입니다. 파란색 빛은 카로티노이드계 색소를 생성하고 기공 열림을 촉진합니다.

또한 자외선은 식물의 키가 너무 자라는 것을 억제하고 잎을 두껍게 만들어 거친 환경으로부터 저항력을 갖게 합니다. 사과, 딸기 등을 빨갛게 보이게 하는 안토시아닌계 색소의 발현을 촉진시키기도 합니다. 근적외선은 식물의 신장을 촉진합니다.

빛의 세기가 식물에게 미치는 영향(광보상점, 광포화점)

모든 식물을 빛의 세기와 관계없이 양지나 그늘진 곳 혹은 실내나 실외 구분 없이 키울 수 있다면 얼마나 좋을까요? 제가 한창 장미의 매력에 빠져 있을 때 장미를 화분에 심어서 집안 창가에서 길러보는 상상을 해보곤 했습니다. 창가에서 들어오는 부드러운 빛으로도 장미꽃이 잘 피어서 집안이 향기로 가득 차면 얼마나 행복할까? 하면서 말이지요. 하지만 안타깝게도 이 바람이 실현되기는 조금 어려울 것 같습니다. 왜냐하면 장미는 강한 태양빛 아래에서야 자신의 아름다움을 온전히 펼쳐 보일 수 있는 식물이기 때문입니다.

유리창을 통과해 들어오는 빛은 아무리 밝은 남향집이라고 해도 자연광에 비하면 턱없이 부족해집니다. 식물은 이러한 빛의 세기에 영향을 아주 많이 받습니다. 다시 말하면 식물이 스스로의 삶을 지탱하는 광합성 능력이 이 빛의 세기에 영향을 많이 받는다고 할 수 있습니다.

빛이 강렬할수록 광합성 양은 증가하며 많은 영양분을 만들어냅니다. 일반적인 식물의 경우 밤에는 빛이 없기 때문에 광합성은 하지 못하고 호흡만 하게 됩니다. 아침에 해가 다시 뜨고 서서히 빛을 받기 시작하면서 식물들은 이산화탄소를 흡수하며 광합성을 다시 시작합니다. 이때 광합성을 위해 흡수하는 이산화탄소 양과 호흡을 통해 배출하는 이산화탄소 양이 같아지는 지점을 '광보상점(light compensation point)'이라고 합니다. 이 광보상점 이상의 빛을 받을 수 있어야 식물들은 지속적으로 생육할 수 있습니다.

그리고 빛의 세기가 점점 오후로 들어갈수록 강렬해지고, 빛의 세기에 따라 광합성 속도 또한 증가하다가 어느 시점에 이르면 더 이상 광합성 속도가 증가하지 않는데, 이때의 빛의 세기를 '광포화점(light saturation point)'이라고 합니다. 식물마다 광보상점과 광포화점은 다릅니다. 광보상점과 광포화점이 낮은 식물일수록 실내환경처럼 빛이 적은 조건에서도 잘 자라게 됩니다.

예를 들어 요즘 실내에서 많이 키우는 몬스테라의 경우, 광보상점은 0.2klux, 광포화점은 18klux로 비교적 적은 세기의 빛으로도 무난하게 자랄 수 있는 식물인 것이지요. 반대로 광보상점과 광포화점이 높은 식물일수록 실외의 강한 빛을 필요로 하는 경우가 많습니다.

많은 빛이 필요한 식물들	장미, 봉선화, 백일홍, 코스모스, 선인장, 소나무 등
중간 정도 빛이 필요한 식물들	옥잠화, 비비추, 진달래 등
적은 양의 빛이 필요한 식물들	스킨답서스, 스파티필름, 필로덴드론, 맥문동 등

일반적으로 빛의 세기가 낮아지면 광합성이 억제되면서 식물은 줄기가 가늘어지고 마디 사이가 길어지는 웃자라는 모습을 보이기 시작합니다. 또한 잎이 얇아지고 엽록소 형성이 저해되어 잎의 색이 연해지며 뿌리 발달, 꽃눈 발달 등 전반적인 식물 상태가 불량해집니다.

해의 길이가 식물에게 미치는 영향(광주기성)

가을이라는 단어를 들었을 때 생각나는 꽃이 있으신가요? 많은 분들께서 길가에 흐드러지게 피어 있는 코스모스나 늦가을 피어오르는 노란 국화 등을 떠올릴 것 같습니다. 계절을 상징하는 꽃들이 있는 것처럼 느껴지는 것은 매년 비슷한 계절에 해당 꽃들이 피어오르기 때문일 것입니다.

그렇다면 늘 비슷한 계절에 같은 꽃들이 피어오르는 이유는 무엇일까요? 이는 일장과 매우 밀접한 연관이 있습니다. 일장(day length)은 하루 낮의 길이를 말합니다. 우리나라 사계절 중 겨울은 일장이 가장 짧은 계절이며, 반대로 여름은 가장 긴 계절입니다. 앞서 언급한 빛의 세기뿐만 아니라 해가 떠 있는 낮의 길이 또한 식물에게 큰 영향을 미칩니다.

많은 식물들은 주기적으로 반복되는 일장 변화에 따라 다양한 반응을 보입니다. 이를 식물의 '광주기성(photoperiodism)'이라고 부릅니다. 많은 수의 식물들은 꽃을 피우는 혹은 피우지 않는 기준이 되는 빛의 길이인 한계 일장(critical day length)을 갖고 있습니다. 한계 일장보다 긴 일장 조건이 주어지면 개화하는 식물을 장일식물(long day plants), 한계 일장보다 짧은 일장 조건에서 개화하면 단일식물(short day plants)이라고 합니다. 한계 일장이 없어서 일장 조건에 관계없이 개화하면 중성식물(day neutral plants)이라고 분류하기도 합니다.

장일식물	페튜니아, 금어초, 과꽃 등
중성식물	봉선화, 진달래, 옥잠화 등
단일식물	국화, 코스모스, 카랑코에 등

일장 조건은 개화 이외에도 식물의 휴면 등 다양한 생육에 영향을 미치게 됩니다.

흙이 식물에게 주는 영향

흙은 식물을 지지해주고, 살아가는 데 필요한 수분과 영양분을 공급해줍니다. 사실 가드너에게 흙을 보살피는 일은 식물을 돌보는 일만큼이나 중요한 일입니다. 하지만 흙을 살피는 일은 가드닝을 하면서 가장 나중에 관심을 갖게 되는 영역 중 하나일 것입니다. 흙을 이해하는 것은 조금 복잡하고 어려운 일일 수 있습니다. 하지만 기억해주세요. 가드너가 흙을 돌보면 흙은 묵묵히 우리의 식물들을 돌볼 것이라는 사실을요.

토양의 종류

식물을 키울 때 사용하는 토양은 논, 밭의 흙과 같은 일반토양과 원예용 특수토양으로 구분할 수 있습니다. 일반토양은 암석이 풍화된 가루에 유기물, 미생물, 수분, 공기 등이 포함되어 있습니다. 그리고 점토 함량에 따라 사질, 점질토양 등으로 구분됩니다. 반면 원예용 특수토양은 원예용으로 사용하기 위해 인위적으로 만들어진 흙입니다. 상토, 용토, 배양토 등의 종류가 있습니다.

흙을 구성하는 세 가지 요소

흙은 고체, 액체, 기체 세 가지 요소로 구성되어 있습니다. 고체를 고상, 액체를 액상, 공기를 기상이라고 합니다. 고상은 크게 '광물질'과 '유기물'로 나눌 수 있습니다. 광물질은 우리가 흙이라고 부르는 모래나 점토 같은 것이고, 유기물은 동식물들의 잔해로 썩을 수 있는 모든 것을 말합니다.

우리가 보는 토양 흙의 대부분은 이 고체덩이인 고상을 뜻합니다. 가장 이상적인 흙의 비율은 고상이 50%, 기상이 25%, 액상이 25% 정도로 구성되어 있을 때입니다. 이 비율은 환경적 요인에 따라 자주 달라지곤 합니다. 장마철에는 토양에 수분이 많아져 기상보다는 액상의 비율이 높아집니다. 또한 한여름 건조한 기온이 지속될 때는 토양의 기상이 높아지고 액상 비율은 줄어듭니다. 이렇듯 흙의 구조는 날씨에 따라, 계절마다 달라지곤 합니다.

식물들이 잘 자라게 하기 위해서는 흙의 이상적인 비율을 가급적 유지하도록 하는 것이 좋습니다. 장마철에는 배수에 신경을 써서 액상이 차지하는 비율이 지나치게 높아지는 것을 방지하도록 합니다. 그리고 건조한 계절에는 수분을 공급하여 액상이 부족해지는 것을 교정하도록 합니다.

자연 속에서의 토양은 비가 오고 흙에 수분이 많아지고 다시 마르는 과정이 반복됩니다. 이 과정을 통해 기상이 줄어들어 단단하게 다져집니다. 이 단단한 땅에서는 식물이 뿌리 내리기 어려워집니다. 오래 관리되지 않은 땅이 단단한 이유입니다.

식물이 좋아하는 흙에 대하여

식물이 좋아하는 흙은 어떤 흙일까요? 좋아하는 흙이 따로 있는 것일까요? 보통 좋은 흙은 아래 조건이 충족된 흙을 말합니다.

- 공기가 잘 드나드는 흙(통기성)
- 물이 고이지 않고 잘 빠지는 흙(배수성)
- 물을 보유하는 능력이 좋은 흙(보수성)
- 비료성분을 보유하는 능력이 좋은 흙(보비성)

- 표토가 깊고 부드러운 흙
- 보통 토양의 pH가 6.0~7.0의 약산성에서 중성 범위의 흙(식물마다 다를 수 있음)
- 병충해가 없는 흙

사실 모든 조건을 갖춘 흙을 처음부터 만나는 것은 상당히 어려운 일입니다. 하지만 꾸준한 노력으로 식물이 좋아하는 흙을 만들어갈 수 있습니다.

좋은 흙을 만들기 위한 핵심 ①

✖ 홑알구조와 떼알구조와 유기물

산속의 푹신한 흙과 길가의 흙을 비교해보면 같은 흙이지만 많이 다름을 알 수 있습니다. 산속의 흙은 색이 검고 촉촉하며 부드럽고 잘 뭉쳐집니다. 산속의 흙을 잘 살펴보면 낙엽이나 나뭇가지 등이 썩어서 그 부스러기가 흙에 섞여 어두운 색을 띠고 있음을 관찰할 수 있습니다. 반면 길가의 흙은 먼지가 날릴 정도로 메말라 있고 색이 연한 것을 관찰할 수 있습니다.

두 흙을 좀 더 가까이에서 손에 쥐고 살펴보면 그 차이가 확연히 느껴집니다. 산속의 흙 알갱이들은 몽글거리며 뭉쳐 있고, 길가의 흙은 손에 쥐는 순간 흩어져 손가락 사이로 빠져나가기 일쑤입니다. 좋은 흙은 이렇게 몽글거리며 뭉쳐져 있는 구조의 흙입니다. 이 구조를 '떼알구조(입단구조)'라고 합니다. 반대로 작은 흙 알갱이 하나하나가 모두 떨어져 있는 상태는 '홑알구조(단립구조)'라고 합니다.

떼알구조의 흙은 홑알구조의 흙보다 식물들을 건강하게 키울 수 있는 흙입니다. 그렇다면 떼알구조의 흙은 어떻게 만들어지는 것일까요? 흙을 떼알

구조로 만들어주는 중요한 역할을 하는 것이 바로 흙 속의 미생물들과 지렁이입니다. 미생물들과 지렁이는 낙엽과 같은 동식물의 잔재인 유기물을 흙과 함께 먹고 흙과 함께 배설합니다. 이때 배설물에는 끈적한 점액질 물질이 섞여 나옵니다. 이 물질이 흙 알갱이를 서로 붙여 홑알구조에서 떼알구조로 만들어주는 역할을 합니다.

떼알구조의 흙은 뭉쳐 있는 몽글거리는 흙 알갱이 사이사이로 공간이 생깁니다. 그 공간으로 공기와 수분이 쉽게 드나들며, 흙 알갱이끼리 뭉쳐지면서 수분과 영양분까지 보유하게 됩니다. 반대로 홑알구조의 흙은 뭉쳐 있지 못하기 때문에 수분이나 영양분을 보유할 수 없습니다. 따라서 식물이 잘 자라게 하는 좋은 흙을 만들기 위해서는 나의 정원의 흙을 떼알구조로 바꿔주기 위한 노력을 기울여야 합니다.

그 방법은 의외로 간단합니다. 미생물과 지렁이의 먹이인 유기물을 흙에 공급해주고, 미생물과 지렁이 수를 감소시키는 화학비료나 농약 사용을 줄이는 일입니다. 미생물 수를 증가시키기 위해서 유익 미생물군을 흙에 추가해주는 경우도 흔히 볼 수 있습니다.

미생물들에 의해 유기물이 분해되면 형체를 알아볼 수 없는 부스러기가 되며, 그 색은 검은 빛깔을 띱니다. 이것을 '부식'이라고 합니다. 어르신들이 '검은 흙이 좋은 흙이다'라고 말씀하시는 것은 바로 이 의미를 담고 있는 것입니다.

부식은 표면이 거칠기 때문에 영양분들이 붙어 있다가 물에 의해 떨어져 나오면서 서서히 식물들에게 공급됩니다. 유기물은 물을 흡수하는 능력도 뛰어나기에 흙을 촉촉하고 부드럽게 유지시켜줍니다. 흙이 단단하게 뭉쳐지는 것 또한 막아주어서 흙 속의 기상 비율이 잘 유지되게 하여 뿌리 호흡도 원활해지게 돕습니다.

부엽토, 훈탄, 왕겨 등의 유기물은 좋은 흙의 조건인 통기성, 보수성, 보비성, 배수성 모두와 관련이 있으며, 흙을 개량하는 효과가 매우 뛰어납니다.

좋은 흙을 만들기 위한 핵심 ②

✽ 흙의 pH

학창시절 과학시간에 리트머스지를 이용해서 산성용액과 염기성용액을 구분하는 실험을 했던 것을 기억하는지요? 흙 또한 산성 흙, 염기성 흙으로 존재합니다. 산성이냐, 염기성이냐를 구분하는 기준은 수소이온 농도입니다. 그 농도는 pH로 나타내며 그 값이 7.0이면 중성, 그 이하면 산성, 그 이상이면 알칼리성으로 구분합니다.

우리나라 땅의 대부분은 화강암이고 이 화강암은 규산이 55% 이상 들어간 산성암입니다. 이 화강암이 풍화되어 흙을 이루었기 때문에 우리나라 땅은 기본적으로 산성 흙이 많은 땅입니다. 식물을 키우기에 썩 좋은 땅은 아니라는 뜻이지요. 게다가 봄에 퇴비와 석회 등을 추가하여 흙의 산도를 교정해놓았더라도 장마철에 영양분이 풍부한 겉흙이 빗물로 인해 많이 유실됩니다. 또한 식물은 주로 알칼리성 이온을 흡수하기 때문에 땅이 산성화되기 쉽습니다.

정원 흙의 pH를 알아보는 방법
· pH 측정 기구를 사용한다. **· 농업기술센터에 토양검정을 의뢰한다.** **· 정원에 수국을 심었다면 수국 꽃의 색깔을 관찰한다.** : 푸른색 꽃이라면 산성, 붉은빛 꽃이라면 염기성, 보라색이라면 중성일 경우가 많다.

- **근처에서 자라고 있는 잡초를 관찰한다.**
  : 주변에 쇠뜨기, 쑥, 민들레, 토끼풀, 질경이가 많이 있다면 산성 흙
  : 냉이, 별꽃 등이 많이 있다면 중성 흙

보통 원예식물 생육에 적당한 pH는 6.0~7.0으로 약산성에서 중성의 범위입니다. 이 범위를 벗어나면 장해 현상이 발생하여 식물들이 여러 영양분을 흡수할 수 없는 상태가 되기도 합니다. 따라서 땅의 pH를 교정해주어야 식물들이 건강하게 잘 자랄 수 있습니다. 위에서 언급했던 것처럼 보통 원예식물 생육에 적당한 pH는 6.0~7.0으로 알려져 있지만, 산성 흙 혹은 알칼리성 흙에서 더욱 잘 자라는 식물들도 존재합니다.

✽ 산성 흙을 좋아하는 식물

스위트피, 거베라, 금잔화, 스토케시아, 블루베리, 은방울꽃, 꽃창포, 진달래, 철쭉, 목련, 동백나무 등

✽ 알칼리성 흙을 좋아하는 식물

붓들레야, 백리향, 금낭화, 도라지, 미국능소화, 금낭화 등

✽ 산성이 된 땅의 pH를 높이는 방법

석회, 초목회(짚, 건초, 마른가지, 낙엽 등을 태운 재), 훈탄, 계란껍질 섞어주기

✽ 알칼리성이 된 땅의 pH를 낮추는 방법

피트모스, 소나무 잎, 바크, 빗물, 입제유황 섞어주기

좋은 흙을 만들기 위한 핵심 ③

✽ 유효토심

단단한 땅일 경우 식물을 심을 때 주의가 필요합니다. 땅을 파내기가 힘들어서 식물의 뿌리가 들어가는 만큼만 땅을 파고 심었을 경우, 식물은 딱 그만큼의 공간에서만 뿌리를 내릴 수 있기 때문입니다. 우리가 삽질을 해서 삽이 '푹!' 하고 잘 들어가는 곳, 그 지점까지 식물도 수월하게 뿌리를 내릴 수 있습니다. 식물 뿌리가 삽도 들어가지 못하는 단단한 땅 밑으로 파고 들어갈 수는 없다는 뜻입니다.

'토심이 얕다, 깊다' 하는 말들은 식물이 뿌리를 내릴 수 있는 땅의 깊이가 얕은가, 깊은가를 말합니다. 뿌리를 수월하게 내릴 수 있는 땅의 깊이, 이를 '유효토심'이라고 합니다.

식물은 지상부와 지하부가 비례하여 크기가 커집니다. 주변이 단단해서 뿌리를 마음껏 뻗지 못하면 줄기나 잎 등의 지상부도 크고 건강하게 클 수 없습니다. 따라서 식물을 심기 전에 그 주변부 토양을 깊게 파 뒤엎어서 부드럽게 만들어주는 작업이 필요합니다.

대부분의 식물의 경우 20~50cm 정도의 깊이로 부드럽게 파지는 흙이면 잘 성장할 수 있다고 봅니다. 다년생 경우는 유효토심이 깊을수록 더욱 좋겠지요. 단밍이네 정원처럼 오랜 기간 밭으로 쓰였던 땅이라면 무거운 트랙터가 자주 지나다니면서 다져진 경반층이 땅 밑에 존재할 수 있습니다. 이 경반층이 생성된 곳이 지상부와 가깝다면, 식물 뿌리는 경반층 밑으로 뚫고 내려갈 수 없으므로 이 경반층을 부수어 없애주어야 합니다. 큰 돌이 있다면 돌도 제거하도록 합니다.

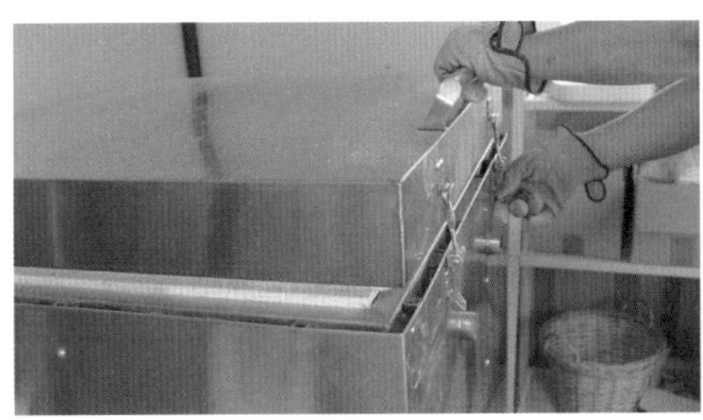

식물은 토양과 햇빛과 물을 기본 조건으로 해서 성장합니다. 식물이 주는 위로와 평안을 얻고자 많은 사람들이 식집사로 불리며 식물을 집안으로 들여 돌보며 행복함을 느낍니다. 배수를 위한 모래, 영양을 위한 부엽토 등을 섞은 흙을 화분에 넣고 식물을 식재합니다. 여러 종류의 화분이 사용되지만 단연 선호하는 분은 토분입니다.

토분은 대부분 850~1100도 온도로 소성되며, 소성 온도에 따른 도자기 분류상 토분은 도기에 해당합니다. 흙은 온도에 따라 수분이 증발하고 흙입자 간 밀도 변화를 통해 수분 흡수력이 달라집니다. 보통 도자기를 만들 때 유약을 흡수할 만한 흙의 밀도를 만들기 위해 한 번 굽는 초벌 과정을 거치는데, 이때 온도는 850도가 일반적입니다. 유약에 초벌된 기물을 담그면 수분을 흡수하는 과정을 통해 유약이 기물 표면에 붙게 되고 1250도 이상의 소성 환경에서 유약에 포함된 광물질에 의해 도자기 표면에 유리질이 형성됩니다.

토분은 수분을 흡수하고 건조된 환경에서 수분을 배출하며 뿌리 호흡을 위해 공기가 통할 수 있는 상태일 때 식물에게 알맞은 최상의 생육환경을 조성해줍니다. 미세 공기구멍을 통해 유기물이 빠져나오기도 하고 바깥에 두었을 때는 주변 수분으로 이끼가 발생하기도 하는 등 세월의 흔적을 고스란히 드러내기도 합니다.

흙은 1100도부터 자기화가 시작됩니다. 강도를 유지하고 토분의 본래 목적에 맞는 수분의 흡수 및 배출, 공기 이동을 가능하도록 하기 위해서는 적정한 소성온도를 설정하는 것이 중요합니다. 여기에는 어떤 흙을 사용하는가에 따라 여러 가지 변수가 발생합니다. 흙은 흔히 철분 함량에 따라 백자토라 불리는 흙과 청자토라 불리는 흙으로 크게 나뉘며, 흙의 점력을 높이기 위한 샤모트(가는 모래) 함량에 따라 산백토, 산청토, 분청토, 흑토, 조형토, 매화토, 세인트토 등 수많은 종류의 흙으로 가공되어 생산됩니다.

철분이 많고 거친 흙으로는 대표적으로 옹기토가 있는데, 일반적으로 토분 제작에 가장 많이 활용됩니다. 많은 토분 생산업체에서는 많은 양의 흙을 대량 주문하여 생산하므로 다양한 안료를 활용하여 분홍색, 녹색 등 다양한 색상의 토분을 생산해내기도 합니다. 이고요토분과 같은 소규모 공방형 생산 토분은 색상이 화려한 토분을 만들기 위한 색소지 생산에 어려움이 있어 본의 아니게 흙 본연의 색을 구현할 수밖에 없는 태생적 한계를 지니고 있습니다.

흙이 형태를 가지면 기물이라고 부르는데, 기물을 만드는 방법에는 여러 가지가 있습니다. 손으로 흙가래나 흙판을 만들어 쌓아 올리는 핸드빌딩, 석고틀을 이용한 몰딩, 캐스팅 방법과 기계를 활용한 지거링, 물레를 이용한 성형 방법이 있습니다. 핸드빌딩은 손맛이 살아 있으나 형태가 반듯하고 고르지 못하다는 단점이 있고, 석고성형과 지거링은 흙 밀도가 높은 상태일 때 형태를 만들기 때문에 빠르고 쉽게 성형하고 똑같은 모양의 대량생산이 가능하다는 장점이 있지만, 작가의 개성이 드러나기 힘들고 숨 쉬는 식물에게 최

적의 생장환경을 제공해주지 못한다는 단점이 있습니다.

한편 물레성형은 고도로 숙련된 기술자들은 똑같은 모양을 계속해서 생산해낼 수 있지만, 사람이 손으로 만드는 방법인지라 조금씩 모양이 달라지며 하나하나가 각기 조금씩 다른 모습을 가진다는 장점이자 단점을 지니고 있습니다.

토분 모양은 사다리꼴이 가장 일반적이고 위로 올라갈수록 넓어지는 형태적 특징을 지니고 있는데, 이는 분갈이할 때 최대한 식물 뿌리를 살리는 데 유리하기 때문입니다. 하지만 기물의 형태적 아름다움을 위해 입구를 좁게 만들거나 펜던트를 달기도 합니다. 분갈이에는 조금 불리한 면이 있지만 잎과 꽃이 풍성해지고 토분 아래가 볼록하면 라인이 만들어내는 미적 형태로는 굉장한 아름다움을 보여줍니다. 분갈이할 때 뿌리를 조금 쳐내는 수고를 들인다면 형태가 보여주는 아름다움을 오랫동안 감상할 수 있습니다.

토분 색상은 연하고 진한 황토색을 베이스로 하되, 위에 언급된 다양한 흙의 조합을 통해 색상에 변화를 주거나 마블링 표면을 가지게 할 수도 있고 겉면을 갈라지게 만드는 기법적 표현을 해낼 수도 있습니다. 요즘은 많은 유약을 바른 유약분들이 주목받는 추세입니다. 결정유를 사용한 알록달록한 유

약분이나 망간을 활용해 표면에 빛이 나는 금속 느낌을 주는 분들을 심심찮게 볼 수 있습니다.

사람의 개인적인 취향에 따라 다양한 화분을 선택하는 것은 자유의사이겠으나, 식물을 위한 작은 배려로 토분을 구입하려는 분들이라면 단밍이네가 식물을 심기 전 빛과 바람, 흙 속 상태에 가장 집중하고 준비하는 것처럼 토분의 본래 목적이 무엇인지를 고민해보시기 바랍니다. 수입토분이라고 불리는 많은 토분들이 빠른 건조와 소성 그리고 토분 생산의 효율성을 위해 식물의 건강을 고려하고 있지 못하다는 사실은 많은 예들로 확인되고 있습니다. 예쁘고, 식물 수형을 돋보이게 하며, 건강한 식물을 위한 배려로서의 정직하고 좋은 토분이 많이 생산되고 유통되길 바랍니다.

단밍이네 한구석에는 'Leekoyo Ceramic Studio'가 있습니다. 제 성과 아내의 성을 한 글자씩 따고 가마를 뜻하는 요(窯)자를 붙여 '이고요'라 이름 붙였습니다. 오랜 시간 미술관련 공부를 하며 도자기를 접하고 물레성형기술 및 유약과 가마소성에 관한 기술과 지식을 익혀왔습니다. 틈틈이 작업하면서 토분을 사랑하는 분들께 선보이고 있습니다.

저는 형태적 아름다움은 다양하게 추구하면서 토분적 기능은 충실히 유지하고자 노력하고 있습니다. 밀도가 다른 흙의 조합으로 물마름 속도를 체크하고 다양한 소성온도 시도와 확인을 통해 강도와 물마름, 유기물 배출에 대한 정도를 확인하고 있습니다. 사실 자기화가 시작되는 온도에서는 흙이 소성 전 상태에서 17~25% 가까이 수축됩니다. 토분을 사랑해주시는 분들에게 약속한 크기를 지켜드리기 어려운 이유입니다.

일본의 민예학자 야나기 무네요시의 민예론을 따로 설명하지는 못하더라도 만드는 사람의 손이 자유로워야 빚어지는 형태에 자유가 있고, 그 자유로움은 편안함의 기운을 지닌 상태가 된다는 전혀 과학적이지 않은 미적 담론을 정신적 지주로 삼고 있습니다. 멋대로 빚어내고 있지만 마음이 자유롭고 손이 편안하므로 식물을 품은 토분은 물이 흘러 품고 안으며 성장시키는 과정 내내 좋은 기운으로 가득하리라 여겨집니다.

아내를 위해 빚기 시작한 토분, 첫 가마를 열고 행복해하던 아내를 생각하면 참 잘했다는 생각이 듭니다. 꽃을 키우는 아내와 토분을 만드는 남편으로 오랜 시간 서로에게 위로가 되고 도움이 되는 사람이고 싶습니다. 이고요수제토분은 물레로 성형하고 정형하며 굽이 높고 물구멍이 크고 물마름이 있고 숨을 쉬는 토분입니다. 작지만 정성어린 토분을 지향합니다.

수분이 식물에게 주는 영향 05

인체는 70%가 물로 구성되어 있다고 합니다. 더위나 운동 등으로 땀을 많이 흘려서 사람 몸 안에 수분이 부족해지면 다양한 증상이 발생하기 시작합니다. 처음에는 물을 마시고 싶은 갈증이 느껴집니다. 이 갈증에도 불구하고 수분이 보충되지 못하면 우리 몸은 비상사태에 돌입합니다. 바로 몸 밖으로 빠져나가는 수분 양을 줄이기 시작하는 것이지요. 땀구멍을 막아서 땀이 나오지 않게 하고, 소변과 대변, 그리고 타액 분비를 억제하여 수분을 보유하기 위해 노력합니다. 이러한 수분 보존을 위한 노력에도 불구하고 수분이 부족해지면 생명에 위험을 초래할 수도 있습니다.

이러한 수분부족 현상과 그로 인한 피해는 식물에게도 발생합니다. 식물 특히 초본 식물의 경우 80~90% 이상이 수분으로 이루어져 있는데, 많은 양의 수분으로 이루어진 식물에게 적당한 수분 공급은 식물이 살아가기 위한 필수적인 요소라고 할 수 있습니다.

식물체 안에서의 수분 역할

대부분의 식물은 수분이 부족하면 곧 심한 스트레스를 받게 됩니다. 살아있는 식물은 끊임없이 뿌리로 수분을 흡수하고 잎으로 배출합니다. 이로 인해 수분이 없으면 식물은 살아남기 힘들어집니다. 식물에게 수분은 다음과 같은 역할을 합니다.

- 광합성 재료
- 영양분의 흡수와 이동이 이루어지게 함
- 대사작용을 원활하게 함
- 팽압을 형성하여 식물의 고유한 형태가 유지되게 함
- 식물의 체온을 유지함

식물에게 수분이 부족할 경우

한여름같이 건조하고 더운 날씨에는 식물들 잎과 줄기가 축 늘어지고 탄력 잃은 모습을 자주 볼 수 있습니다. 이것은 식물의 고유한 형태를 유지하던 수분이 부족하여 팽압이 떨어졌기 때문입니다.

잎의 수분 함량이 줄어들기 시작하면 식물은 버티기 작전에 돌입합니다. 즉 기공을 닫아서 증산작용을 억제하여 몸 안 수분이 빠져나가지 않도록 합니다. 하지만 기공이 닫힘으로써 광합성 재료인 이산화탄소를 흡수하지 못하게 됩니다. 이로 인해 광합성 또한 이루어지지 않아 수분부족이 심화될수록 식물은 쇠약해집니다.

식물에게 수분이 너무 많을 경우

반대로 장마철처럼 수분 공급이 지나치게 많았을 때의 가장 큰 문제점은 뿌리가 물에 잠겨 숨을 쉴 수 없게 된다는 것입니다. 수분이 많아 땅속 산소가 부족해지면 뿌리 호흡이 원활하지 않게 됩니다. 호흡이 저하되면 식물의 정상적인 생리작용에 사용되는 에너지가 만들어지기 어려워집니다. 식물이 수분이나 양분을 흡수하려면 에너지가 필요한데, 식물이 에너지를 만들어 내는 과정인 호흡이 어려워지면 결국 에너지 부족으로 이어집니다. 에너지

가 부족해지면 증산작용이나 광합성 저하로 이어지고, 결국 식물은 서서히 쇠약해집니다.

이러한 과습 피해는 더운 날씨에 자주 발생합니다. 어린 식물보다는 새 뿌리의 발생이 적은 시기, 그리고 산소 요구도가 큰 어른 식물들에게서 많이 발생합니다.

공기 성분 중 산소, 이산화탄소, 그리고 질소는 식물에게 많은 영향을 미칩니다. 산소는 식물이 살아가기 위한 에너지를 만들어내는 호흡작용에 필요하고, 이산화탄소는 광합성 재료입니다. 질소는 흙 속에 살고 있는 질소고정균의 도움으로 공중질소를 암모니아로 고정하는 '질소고정' 능력을 통해 식물체에 곧바로 이용되기도 합니다. 또한 바람도 식물에게 많은 영향을 미칩니다.

바람이 식물에게 주는 영향

바람은 식물에게 도움을 주기도 하지만 때로는 피해를 입히기도 합니다. 잔잔하게 불어오는 바람은 식물 주변의 습기를 없애 증산작용을 활발하게 하여 토양으로부터의 양분흡수를 증가시킵니다. 또한 잎을 흔들어 그늘진 잎에도 빛이 들어오게 도와줌으로써 광합성을 증가시킵니다. 무더운 한여름에는 기온과 지온을 낮추어주며 봄, 가을에는 서리를 막아주는 역할을 하기도 합니다.

반면 잡초의 씨나 병균을 전파하기도 하고, 건조한 날씨에는 환경을 더욱 건조하게 만들고, 차가운 바람은 냉해를 입히기도 합니다. 가장 큰 피해를 입히는 바람은 아마 태풍이 아닐까 합니다. 식물은 태풍으로 인해 잎과 줄기, 꽃, 열매가 떨어지거나 찢어지거나 긁히고 쓰러지게 됩니다. 그리고 이러한 상처로 인해 세균이나 바이러스가 침입하여 2차 피해를 입기도 합니다. 또한 바람이 너무 강하면 기공이 폐쇄되어 이산화탄소 흡수가 감소하고 광합성 저하로 이어집니다. 과도한 수분증발로 식물이 수분부족 현상을 일으키기도 합니다.

실내에서는 식물을 재배할 때 바람이 잘 통하는 장소에서 기르는 것이 좋습니다. 소형 선풍기, 써큘레이터 등을 이용하여 잎들이 하늘하늘 흔들리는 정도의 바람을 제공해주는 것으로 통풍과 관련된 많은 문제들이 해결되기도 합니다.

오염된 공기가 식물에게 주는 피해

대기의 각종 오염원으로 발생하는 오염물질들은 식물 잎의 기공을 통해 식물체 내로 침투하여 특정 성분과 결합하고, 효소작용을 방해하여 식물의 대사 활동을 억제합니다. 이러한 영향으로 차도 옆 가로수 나무들은 대부분 대기오염으로부터 강한 수종을 선택하여 식재하게 됩니다.

Part 3

정원이라는 도화지 준비하기

'정원'이라는 단어를 들었을 때 어떤 풍경들이 떠오르나요?

넓게 펼쳐진 잔디밭과 소나무들이 있는 풍경, 높고 뾰족한 서양식 지붕의 주택 입구에 흐드러진 장미 아치가 있는 풍경, 혹은 시골 할머니 댁 마당 중앙에 놓인 평상과 담장 밑 채송화 꽃이 도란도란 피어 있는 풍경 등등….

'정원'이라는 단어를 통해 우리는 각양각색의 다양한 풍경들을 떠올리곤 합니다. 그렇다면 실제로 '정원'이라고 부를 수 있는 공간은 어떤 곳일까요? 庭園(뜰 정, 동산 원). 문자적 의미로 보면 정원이란 우리가 생활하는 곳과 가까운, 하지만 다소 제한된 공간 정도로 해석할 수 있습니다.

즉, 야외의 드넓은 공간이어야만 정원으로 불릴 수 있는 것이 아니라는 의미입니다. 식물이 있는 베란다와 테라스, 마당 안에 조그맣게 만들어둔 꽃밭, 작은 화분을 올려둔 창가 등등, 식물과 그 식물을 가꾸고 돌보는 사람이 있다면 그 장소는 모두 정원이라 부를 수 있습니다. 정원은 우리가 생각하는 것보다 더욱 가까이, 그리고 이미 친숙하게 우리 곁에 다가와 있는 것인지도 모를 일입니다.

공간을 아름답게 하기 위해서, 가족들과의 친목을 위해서, 정신적 스트레스 해소를 위해서 등의 다양한 이유로 사람들은 정원을 만들고 가꾸기로 결심합니다. 정원을 만들어보기로 결심한 후 초보 가드너가 가장 먼저 하는 일은 대부분 '식물을 사러 가는 일' 입니다.

화원에 가면 자기를 얼른 사가라고 재촉이나 하듯 예쁜 꽃들이 환하게 피어 있습니다. 초보 가드너는 양손 가득히 형형색색의 꽃모종들을 사옵니다. 그리고 마당 곳곳에 적당히 잔디를 떼어내고, 혹은 흙을 파내어 열심히 꽃을 심기 시작합니다. 한동안 지속했던 작업을 끝내고 자신이 꽃을 심은 공간을 바라봅니다. 그런데 생각했던 것만큼 풍성하지 않은 모습이 보입니다.
꽃들을 많이 사와서 심었다고 생각했는데, 듬성듬성 비어 있는 공간에
아쉬움이 생깁니다. 하지만 곧 풍성해져서 화단을 가득 채우리라는
믿음을 갖고 물도 매일 매일 열심히 주기로 결심합니다.
몇 주간의 시간이 흘렀습니다. 어찌된 일인지 화원에서 사온 꽃들이
더 이상 꽃을 피우지 않습니다. 게다가 풍성해지기는커녕
잎은 점점 누렇게 말라버리는 모습을 보이기까지 합니다.
거금을 들여 사온 파란색 수국은 햇빛이 잘 드는 장소에 심어주었는데도
매일 축 늘어져 있습니다. 언덕진 곳 밑에 심은 라벤더는 비만 오면
상태가 나빠지는 것 같습니다. 북쪽 대문 앞에 멋진 아치를 세우고
덩굴장미를 심었는데 꽃은 피지 않고 잎에 알 수 없는 검은 반점들만 가득
생기고 있습니다. 게다가 잔디는 자꾸 자라서 어느 순간 꽃들과 뒤엉켜버렸고
화단 안은 잡초인지 꽃인지 모를 정체불명의 식물들이 가득 차 있는 지경에
이르러버렸습니다. 마음처럼 쉽게 되지 않는 정원 일에 초보 가드너는
'정원을 가꾸는 일은 무척 어려운 일이구나' 하고 생각하게 됩니다.
이 초보 가드너 이야기는 처음 정원을 가꾸기 시작했을 때의 저의 모습입니다.
정원을 처음 가꾸기 시작한 이후 일 년 사계절 동안 숱한 실수를 저지르고
많은 식물들과 작별인사를 나눠야만 했습니다. 그리고 그 뼈아픈 경험들은
식물에 대해 이해할 수 있도록 공부하는 계기가 되었습니다.
내가 키우는 식물들에 대해 하나씩 공부하고 알아갈 때마다 식물들을 살피는
눈과 손길이 달라졌고, 식물들은 보답이라도 하듯 훨씬 잘 자라주었습니다.

식물을 이해해가면서 동시에 식물을 둘러싼 정원 환경에 대해 궁금한 것들이 많아지기 시작했습니다. '우리집 정원 땅은 비만 오면 왜 항상 물이 고여 있을까?', '화단의 흙 색깔이 너무 연한 것 같은데 괜찮은 걸까?', '이쪽은 바람이 너무 세게 불어서 식물들이 잘 자라지 않는 것 같은데 뭔가 대책이 없을까?', '저쪽 화단은 계절마다 햇빛 양이 많이 차이 나는구나' 하는 질문들이 끊임없이 이어졌고, 결국 식물을 둘러싼 정원 환경에 대해서도 알아가게 되었습니다. 제가 식물과 정원에 대해 알아가면서 들었던 생각이 있습니다. 경험을 통해 자연스럽게 알게 되는 것들의 순서를 바꾼다면, 좀 더 수월하게 가드닝을 할 수 있지 않을까? 시행착오를 줄일 수 있지 않을까? 하는 생각이지요. 먼저 우리집 정원이 들어설 곳의 환경에 대해 이해하고 그다음 키우고자 하는 식물들에 대해 알아본 후, 최종적으로 구역에 알맞은 정원 식구를 맞이해서 식재하는 순서라면, 실패라는 경험을 줄일 수 있지 않을까 하는 생각이 들었습니다. 실내 가드닝과 실외 가드닝에서의 가드너 역할은 비슷하면서도 사뭇 다른 면이 있는 것 같습니다. 실내에서 가드너는 식물들이 필요로 하는 빛의 양에 따라 빛을 조절해주고, 물주기를 조절하고, 통풍이 잘 되지 않는 곳에 써큘레이터를 비치해주고, 날씨가 추워지면 좀 더 따듯한 곳으로 식물들을 옮겨줘야 합니다. 즉 실내 가드닝에서의 가드너는 식물에게 인위적인 자연을 제공하는 절대적인 역할을 수행합니다.

하지만 실외 가드닝에서의 가드너는 식물들을 옆에서 돕는 보조적인 역할을 수행한다고 생각합니다. 실외에서는 빛을 찾아 화분을 옮겨주거나, 써큘레이터를 돌려주며 통풍에 신경을 쓰지 않아도 늘 곁에 있는 자연이 빛과 바람 등을 제공해줍니다. 그런데 무척 편하게 식물을 돌볼 수 있을 것 같지만 이 자연이라는 것은 변화무쌍하고 변덕스러운 면이 있습니다. 봄의 햇살은 따스하고 포근합니다. 어린 식물들과 새싹들이 잘 자랄 수 있도록 부드럽게 어루만지며 성장을 돕습니다. 하지만 곧 여름이 되면 봄의 포근했던 봄볕은 돌변하여 여름 뙤약볕이 됩니다. 한여름 내내 고온의 열기로 무장한 빛을 사정없이 지상으로 내려보냅니다. 자연의 물 또한 마찬가지입니다. 보슬보슬 오는 봄비는 식물들에게 겨울이 끝났으니 어서 싹을 펼쳐 보이라고 부드럽게 어루만지며 속삭입니다. 하지만 여름이 되면 폭우의 모습으로 식물들 줄기를 꺾어버리고 잎을 찢어버립니다. 바람은 또 어떤가요. 부드럽게 불어와 식물들의 꽃가루를 옮겨주고, 광합성을 촉진해주었다가도, 돌연 태풍이 되어 정원을 휩쓸어갑니다. 이처럼 거대한 자연의 힘 앞에 움직일 수 없는 식물들은 한없이 나약하고 무력해 보일 수 있습니다. 하지만 사실 꼭 그렇지만은 않습니다. 식물들은 기를 쓰고 살아내고자 버텨냅니다. 햇빛이 너무 뜨거워지면 기공을 닫아 몸 안의 수분 증발을 최소화합니다. 바람이 많이 부는 곳에서는 줄기를 더욱 튼튼하게 만들어 바람을 견딥니다. 혹여 폭우라도 쏟아져 줄기가 꺾여버리면 다른 줄기들의 생장을 촉진하고 새롭게 잎을 만들어냅니다. 그리고 겨울이 다가오는 것을 느끼면 생장을 멈추고 긴 겨울잠에 들어 매서운 겨울 추위를 온몸으로 견뎌낼 준비를 합니다. 이렇게 식물들이 살아남고자 고군분투할 때, 식물 곁에서 '잘한다! 잘하고 있어! 조금만 더 견디면 돼!' 하며 응원을 해주고 지지해주는 것이 바로 실외 가드너의 역할입니다. 실외 가드너는 다음과 같은 방법으로 식물들을 응원합니다. 햇빛이 많이 드는 장소에는 장미 같은 햇빛을 많이 필요로 하는 식물을 식재해주고, 뿌리가 시원한 것을 좋아하는 클레마티스 옆에는 클레마티스 뿌리에 그늘을 제공하는 호스타같이 잎이 넓은 식물을 파트너로 배치해주거나, 멀칭을 통해 지온을 낮춰줍니다. 비가 많이 오는 장마철을 대비해서 과습에 약한 식물들은 배수가 좋은 땅에 심어주고, 태풍이라도 오는 날에는 식물들이 쓰러지지 않도록 지주대를 단단하게 세워줍니다. 그리고 겨울철에는 짚이나 낙엽 등으로 식물들 뿌리를 덮어서 보온을 해줍니다.

정원이라는 공간에서 가드너는 빛의 양을 조절할 수도, 빗물의 양과 바람의 세기 등을 조절해줄 수도 없습니다. 그저 옆에서 식물을 도우며 잘 견뎌주기를 응원할 뿐입니다. 그렇기 때문에 야외 공간에 정원을 만들고자 한다면 정원을 둘러싼 환경에 대한 이해가 반드시 필요합니다.

자연의 도움을 받아 정원을 만들고 가꿔보기로 결심했다면, 먼저 확인해야 할 사항들은 다음과 같습니다.

사람

✖ 정원을 만들고자 하는 목적과 주 사용자

'이쪽에는 큰 나무를 심고, 저쪽에는 화단을 만들고 꽃을 키워야지. 그리고 저곳에는 야외 테이블과 의자를 놓으면 좋을 것 같아.'

우리는 즐거운 일이 목전에 있을 경우 한껏 부푼 마음을 갖고 이것저것 계획을 해보곤 합니다. 하지만 종종 정말 중요한 것에 대해서는 잊는 경우가 있습니다. 정원 계획도 마찬가지입니다. 정원의 구조와 식물들의 세세한 식재 계획을 세우기 전에 내가 정원을 만들고자 하는 궁극적인 목적에 대해 생각해보는 시간을 잊지 말아야 합니다. 내가 만들고자 하는 정원의 목적은 앞으로의 정원을 만들어가는 데 필요한 방향성을 제시하기 때문입니다.

정원이라는 실외 공간은 실내 공간의 연장선으로 간주되어야 하며 실용적이고 기능적이어야 합니다. 반려동물이나 아이들이 뛰어놀 수 있는 정원을 원한다면, 잔디밭이나 모래놀이 공간 등 놀이공간으로 사용할 수 있는 구역이 정원 내에 배치되어 있어야 할 것입니다. 하지만 정원 안에 연못을 만들고 싶은 경우에는 아이들과 반려동물의 안전을 위해 충분히 심사숙고해야 할 것입니다.

가족끼리의 단합과 친목 행사 등을 위해서라면 가족들이 함께 모여 편안한 분위기에서 이야기나 식사를 할 수 있는 공간을 포함시켜야 할 것입니다. 음식이나 차를 준비할 수 있는 주방과의 거리가 인접할수록 편리하게 이용할 수 있을 것입니다.

또한 심신 안정과 정신적인 스트레스 해소를 위한 정원이라면, 식물과 함께하며 편하게 감상할 수 있는 조용한 공간 조성이 필요할 것입니다. 휠체어를 이용해야 하는 분이나 어르신이 계신 곳이라면 계단 설치보다는 이동이 용이한 완만한 경사로를 만드는 것이 좋을 것입니다.

이렇게 자신이 정원을 만들고자 하는 궁극적인 목적과 주 사용자를 찬찬히 생각해본다면, 앞으로 계획할 정원의 방향성을 발견할 수 있을 것입니다.

✽ 정원을 유지 관리할 수 있는 시간

우리가 아름답다고 느끼는 정원 이면에는 그 아름다움을 유지하기 위해 시간과 정성을 들인 누군가가 반드시 있기 마련입니다.

초기에 아름답게 만들어진 정원이라 해도 지속적으로 관리하지 않는다면 그 아름다움은 오래가지 않을 것입니다. 정원은 살아 있는 식물들이 주가 되는 공간이며, 살아 있음은 곧 변화로 이어지기 때문입니다. 아주 확실한 예를 들어보면, 잔디밭을 떠올리면 될 것 같습니다. 바라보는 것만으로도 싱그러움을 느끼게 해주는 잔디밭은 정원 구성에서 빠질 수 없는 멋진 공간적 요소입니다. 하지만 잔디밭을 정원에 포함시킨 순간 매번 시간을 들여 반복해야 하는 정원일이 한 가지 늘어납니다. 바로 잔디 깎기입니다.

한여름의 잔디는 너무 잘 자라기 때문에 아주 짧게 깎아놓더라도 일주일 후엔 발목을 간지럽힐 정도로 자라나게 됩니다. 멋진 잔디밭을 유지하기 위해서는 땡볕의 무더위 속에 주기적으로 잔디밭을 깎아줘야 합니다. 또한 가을철이 되면 그동안 깎아버렸던 잔디 찌꺼기들이 잔디 밭 사이사이에 존재해 있어 병충해 예방을 위해선 긁개를 이용해서 그것들을 모두 긁어모아 버려야 할 것입니다. 만약 잔디밭을 조성해놓고 관리하는 사람이 없다면, 여름이 채 되기도 전에 잡초인지 잔디인지 구분이 안 가는 무성한 풀이 가득한 공간이 되어버릴 것입니다.

이렇게 정원을 만든 후 지속적으로 관리를 담당할 사람이 가족 중에 있는가 하는 것은 어떻게 보면 가장 먼저 고려되어야 할 사항일지도 모릅니다. 최근에는 도시 근교에 세컨하우스라고 부르며 주말에만 이용하는 별장 개념의 집을 준비하는 분들이 많아지고 있습니다. 그리고 그 세컨하우스에 정원을 만드는 분들 또한 늘어가는 추세입니다. 이러한 세컨하우스 정원일 경우, 주말에만 정원을 관리해줄 사람이 있을 가능성이 크기에, 손이 많이 가는 식물들이나 한여름에 잦은 관수를 요하는 식물들은 정원 식재 계획에서 제외되어야 하며, 그 대신 가뭄에 강하고 키우기 수월한 식물들 중심으로 식재되어야 할 것입니다.

또한 정원을 관리하는 일에 많은 시간을 할애할 수 없는 경우, 많은 식물들을 식재하기보다는 조형물 등을 이용하여 포인트를 주며 공간을 구성하는 것이 관리 면에서 보다 수월할 수 있습니다. 시간이 부족함에도 식물을 많이 키우고 싶은 마음에 처음부터 무리해서 정원 안을 식물로 가득 채우기 전에 내 손으로 관리가 가능한 범위가 어느 정도인지를 먼저 가늠해본 후, 규모를 점차 늘려가는 것이 좋은 대안이 될 수 있을 것입니다.

예산

정원을 만들 때 투입 가능한 예산 범위도 중요합니다. 현실적인 예산에 맞추어 적당한 자재와 식물들을 구입하고 정원을 만들어나가야 할 것입니다. 대개 정원은 주택 가격의 15% 이내 범위에서 예산을 들여 만들 것을 전문가들은 제안합니다. 정원 또한 주택의 연장선이기에 그 가치를 이해하고 예산을 계획하는 것이 중요합니다.

행정적인 규칙, 규정 확인

최근 새롭게 정비되는 택지개발지구 등 일부 지역의 경우, 도시 미관과 이웃 간 소통 문화를 장려하고자 펜스 높이, 유형 및 구조 등에 대해 제한을 두는 곳이 점차 늘어나고 있습니다. 또한 정원에서 꼭 필요한 창고를 설치할 경우에도 지자체 별로 허용 가능한 재질과 범위, 신고절차가 모두 다를 수 있습니다. 따라서 정원을 계획하기 전에 지자체별 행정 절차와 허용 범위 등에 대해 알고 있어야 합니다.

하수관, 지하 인터넷 케이블 및 수도관과 관련된 규정 또한 정원 설계에서 중요한 역할을 합니다. 계획을 시작하기 전에 위 시설물들이 어디에 위치하고 있는지 확인하는 일이 필요합니다. 이 시설물들과 관련 규정 확인 없이 땅을 파고 정비하기 위해 굴착기를 사용하다가 실수로 케이블과 수도관을 손상시킬 경우, 파손에 대한 복구 책임을 져야 할 수도 있기 때문입니다. 또한

수도관이나 지하 인터넷 케이블 근처에는 공격적인 뿌리 시스템을 가진 식물은 심지 않는 것이 좋습니다. 이러한 뿌리를 가진 식물들이 성장함에 따라 위 시설물들을 손상시킬 수 있기 때문입니다.

주변 시설물, 건물 등의 풍경

나의 정원이 만들어질 곳 주변의 시설물이나 건물 등의 풍경에 대해서도 파악해두는 것이 좋습니다. 나의 정원 너머로 보이는 풍경 또한 그대로 나의 정원의 먼 풍경으로 작용하기 때문입니다. 주변 풍경이 산과 들 등의 자연 모습이라면 사계절 흐름에 따라 변화하는 멋진 풍경을 나의 정원 안으로 끌어들이는 것이 좋습니다. 이렇게 멋진 풍경이 있는 곳은 높은 펜스나 구조물 등으로 앞을 막기보다는 트여 있게 하는 것이 좋겠지요.

그런데 산과 들의 멋진 자연 풍경과는 반대로, 그다지 아름답지 않은 풍경이 있을 가능성도 많습니다. 정원 너머로 고물상 모습이 보인다든지, 공용 차고지, 이동식 화장실, 비닐하우스 등 썩 멋지지 않은 모습이 보일 경우, 나의 정원이 아무리 멋지게 만들어진다 해도 내 정원 너머의 시선에는 항상 그 아름답지 못한 풍경들도 함께할 것입니다. 따라서 멋진 풍경이 있을 때와는 반대로 아름답지 못한 풍경들은 가림막 펜스나 풍성한 침엽수 등을 이용하여 적당히 가려주는 것이 좋을 것입니다.

이웃

나의 정원을 만드는데 왜 이웃을 생각해야 하느냐고 의아해하실지도 모르겠습니다. 하지만 안타깝게도 인터넷 커뮤니티에서는 실제로 정원에 식재된 나무와 관련하여 이웃 간에 마찰이 생겼다는 등의 글들이 상당수 올라오곤 합니다.

이웃을 배려하지 않은 정원은 이웃 간 불화를 일으키는 주범이 될 수도 있습니다. 이웃집 경계에 큰 활엽수 나무를 심을 경우, 나의 나무로 인해 생기는 그늘이 이웃에게 피해가 될 수도 있으며, 떨어지는 열매나 낙엽 처리로 인해 불편감을 유발할 수도 있습니다. 또한 나무는 시간이 흐를수록 뿌리를 지속적으로 넓게 뻗어나갈 것이기에, 뿌리 시스템이 공격적인 나무를 경계에 심을 경우 근처에 있는 이웃 화단에 영향을 줄 수도 있습니다.

한편 이웃집 차량이 진출입하는 부근에 커다란 침엽수를 심었을 경우, 이웃은 차량을 운행할 때 시야 확보가 되지 않아 안전상 위험에 노출될 수도 있습니다. 나의 정원이 지형상 위쪽에 위치한 경우, 배수 시스템에 신경을 쓰지 않는다면 비가 지속적으로 내리는 장마철에는 우리집에서 흘러 내려가는 물로 인해 아래쪽 이웃 땅에 피해를 줄 수도 있습니다. 따라서 정원 계획 시 가급적 이웃과 소통하고 배려하는 것이 좋을 것입니다.

환경

✽ 기후

정원을 만들고자 하는 곳의 사계절 기후를 파악하는 일은 아주 중요합니다. 이것은 앞으로 정원에 어떤 식물을 식재해야 하는가에 대한 기본적인 방향을 제시하기 때문입니다.

최저온도와 최고온도에 따라 키울 수 있는 식물들 종류는 현저히 다릅니다. 식물들이 정상적인 생리작용을 유지하며 자랄 수 있는 최고의 한계온도를 최고온도라고 합니다. 반면, 냉해나 동해의 피해 없이 견딜 수 있는 최고 낮은 온도를 최저온도라고 합니다. 이 범위를 벗어나는 환경에 노출되면 식물들은 건강하게 자랄 수 없거나 최악의 경우 고사하는 상황에 직면할 것입니다.

예를 들어 한여름에 아름다운 분홍색 꽃을 피우는 목백일홍의 경우, 중부 지역에서는 보온조치 없이는 겨울을 나기 힘들 것입니다. 또한 루피너스, 델피니움 등의 서늘한 온도를 좋아하는 식물의 경우, 일반적으로 우리나라 여름의 고온을 견뎌내기 힘들어합니다. 하지만 대관령같이 여름이 시원한 지역에서는 여름을 잘 견디기 때문에 다년생으로 멋지게 자라기도 합니다. 따라서 식물을 식재하기 전, 나의 정원의 사계절 기후를 반드시 미리 파악해두는 것이 좋습니다.

정원 안의 미기후(microclimate)

미기후(microclimate)라는 말을 들어보셨나요? 미기후란 어떤 공간에서 부분적으로 형성되어 있는 미세한 기후를 말합니다. 이 미기후는 온도, 고도, 빛, 지형, 바람 등의 요소로 형성됩니다.

내가 정원을 만들고자 하는 지역의 최저, 최고 온도를 중심으로 일 년간의 지역기후가 파악되었다면 나의 정원 안에 형성되어 있거나 앞으로 형성될 것 같은 미기후에 대해서도 파악해두는 것이 좋습니다. 예를 들어 우리집 건물과 옆집 건물 사이, 큰 나무 밑, 막혀 있는 펜스 근처 등에는 빛이 잘 들지 않을 가능성이 높습니다.

이 그늘이 생기는 범위는 사계절 해의 고도차에 따라서도 변화가 있고, 하루 중 시간에 따른 변화도 있을 것입니다. 예를 들어 오전 중에만 해가 드는 동쪽 지역이라면 수국처럼 한여름 강한 햇빛을 힘들어하는 식물들을 심어주는 것이 좋을 것이며, 하루 종일 해가 비치는 곳이라면 햇빛을 좋아하는 장미나 라벤더, 세이지 등의 허브류를 심어주는 것이 좋을 것입니다. 또한 그늘이 많이 지는 곳이라면 그늘에 강한 맥문동, 호스타, 아스틸베 등의 식물 배치를 고려해볼 수 있습니다.

빛은 식물에게 아주 중요한 생장요소이기에 내가 정원을 만들고자 하는 곳 안에서의 사계절과 하루 동안 해가 드는 범위와 시간 등을 잘 관찰하여 정원 계획에 반영하도록 합니다.

✽토양

앞서 설명했던 것처럼, 토양 상태는 식물 생육과 아주 밀접한 관계가 있습니다. 식물들이 건강하게 잘 자라는 모습을 원한다면 나의 정원 토양에 대한 이해는 반드시 필요합니다.

먼저 나의 정원 토양의 배수 상태를 확인해야 합니다. 물빠짐이 좋은 모래땅인지, 물빠짐이 좋지 않은 점토질 땅인지 등 토성에 대한 이해부터, 정원 흙의 구조가 떼알구조인지, 홑알구조인지에 대한 토양 구조를 알아야 합니다. 그리고 흙의 양분 정도는 어느 정도인지, 흙의 pH는 어느 정도인지 등에 대한 이해는 필수적입니다.

나의 정원 흙이 그다지 좋지 않아 보인다면, 지역농업기술센터의 토양분석 서비스를 이용하여 토양 유형을 확인한 후 개선하는 작업이 필요할 것입니다.

✤ 바람

우리가 '바람길'이라고 부르는, 사이가 막혀 있는 공간 통로나 탁 트여 있는 곳 혹은 언덕 위, 차량 통행량이 많은 도로가, 해안 지역 등은 바람이 거세게 불어옵니다. 거센 바람은 토양을 지속적으로 건조하게 만들고, 식물 기공을 폐쇄하여 광합성을 저해시키며, 식물 호흡을 증대시켜 체내 양분 소모를 증가시켜 식물들이 건강하게 자라는 것을 방해합니다.

또한 식물은 강한 바람에 맞서 줄기가 부러지는 것을 막기 위해 스스로 줄기를 두껍게 만드는 '영양생장'에 더욱 집중하게 됩니다. 이것은 꽃을 피우는 생장인 '생식생장'으로의 전환을 어렵게 하여 식물이 꽃을 잘 피우지 않게 합니다.

해안지역에서는 강풍으로 인한 염풍 피해가 발생하며, 염풍으로 인한 피해는 해안으로부터 1km 이상 내륙까지 발생할 수 있습니다. 특히 바람이 가

장 큰 영향을 주는 계절은 겨울인데, 한겨울 매서운 바람으로부터 보호받지 못한 식물들은 냉해와 동해를 입어 고사할 가능성이 커집니다.

따라서 정원 내에서 바람이 거세게 부는 곳을 확인한 후, 방풍림, 방풍 울타리, 방풍벽 등 바람을 막아주는 시설물들을 설치하여 바람의 영향을 줄여주는 일이 필요합니다. 방풍림 등의 방풍효과 범위는 그 높이의 10~15배까지라고 알려져 있습니다.

✽ 지형

언덕 등의 단차가 있는 지형은 비가 올 경우 물이 아래로 빠르게 흘러 내려갑니다. 이때 흘러 내려가는 것은 물뿐만이 아니랍니다. 영양가 풍부한 유기물이 많은 겉흙 등도 함께 씻겨 내려갈 수 있다는 뜻입니다.

관수를 해줄 때도 경사진 지형은 물이 흙 속으로 스며들기도 전에 빠르게 아래로 흘러 내려가버릴 수 있습니다. 따라서 수분을 많이 필요로 하는 식물을 식재하기에는 언덕은 적당하지 않을 수 있습니다. 대신 건조에 강하며 뿌리가 넓게 퍼져서 흙을 붙잡아둘 수 있는 식물들을 식재하여 흙의 유실을 방지하는 것이 좋습니다. 혹은 지형 자체를 보완하기 위해 인위적인 계단식 단차를 만들어 물이 아래로 흘러 내려가지 않도록 하는 방법도 고려해볼 수 있습니다.

반대로 주변 지형보다 낮은 지형일 경우에도 문제가 발생할 수 있습니다. 이러한 지형은 최근 지어지는 택지 분양형 주택에서 많이 찾아볼 수 있는데, 바로 옆 땅이 우리집 땅보다 훨씬 높은 경우에 문제가 발생합니다. 낮은 지형의 경우 비가 많이 올 때 물이 고일 수 있으며, 이와 같은 피해는 여름 장마철에 흔하게 나타날 수 있습니다.

대부분의 식물들은 지속적으로 뿌리가 물에 잠겨 있을 경우 뿌리 호흡을 하지 못하게 되어 고사할 가능성이 큽니다. 따라서 비가 오면 물이 고이는 구역에 식물을 식재할 때는 주의가 필요하며, 이 때문에 정원 내의 배수관련 시설 설치가 중요한 요소로 작용합니다.

02 단밍이네가 직접 정원을 만든 과정

북유럽풍 박공지붕의 세찬 기운으로 든든히 자리 잡은 단밍이네 집은 150여 평 땅 위에 앉았습니다. 주차장과 연결된 작은 자투리땅엔 자연석들이 경계를 이루듯 박혀 있고 거실에서 연결된 작은 마당 또한 잔디밭을 자연석으로 둘러 마당의 끝을 나타내고 있습니다. 이사 오기 전 집에서 시작된 가드닝에 대한 열정은 마당과 연결된 앞 땅의 손짓에 더욱 솟구쳐, 본격적으로 무모하기 짝이 없는 단밍이네 도전이 시작됩니다. 집을 제외한 250여 평 땅에 주목 2그루와 청단풍 한 그루, 현무암 판석 20여 장, 맷돌판석 5장이 전부입니다. 이 허허로운 벌판에 서서 우리는 기뻐합니다. 이 땅에 생산을 위한 무언가가 아니라 쉼과 위로를 위한 무언가를 시작한다는 설레임에 그저 우리는 행복합니다.

정원의 전체적인 모습 그리기

하늘을 날아가는 새가 힐끗 내려다보는 단밍이네 집과 땅은 직사각형입니다. 짧은 면의 한쪽으로 집과 뒷마당과 주차장이 있고 나머지는 길게 땅이 놓여 있습니다. 새로 구입한 땅은 원래 집 마당보다 50cm가량 낮아 성토를 해야 하고 수로와 연결된 우측은 자연석을 따로 옮기고 보강토 작업을 해야 한다고 생각했습니다. 도화지가 반듯하고 정갈해야 한 그루 나무가 자리하더라도 반듯하리라 여겼던 것이지요.

누군가 말합니다. '길과 언덕은 오르고 내리는 것이 당연하고 비스듬하고

굴곡이 있어야 물이 흐르고 바람이 흐르지 않겠느냐'고 말입니다. 엄청난 돈을 들여 반듯해질 땅이 자연 그대로 조금 긁어내고 조금 옮기고 무너지지 않게 다지는 일로 마무리됩니다. 하나보다는 둘이지요. 귀를 열어 듣고 조금 주변을 둘러보는 수고로움 정도로도 우리는 많은 일에 가벼운 마음을 지닐 수 있다는 것을 배웠습니다.

길이 내려가니 아치도 내려가 입체감이 생기고 막고 트임이 있어 정원이 다채로워질 것 같습니다. 전체적인 모습을 그려봅니다. 숲이 아니고 정원이기에 인간의 구역이 필요합니다. 마당 한가운데 원을 그려 잔디를 깔고 현무암 판석으로 해무리처럼 더 큰 원의 길을 만듭니다. 주변으로는 나무와 꽃을 배치할 생각입니다. 원래 마당이었던 곳은 장미정원으로, 아래는 나무와 각종 화초, 그리고 텃밭이 들어설 곳으로 계획합니다. 애초 계획은 들어갔다 되돌아 나오는 길이었습니다. 그래서 초등학생이 그려놓기 일쑤인 태양 모습처럼 정원은 그렇게 일차적으로 디자인됩니다. 옮기는 사람도 힘들지만 옮겨지는 식물 또한 생뿌리가 뜯기고 새로운 적응을 해야 하는 어려움을 생각하면 정원의 전체 모습 그리기는 오랜 시간이 걸려도 좋을 것 같습니다. 우리는 짧게 고민하고 오래 옮겼습니다.

정원이 들어설 곳의 땅 기초 정비하기

처음 포클레인 하루 비용을 들었을 때는 '천천히 내가 할까?'라는 생각도 얼핏 들긴 했지만 지켜보는 내내 그 거대한 기계의 움직임이 그리 고마울 수 없습니다. 2일간 땅을 고르고 자연석을 옮겨 석축을 견고하게 다지고 남의 땅과의 경계를 만드는 일은 실로 빠르고 유쾌하며 흥미로운 일이었습니다. '저 밭이 내 밭이었으면 좋겠다'고 생각하며 한번 슬쩍 디뎌본 밭은 비가 온

며칠 뒤였지만 생각과 달리 발이 푹푹 빠졌습니다. 계약을 하고 나서 콱콱 거닐어본 땅 또한 생각보다 질었습니다. 평탄화 작업을 하는 기사님께 땅을 다져달라고 부탁했지만 이 판단은 나중에 후회를 낳게 됩니다. 땅에 대해 조금 더 알았더라면 반대로 했을 일을 거꾸로 부탁드림으로써 우리는 힘겨운 노동을 통한 지혜를 얻었습니다. 뒤에 자세히 말씀드릴 예정입니다.

간략히 먼저 말씀드린다면, 그 땅이 전에 어떤 용도로 사용되었는지 확인하고 표면 흙 상태보다는 깊이 포클레인 바가지로 한번 떠서 부서진 흙과 파인 곳의 단면을 살펴, 빈 구덩이에 물이 고이는지, 물이 잘 빠져나가는지를 보아야 합니다. 그래서 하루가 더 소요된다 하더라도 정원을 가꾸기에 알맞은 땅으로 만드시길 추천드립니다. 50여cm 깊이에 도달하기 전 단단한 층이 있어 물이 갇힌다면 그 층을 걷어내야 하며, 돌이 많다면 구멍 뚫린 바가지로 전체 땅의 돌을 골라내면 참 좋습니다. 이 두 가지는 사람의 손과 농기구로 해내기엔 어려움이 많습니다. 트랙터로 겉흙만 갈아엎어놓은 땅은 부들부들하며 참 좋아 보입니다만, 뿌리를 깊게 내리는 정원의 땅은 물이 갇히고 공기가 갇혀 썩어가는 땅은 아니어야 합니다. 자연 상태라면 그 땅에 알맞은 식물이 자라겠지만 정원은 자연을 나의 공간 안으로 들이는 일이기에 준비의 시작인 땅의 기초 정비는 중요합니다.

동선(길) 만들기

앞서 말씀드렸듯 처음에는 원형잔디밭 둘레에 현무암 판석을 두 장 너비로 깔고 나머지 판석을 방사형으로 펼쳐 진입했다가 되돌아오는 길을 생각했지만, 고민과 대화 끝에 생각을 바꿨습니다. 낮게 살피고 쓰러지고 무너진 아이들을 일으켜세우고 잡초와의 싸움에 힘겨워하는 아이들을 위하고 생태계 교란종을 제거하는 일은 손이 닿아야 하고 손이 닿기 위해서는 발길이 닿아야 한다는 생각에 동의했습니다. 대부분의 주택들이 그러하듯이 잔디로 마당을 채우고 비가 올 때를 대비하여 돌로 징검다리를 놓아두는 것이 일반적입니다만, 정원일에는 대체적으로 무엇인가를 옮기고 나르며 놓아두는 곳이 반드시 필요합니다.

그래서 우리는 길을 만들기로 합니다.

길은 어떻게 놓을지와 무엇으로 놓을지가 중요하므로 갔다가 되돌아오는 것이 아니라 공간 전체를 거닐 수 있도록 구상합니다. 조적을 위한 예쁜 벽돌들은 시멘트를 채워야 하는 구멍이 뚫려 있어 좁은 면만 사용할 수 있습니다. 면적대비 효율이 떨어집니다.

보도블록에는 작은 직사각형과 넓은 정사각형, 아주 넓은 무늬가 들어간 정사각형이 있습니다. 대부분 신축 건물 주차장이나 관공서, 인도의 보도블록은 200×200 보드블록을 이용하지만, 초록과 대비되는 포인트를 주는 셀프시공이기 때문에 큰 블록은 곡선을 만들기 어려워 작은 100×200 적벽돌을 선택합니다. 정직한 업자분을 만나면 장당 400원에 배송비 무료로 받을 수 있습니다. 전체 2000장 정도를 산 것 같습니다.

6장을 나란히 겹친 너비만큼의 길을 폭으로 잡고 전체적인 선을 그은 다음, 잔디를 파고 돌을 골라내며 평탄화 작업을 한 후 깔아갑니다. 위로 솟구치고 아래로 꺼지는 자연스러운 롤러코스터 같은 길의 변화는 중요하게 여기지 않았습니다. 틈이 벌어지면 잡초가 자라고 자란 잡초는 뽑기가 어려워 최대한 밀착하려 노력했으나 벽돌이 거푸집에서 빠져나올 때부터 생긴 살짝 튀어나온 부분은 필연적으로 만날 수밖에 없으니 이로 인한 조금의 틈은 용

납되어야만 합니다.

벽돌을 놓고 고무망치로 두들겨 가장자리 높이를 맞추며 한 땀 한 땀 쌓아 늘려가는 길은 수레가 다니고 아내의 발길이 닿고 강아지들이 걷다 배를 대고 쉬는 공간으로 집과 정원을 소통하게 합니다. 폭이 60이라면 가운데가 가장 높고 좌우가 살짝 낮아지도록 하는 것은 비가 왔을 때 물이 고이지 않게 하므로 보도블록 길의 효율성을 높이기 위해 반드시 신경써야 할 부분입니다.

직선보다는 곡선을 선호하지만 딱딱한 벽돌로 곡선을 표현하기 위해 어떻게 해야 할까 고민이 많았습니다. '이게 휘어지거나 찢어지면 좋겠다'는 생각으로 망치

로 가운데를 치니 반으로 툭 갈라집니다. 한쪽 끝은 대고 반대쪽을 벌리니 힘센 이가 벽돌을 찢어놓은 것처럼 연출됩니다. 스스로 뿌듯했던 순간입니다. 벌어진 틈이 크고 볼품없지만 늘 그렇듯 멀리서 보는 곡선은 제법 유려합니다.

이렇게 길이 만들어지면 길과 길 사이에 공간이 생기고 공간을 따라 아직 생겨나지 않은 작은 화단들이 그림처럼 머릿속을 맴돕니다. 이제 아내 차례입니다.

정원 출입구, 가든 게이트 만들기

아내는 바쁩니다. 넓은 땅을 바라보면 행복하지만 그 속에서 자랄 식물들과 특히 예쁜 꽃을 지닌 식물들을 생각하면 기쁜가 봅니다. 씨앗을 사고 모종판을 사고 상토를 사서 깔아놓은 빨간 보도블록 위 야외 수돗가 옆에 앉아 그 손놀림이 분주합니다.

길에 서면 시선이 쏜살같습니다. 길 위에 앉아 허리 숙여, 눈을 낮춰 바라볼 여유가 없습니다. 이 아이를 살피기 전에 저 먼 곳 아이가 더 반가운 일이 허다합니다. 우리 속도를 늦추고 시선을 잡고 붙잡고 오르는 아이들을 위해, 또 우리만의 안락한 공간을 위해 위압적이진 않지만 분명히 '사적인 공간입니다'를 알리는 예쁜 게이트가 필요해졌습니다. 철제 장미아치는 펜스와 어울리게 몇 군데 설치를 해뒀으니 폭이 넓고 지붕이 있어 시야를 가리고 문이 있어 차단 효과가 있는 게이트를 만듭니다.

야외설치용이므로 방부목으로 'ㅂ'을 거꾸로 세운 모양으로 뼈대를 만들고, 위에 'ㅅ'으로 지붕 올릴 자리를 만들고, 이 두 개를 60~80cm 폭으로 연결합니다. 연결된 옆면에는 PVC 레티스로 덩굴식물을 지지할 수 있도록 해주고, 땅을 파고 레미탈을 개어 부어 준비한 다음 세워 올려 나무와 끈으로 수평과 수직이 맞도록 조절하여 고정합니다. 어느 정도 고정되면 인근 하우징에서 지붕을 사서 크기에 맞게 재단하여 고정해주면 됩니다. 이후 가로 폭

만큼의 출입문을 재단하여 만들고 경첩을 이용해서 붙인 다음 예쁜 고리 자물쇠로 걸어주면 가든 게이트가 완성됩니다. 공간에 따라 'ㅂ'자형 몸체를 세운 이후 'ㅅ'자형 지붕을 올려 고정해야 하는 경우가 생기는데, 아무리 시멘트로 고정했다고는 하나 다리 고정 상태가 불안정하므로 두 개를 붙인 후 한 번에 세우는 것을 추천합니다.

하얀 페인트칠을 하고 앙상한 모습으로 서 있어 어색한 것도 잠시, 덩굴장미가 오르고 클레마티스가 휘감으며 안과 밖으로 장미가 꽃망울을 떠트려 그 주변이 향기로워지면 금세 조화가 생깁니다. 열지 말라고 만든 게이트가 열어야만 보이고 열어야만 향기로워지는 마법 같은 문으로 바뀌는 순간을 경험할 수 있습니다. 눈 감고 기다렸다가 선물을 확인하는 어린아이처럼 우리에겐 그 기다림이 중요합니다. '빠름'과 '바로'로 길들여진 현대인에게 '기다림'과 '열림'이 주는 설레임은 경이롭습니다. 길은 닫히고 끊겼으나 기대는 이어지고 장면은 닫혔으나 문이 열림으로써 문 뒤의 작은 꽃들조차 경탄의 대상이 됩니다. 기다림의 보상입니다.

정원 울타리 설치 및 차폐 & 방품림 식재

단밍이가 뛰어놀 마당이 필요해서 전원주택을 생각했던 우리인지라 터전

이 확보되고 가장 먼저 생각한 것이 펜스입니다. 전체 면적 길이를 재고 단차가 있는 기존 땅과 새로 매입한 땅의 높이를 고려하여 펜스 제작업체에 견적을 의뢰합니다. 콘크리트로 타설된 면적이 있다면 앙카작업이 가능하겠지만, 그렇지 않고 자연석으로 석축이 이루어진 공간이 있으므로 작업의 난이도는 심히 걱정됩니다. 지역 펜스 설치업체와의 비교 과정을 통해 펜스만 따로 주문하고 설치업체를 따로 섭외해서 진행하는 것이 현명하다고 판단했으며, 그리하여 총 60여 경관(1경관은 2m) 펜스를 주문합니다. 펜스 색상은 녹이 슬 경우를 고려하여 검정색으로 결정했습니다. 장미 또는 차폐목 색상과의 조화를 고려했을 때 흰색이 주는 밝음과 경쾌함도 고려 대상이었으나 영구적인 구조물의 안정적인 베이스톤으로 검정을 선택했습니다. 이후 구조물로 추가될 나무 색과의 어울림도 반영했지요.

펜스 설치 후 주변 수로 및 밭 주변 수풀에 살고 있을지도 모르는 뱀의 유입을 막기 위해 50cm 높이로 고추멍석용 망을 사서 재단해서 고정 브라켓을 이용해 전체를 둘러주었습니다. 시야가 많이 트이고 가드너의 동선에 포함되어 있으며 다른 식물이 식재될 곳에는 서양측백(미측백)을 1m 간격으로 식재하고, 공간이 좁고 다른 식물의 식재가 어려운 곳에는 사생활 보호를 위해 스트로브잣나무를 심어 숲길을 만들었습니다. 주변에 건물이 많지 않고 한겨울에 매서운 칼바람이 부는 단밍이네는 겨우내 장미 등 여러해살이 식물을 보호하기 위해 방한, 방풍 대비를 해야 하는데 식물 보호를 위해 방품림 식재를 서둘렀습니다.

자연을 들였으나 전원주택의 위치와 구조상 개인의 사생활 보호는 중요한 요소이므로 방풍림은 또한 차폐림으로서의 역할도 훌륭히 소화해줍니다. 다만 성장이 더디고 한겨울 온도에 따라 동해를 입은 잎이 회복되지 못하는 동네 주변의 오래된 상록수들을 볼 때마다 방품림 조성과는 별도로 다른 방안을 생각하게 됩니다.

인공적인 구조물이 벽으로 식물을 보호하고 다른 이의 시선으로부터도 보호하는 방법을 고안했는데 올 여름 실행하고자 합니다. 기존 펜스 기둥에 더하여 나무 기둥을 세우고 데크재를 가로로 연결하여 거북하지 않은 높이로 가벽을 만들고, 바람에 해를 입기 쉬운 상록수를 대신할 수목을 다양하게 식재할 계획을 가지고 있습니다. 물론 스스로 해야 하는 일이기에 더디고 매끄럽지 못할 수 있으나 둘이서 힘을 합해 만들어내는 모든 과정은 늘 즐겁습니다. 한겨울을 풍성하게 초록으로 견뎌주는 상록수의 고고함도 늘 한결같은 주시 대상이지만, 잎을 떨구고 앙상한 가지로 겨울을 견디는 활엽수 또한 늘 변함없는 바라봄의 대상이 됩니다.

구조물 제작, 설치

자연에는 사람들이 내디뎌낸 오솔길도 있고 산에서 굴러 내려온 바위도 있고 빗물이 모여든 웅덩이도 있고 고목도 있으며 골골 따라 흘러내리는 시냇물도 있습니다. 거기에 알맞게 식물들이 뿌리를 내리고, 애쓰지 않으나 가장 어울리는 모습과 자람으로 계절을 온전히 받아들입니다. 단밍이네도 식물의 특성에 맞게 성장하는 모습을 돕는 구조물들을 설치합니다. 자연스런 입체감이 돋보이는 정원을 위해 식물이 발 딛고 숨쉴 수 있는 구조물들을 이곳저곳에 놓으려 마당을 둘러봅니다.

✽ 아치, 파고라 제작 설치

장미가 올라 꽃이 아치를 이루는 모습은 그 아래를 지나는 사람에게 아

름다운 풍광과 달콤하고도 기분 좋은 향기를 선사합니다. 때론 그곳에 머물고 싶어지는 가장 기막힌 순간을 선물합니다. 이를 위해 덩굴장미가 오를 수 있는 아치 구조물이 필요합니다. 누군가는 비닐하우스용 철파이프로 아치를 만들기도 하고, 또 다른 누군가는 나무를 이용해 아치를 만들기도 합니다.

거대함보다는 작고 소소한 분위기를 위해서는 시중에 판매되는 철제 아치도 매우 훌륭합니다. 땅을 파고 아치를 세운 후 시멘트를 개어 부어두면 잘 고정됩니다. 조금 흔들려도 그 옆에서 자라는 장미가 든든히 지지를 해주니 아치와 장미는 서로를 고정하고 함께 비바람을 견뎌냅니다. 시멘트 독성이 장미 같은 덩굴식물 뿌리에 영향을 줄 수 있으니 식재할 때 거리를 두거나 비닐에 시멘트를 부어 아치기둥 주변에 채워두는 방법이 번거롭지만 좋을 수 있습니다.

장미로 인해 향기롭고 감미로운 5월이 오면, 모기가 극성을 부리기 전 선

선한 바람이 부는 이때를 우리는 '요때다'라고 부릅니다. 장미향을 즐기고 야밤에 맥주 한잔 나누기 딱 좋은 그날인 것이지요. 이 요때를 위해 우리는 파고라를 설치합니다.

'파빌리온 아치'라 불리는 이 구조물에는 6개의 기둥이 있고 이 기둥은 천장의 한 곳을 향해 모이도록 설계되어 있습니다. 각각의 다리를 조립하고 하나로 연결하는 일은 둘이서는 어려운 일이지만 불가능하지도 않습니다. 다리 고정은 아치처럼 시멘트로 하고 가운데는 벽돌로 테이블 놓는 자리를 만들었습니다. 아내는 기둥마다 덩굴장미를 하나씩 심고 기둥과 기둥 사이 중 사람 다니는 한 곳을 제외하고는 델피니움을 심고 그 아래로는 네모필라를 식재해 4, 5, 6월의 모습을 다양하게 연출했습니다.

하나의 구조물이 세워지면 그 아래, 가운데, 위 등 위치별로 다양한 식물 연출이 가능해집니다. 물론 식물의 성장 특성과 개화시기 및 서로 방해되지 않는 동반식물 역할에 어느 정도 충실한지를 파악하는 전문적인 연구와 공부 과정이 필요합니다. 하지만 매일 새로운 모습으로 변신하는 파빌리온 같은 파고라 덕분에 그 속에 들어가는 일은 가장 설레는 일입니다. 그리고 풍겨나는 커피향이나 맥주의 청량함은 일상의 노곤함을 달래주기에 충분합니다.

✖ 오벨리스크 제작 설치

고대 이집트 왕조 때 태양 신앙의 상징으로 세워진 기념비로, 밑부분은 사각형이나 위로 올라갈수록 좁아져 피라미드 형태를 이루는 구조물을 오벨리스크라고 합니다. 덩굴장미를 휘감게 만드는 용도로 사용하며 높이와 가로 세로 길이는 만드는 사람 의도대로 정하면 됩니다.

목재를 판매하는 곳에서 구입할 수 있는 3×3 사이즈 목재는 대부분

340cm 길이를 가지고 있습니다. 언급한 사이즈의 목재 3개를 이용하여 오벨리스크 하나를 만든다고 생각하고 자투리 나무조각을 남기지 않는다는 의도로 재단하면 사각면의 가로세로 길이를 결정할 수 있습니다. 다리 길이를 넉넉히 해서 땅에 박을 수 있는 길이를 확보하고 아치 색상과 동일하게 페인트 도색을 하면 정원구조물의 색상 톤을 일정하게 유지할 수 있습니다. 우선 두

개의 사다리 모양을 먼저 만들고 가로바 길이에 맞게 높이를 맞춘 다음 끝부분을 피스로 고정하면 튼튼하고 반듯한 오벨리스크를 정원에 설치하여 덩굴장미의 용오름을 의도할 수 있습니다.

✖ 와이어 트렐리스, 일반 트렐리스 설치

집이 들어앉아 있는 땅과 새로 구입한 땅은 단차가 있지만 평탄화 작업을 하면서 두 땅은 언덕처럼 연결되었습니다. 거실과 방에서 바라보면 가장 잘 보이는 식물이 장미이길 원했는데, 또한 두 공간은 길과 아치로 연결되나 장미공간과 원형정원 두 부분으로 시각적으로 구분되기를 원했습니다.

덩굴장미나 관목장미도 성장을 거듭할수록 가지를 지지할 수 있는 구조물이 필요합니다. 식재하기 전 공간구성에 대한 계획과 구조물 설치 계획에 따라 와이어 트렐리스를 설치합니다.

펜스 자재를 별도로 구입하면서 기둥을 별도로 추가 주문했으며, 이 기둥과 와이어 그리고 와이어를 고정할 수 있는 고정볼트를 이용해 트렐리스를 만들어봅니다. 시멘트와 펜스 기둥을 이용해 와이어가 고정될 수 있는 기둥을 만들어 고정시키고, 드릴을 이용해 기둥을 3등분한 곳에 구멍을 뚫고 와이어를 통과시킨 다음, 기둥을 한 바퀴 휘감아 와이어 고정볼트를 이용해 고

정시킵니다.

시중에 판매되는 트렐리스는 폭 1m짜리 4개가 한 세트를 이루고 있으며 각 트렐리스에는 고정장치가 있습니다. 원형정원의 둘레길을 비껴선 한 공간에 벤치를 두고 그 뒤를 트렐리스로 둘러 용상 뒤 일월오악도처럼 둘러 설치합니다. 장미가 우리들의 한가롭고 여유로운 '벤치 타임'을 감싸고 그 뒤에 키 큰 다알리아가 시차를 두고 피워 오를 것입니다. 공간을 가르고 나누는 것은 시야를 좁히기도 하지만, 조밀하고 안락해진 터를 보듬어 그 속에서 자라는 생명에 집중하게 합니다. 그리고 그 속에서 자라는 모든 것을 오래 보게 하여 어느 시인의 고백처럼 어여쁘게 합니다.

✽ 벤치

정원은 둘러보는 곳만은 아닐 것입니다. 그 속에는 끊임없는 호미질과 삽

질이 있고 풀뽑기가 있고 파종이 있고 채종이 있으며 가드너의 수고로움이 있습니다. 자연과 호흡하며 그 속에서 행복을 느끼고 위로를 받는 가드너에게 벤치는 필수적인 구조물입니다. 잠시 앉아 때마침 스쳐가는 바람과 마주하면 더할 나위 없는 기쁨에 젖어듭니다. 넓은 곳을 조망할 수 있고, 큰 나무 아래 가장 많이 정원에 있는 시간에 가장 많은 그늘을 드리우는 공간이면 참 좋겠습니다.

✽ 정원창고 설치

가드닝에는 많은 용품이 필요합니다. 특히 처음 시작했을 때는 더 많은 것들이 필요합니다. 시간이 지날수록 쌓여서 많아지는 것이 아니라 대체할 수 있는 방법을 모르기에 초기에 더 많은 물품들이 필요합니다. 용품 정리가 번거로우면 가드너의 심신이 피로해지기 쉽습니다. 정원에는 가드닝에 필요한

용품이 보관될 수 있는 창고가 필요하며 이러한 창고들은 인터넷에서 꽤 비싼 가격을 지불해야 구입할 수 있습니다. 문을 여는 방식도 다양하고 재질도 다양하지만 조립방법이 까다로워 설치에 많은 시간이 소요되기도 합니다. 하지만 그렇다고 해서 작은 사이즈를 구입하면 높은 확률로 하나 더 구입하는 경우가 생깁니다. 참고하시기 바랍니다.

창고가 배송되기 전 반드시 준비해야 할 것이 창고 놓을 위치를 정하고 평탄화 작업을 하는 것입니다. 콘크리트 타설로 단단한 바닥을 준비하는 것이 가장 좋겠지만 정원은 유동적입니다. 창고 자리는 나무가 한 그루 자리하면 참 좋을 위치가 될 수도 있고 이웃의 구조물 덕분에 그늘이 생겨 수국이 자라기에 너무 좋은 환경이 될 수도 있는데 창고가 훌륭한 차폐 역할을 해줄 수도 있기 때문입니다.

데크재로 바닥을 만드는 것도 좋은 방법이지만 습기에 취약할 수 있으므로 우리는 플라스틱 팔레트를 구입하기로 합니다. 3×2.5m 창고를 설치할 때 1×1.2m 너비의 가장 튼튼한 플라스틱 팔레트 6개를 구입한다면 웬만한 창고 내 물건 하중을 충분히 견딜 수 있을 것입니다. 물론 창고 위치를 옮길 때는 재활용이 가능하다는 장점이 있습니다.

팔레트를 놓기 전 땅을 평평하게 고르는 일은 지루하지만 반드시 필요한 일입니다. 바닥이 평평하지 않으면 창고 조립이 완성되지 않습니다. 창고 내에 앵글로 선반을 만들고 물건을 차곡차곡 정리하더라도 위에서 언급한 크기의 창고에 전원생활을 하면서 발생하는 물품들을 모두 보관하기에는 턱없이 모자란답니다. 참고로 단밍이네는 비슷한 크기의 창고가 2개이며 온실이 하나 있습니다. 넉넉하지만 잠시만 정리를 게을리하면 복잡해지는 건 공간 넓이와는 관계가 없어 보입니다.^^

✽ 온실 설치

창고와 비슷한 역할을 하지만 온실은 폴리카보네이트 재질로 냉기를 차단하고 온기를 보호하며 햇살을 받아들여 식물이 광합성을 하도록 돕습니다. 겨우내 보온이 필요한 화분에 심긴 식물들과 3월 파종을 위한 식물들의 성장을 돕기 위해 반드시 필요합니다.

단밍이네에는 썬룸이 있지만 썬룸은 한밤중 온도가 영하 10도까지 떨어져 몇몇 식물들에게는 치명적입니다. 안에는 연탄난로를 설치해 적정온도가 유지되도록 돕는 온실은 한국의 날씨를 고려할 때 필수적입니다. 봄이 되어 성장을 시작하고 장마와 불볕더위를 만나기 전까지 식물들이 자신의 영화로움을 맘껏 드러내게 하기 위해서는 파종시기가 중요합니다. 겨울 파종시기와 성장속도를 조절하고 준비하는 일은 가드너가 꿈꾸는 정원의 '피크타임'을 위해 반드시 필요하며 이 필요성으로 온실의 존재는 중요합

니다.

목재와 두꺼운 비닐로 온실을 자체 제작하여 이용하기도 하고, 시중에 판매하는 온실하우스를 이용해보기도 했으나, 때로는 온 거실이 파종판으로 뒤덮이도록 아침에 내놓고 저녁에 들여놓는 수고를 해야 하기도 했답니다.

✖ 퇴비장, 아치형 작물 지지대

어디에서 그 많은 씨가 나왔을까 싶을 만큼 잡초의 생명력은 대단합니다. 전원생활 초기에는 잔디가 오르기 전 먼저 고개를 내민 잡초 한 떨기조차 그 푸르름에 감탄하기도 했지만 무성하게 자라나는 이름 모를 풀들은 뽑을 수밖에 없는 경우가 많습니다. 잡초는 훌륭한 녹비가 되고, 가지치기를 한 가지와 뽑은 풀, 긁어모은 낙엽들은 질소비료의 훌륭한 재료가 됩니다. 퇴비장이 필요한 이유입니다.

근처 종이생산 공장에 가서 가장 비슷한 크기의 나무 팔레트를 구해옵니다. 3개로 바닥을 만들고 3개로 뒷벽을, 2개로 옆벽을 만듭니다. 재활용나무로 팔레트를 만들다 보니 크기가 제각각 다르고 고정하기가 어려워 제작에 어려움이 있지만 벽체를 만들 때 기둥을 먼저 만들고 벽을 만들어간다고 생각하면 이해가 쉬울 것입니다.

10×10cm 각재를 이용해 기둥을 만들고 연결해나갑니다. 위 방법대로 만들면 3칸짜리 퇴비장이 모습을 나타냅니다. 바닥은 흙과 맞닿도록 뚫어주면 퇴비화 속도가 가속되며 지렁이 생성이 쉬워질 수 있습니다. 3칸이 필요한 이유는 뒤집어주면서 칸을 옮겨가면서 위아래가 골고루 섞이도록 해야 하기 때문입니다. 그러면 올해와 내년의 숙성도를 파악하며 퇴비를 사용할 수 있다는 장점이 있습니다.

각 칸의 문은 나무 두 개를 이용하여 홈을 만들고 홈에 알맞은 크기와 같

은 길이의 데크재를 이용하여 문 높이를 조절할 수 있도록 하는 것이 필요합니다. 쇠스랑을 이용해 퇴비를 넣고 뺄 때 문 높이가 방해가 되지 않도록 하고 작업의 효율을 위해 필요한 과정입니다.

쿠바식 텃밭은 건강한 먹거리가 자라는 공간인 만큼 인체에 해로울 수 있는 방부목이나 시멘트 등으로 공간을 나누는 테두리를 하지 않고 원목으로 사각형 틀을 짜 고정했습니다. 텃밭의 고정단골인 방울토마토와 오이, 호박 등은 키가 큰 덩굴식물이므로 지주대를 세워도 좋지만, 목재로 된 텃밭 테두리에 각재를 이용해 터널을 만들고 그 각재에 오이망이나 분재철사를 이용해 식물이 오를 수 있는 망을 만들어주면 수확에도 용이하고 효율적으로 텃밭을 활용할 수 있습니다.

실로 아내가 상상하면 현실이 됩니다. 남편이 이룬 현실은 상상과 같지는 않습니다. 그래도 우리는 그 과정에서 또 다른 아이디어를 만들어내고 상상과 같지는 않지만 늘 꿈꾸는 정원생활을 이어갑니다.

휴식공간(파라솔, 테이블, 벤치 등)

밀짚모자를 쓰고 뜨거운 여름에도 긴팔 옷을 입고 장화를 신고 비옷을 입으며 해충기피제를 뿌리고 목장갑을 끼고 정원을 나서는 이유는 명확합니다. 그 속에 즐거움이 있고 기다리는 식물에 대한 애정이 있기 때문입니다. 햇살이 스며들고 장화에 흙이 들어 서걱거리고 비가 젖어 축축하고 장미가시에 찔려 고통스럽지만 긁힌 줄도 모르고 전지를 합니다. 중독되어가는 것입니다.

아이스커피 한 잔과 때론 쿠킹화로에서 건져낸 군고구마 하나가 큰 위로가 됩니다. 정원은 고운 옷을 입고 양산을 쓰고 감상하는 공간이 아닙니다.

몸빼 바지를 입고 때론 슬리퍼로 뛰쳐나가 쓰러지는 델피늄을 지지해야 하기에 비와 해를 피할 파라솔과 차 한 잔, 맥주 한 잔 나눌 테이블, 뒤로 젖혀 하늘을 흘러가는 구름을 하염없이 바라볼 의자는 꼭 필요합니다. 마주보는 의자도 중요하지만 둘이 손잡을 수 있는 벤치는 더더욱 필요하지요. '부부는 서로 마주 보는 사람이기보다는 같은 곳을 바라보는 사람이다'라는 누군가의 말처럼 벤치가 주는, 곁에 있는 사람에 대한 시선 없는 집중은 사랑과 감사를 샘솟게 합니다. 물론 배경처럼 우리에게 온 빛을 내어주는 서녘하늘 노을은 꼭 필요합니다.

잔디공간

누구나 푸르른 잔디마당을 꿈꾸지만 많은 사람들이 잔디를 걷어냅니다. 그 이유는 푸르름 속에서 화려한 꽃을 피우는 꽃나무 한 그루, 꽃모종 하나를

심고 싶기 때문입니다. 하지만 집 안에 거실이라는 공동 공간이 필요하듯, 우리 조상들이 여백의 미를 추구했던 것처럼, 정원에 있는 잔디공간은 비어 있지만 비어 있음으로써 공간을 풍성하게 하고 정원을 정글이 아닌 오순도순한 숲으로 자리매김하게 합니다.

Part 4

꽃으로 그림을 그리다

이렇게 정원이라는 커다란 도화지가 만들어졌습니다.

우리가 그토록 기대하던 그 순간이 찾아온 것입니다.

바로 꽃으로 그림을 그릴 시간이 말이지요. 나의 정원에 가득 피어 있는

아름다운 꽃들, 그 속에서 춤추는 나비와 꿀벌들,

정원 하늘 위로 날아다니는 귀여운 새들,

이 모든 것과 함께 코끝을 간질이는 바람결에 실려오는 부드러운 꽃향기.

상상하는 것만으로도 행복감이 밀려오는 풍경입니다.

정원을 만들기 전 살펴보았던 사항들처럼,

우리가 화단을 만들고 꽃을 심기 전에도 몇 가지 사항을 확인하면

다양한 꽃들을 더욱 아름답고 건강하게 키울 수 있습니다.

화단 위치

화단은 꼭 어디에 있어야 한다는 까다로운 규칙은 없습니다. 내가 원하는 곳이라면 어디든 화단을 만들 수 있습니다. 집이나 정원 출입구에 웰컴 화단을 만들어 화려한 꽃들로 방문객을 환영할 수도 있고, 창문 근처에 화단을 만들고 향기로운 꽃들을 심어 그 향기가 바람을 타고 집안으로 들어오게 할 수도 있습니다. 거실 앞 가장 잘 보이는 곳에 화단을 만들고 집안에서도 아름다운 꽃들을 즐기는 것이 가능하며, 주방 창 앞에는 요리나 설거지를 하면서 볼 수 있는 예쁜 꽃들을 심어 지루한 집안일을 하는 순간에조차 꽃들로 인한 작은 행복을 느껴볼 수 있습니다.

이토록 우리 일상에 작은 행복을 가져다주는 화단을 만드는 방법은 전혀 어렵지 않습니다. 아주 간단하게는 그저 땅을 파내고 식물을 심는 곳, 그곳이 화단이 될 테니까요. 다만 한 가지 확인해야 하는 것은 특별한 장소 몇 군데의 화단입니다. 그중 하나는 도로변과 가까운 화단입니다.

도로변에 인접한 화단에 키가 큰 식물을 심으면 차량 통행에 방해가 되기 쉬우므로 주의해야 합니다. 또한 겨울철 도로에 분사되는 염화칼슘으로 인해 토양 자체에 염류가 많이 포함되어 있을 수 있습니다. 토양에 염분이 많으면 식물은 삼투압에 의한 양분과 수분의 흡수가 이루어지지 못하고 뿌리 세포가 피해를 받아 고사할 수 있습니다. 따라서 겨울철에 제설을 하기 위해 염화칼슘을 뿌리는 곳 가까이에는 화단을 만드는 것을 피하는 것이 좋습니다.

빛

꽃눈이 형성되고 꽃이 피는 과정은 빛과 매우 밀접한 관계를 갖습니다. 대부분 꽃을 감상하기 위해 화단에 심는 식물의 경우에는 적어도 6시간 이상 햇빛이 드는 곳에 식재를 해야 꽃눈이 잘 발달하여 많은 꽃을 볼 수 있습니다. 화단을 만들고 싶은데, 빛이 많이 들지 않아서 화단 만들기가 쉽지 않을 것이라고 생각할 수 있습니다.

그런데 사실은 그렇지 않답니다. 식물들 중에는 오히려 강한 햇빛을 좋아하지 않는 식물들도 많습니다. 이는 식물의 광보상점, 광포화점과 관련 있습니다. 광보상점, 광포화점이 높은 식물일수록 많은 햇빛이 필요하며, 광보상점, 광포화점이 낮은 식물은 상대적으로 그늘에 강해서 많은 빛을 요구하지 않습니다.

내가 화단을 만들고자 하는 장소에 하루에 해가 몇 시간이나 드는지, 오전

해가 드는지, 오후 해가 드는지 등을 유심히 관찰한 후 기록해두면 알맞은 식물들을 심는 데 도움이 많이 될 것입니다.

흙

흙에 대한 관심이 시작되는 때는 '왜인지 식물이 잘 자라지 않을 때'인 것 같습니다. 쑥쑥 잘 크던 식물들이 갑자기 잘 자라지 않는다거나, 다른 곳 화단보다 식물들이 유난히 잘 자라지 않는 화단이 있거나, 잎이나 줄기가 병이 든 것처럼 색이 연해진다거나 할 때 비로소 우리는 '흙이 영양가가 없나?' 하고 시선을 발밑으로 보내게 되는 것 같습니다.

이렇게 가드닝을 하면서 가장 늦게 보이는 부분이 바로 흙입니다. 흙에 대해서는 선뜻 이해하기가 쉽지는 않습니다. 하지만 흙을 알게 되면 가드닝을 하면서 그동안 궁금했던 많은 부분들이 이해가 되기 시작할 것입니다.

대부분의 꽃이 피는 일년생 식물과 다년생 식물은 퇴비를 많이 첨가한 비옥한 토양을 좋아합니다. 하지만 안타깝게도 이러한 영양가가 풍부한 비옥한 토양을 처음부터 만나기란 쉽지 않습니다. 토양이 비옥하다는 것은 누군가가 지속적으로 관리해온 땅일 가능성이 크기 때문입니다.

접근성

화단은 가드너의 접근성이 용이해야 합니다. 주기적인 가지치기, 채종하기, 병충해 방지 등 모든 가드닝은 식물 근처에서 이루어지기 때문이지요. 팔을 내밀면 식물에게 접근할 수 있는 길과 공간이 필요합니다. 화단을 만들 때 너무 구석지거나 협소하지 않은 곳을 선택해야 수월하게 식물을 돌볼 수 있습니다.

단밍이네 첫해 정원에서는 식물들에 대한 접근성이 좋지 못했습니다. 화

단 중간쯤 심은 식물들에 접근하기 위해서는 다른 식물들을 헤치고 들어가야 하는 상황이었고, 이것은 관리 소홀로 이어지게 되었지요. 이 점을 보완하기 위해 두 번째 해에는 식물들 접근이 용이하도록 정원 뒤쪽으로 길을 추가했습니다.

급수와 배수

지속적으로 물을 쉽게 줄 수 있는가? 아마 화단을 처음 만들 때 누구나 거의 생각하지 못하는 부분일 것입니다. 하지만 여름철에 가까울수록 화단에 물을 주는 일이 잦아지면서 바로 실감하게 되는 부분이기도 합니다. 수돗가에서 거리가 멀거나, 정원 호스 물줄기가 닿지 않는 화단인 경우에는 매번 무거운 물통을 들고 다니며 물을 줄 수밖에 없습니다. 이런 방식의 물주기는 무척 힘이 들고 몸에도 무리가 올 수 있기에, 새로 만들 화단에 물을 쉽게 공급할 수 있는지 미리 확인하는 것이 좋겠지요.

또한 배수도 급수 못지않게 중요합니다. 화단에 배수가 잘 되지 않는다면 특히 여름 장마철에는 고인 물로 인해 애지중지 가꿔왔던 식물들이 고사할 가능성이 높습니다. 게다가 살아남더라도 병충해에 시달릴 가능성이 커지기도 합니다.

앞서 화단을 만들기 전에 확인해야 할 것들에 대해 알아보았습니다. 이제 본격적으로 화단을 만들어볼 차례입니다. 화단을 새롭게 만드는 방법은 어렵지 않습니다. 앞으로 펼쳐질 꽃들이 가득한 나의 꿈의 정원을 생각하며 시작해볼까요?

화단을 만들 구역 선택과 표시하기

화단을 만들 공간을 선택했으면 우선 화단으로 만들 구역을 표시합니다. 정원의 물 호스 등을 이용해서 직선이나 곡선 등을 표시해둔 후, 스프레이 락카나 밀가루 등을 이용해서 화단 경계를 눈에 잘 보이게 표시해둡니다.

화단 형태는 다양합니다. 부드러운 곡선의 화단, 직선의 화단, 그리고 사면에서 관람이 가능한 화단 등, 공간과 잘 어울리는 화단 형태를 상상해보고 선택하도록 합니다.

잡초와 잔디 제거하기

화단으로 만들 곳을 표시했다면, 화단 구역 안의 잡초와 잔디를 제거합니다. 잡초와 잔디를 제거하기 위해서는 물리적인 방법과 제초제 등을 사용하는 화학적인 방법이 있습니다. 제초제는 사용 후에도 상당량이 토양에 잔존할 수 있으며, 제초제 사용으로 정원 안에 형성되어 있는 유익한 생태계가 파괴될 수도 있습니다. 따라서 제초제 사용은 최후 수단으로 보류하는 게 좋습니다.

물리적인 방법으로는 직접 화단 구역 안의 잡초와 잔디를 수작업으로 제거하는 방법과 두꺼운 종이를 이용하여 지면을 덮어 잡초 등을 제거하는 방

법이 있습니다.

첫 번째, 잡초와 잔디를 바로 제거하는 방법은 화단을 빠르게 만들고 싶은 분들께 추천하는 방법입니다. 삽의 날카로운 부분을 이용하여 잔디를 떼어내고, 손으로 잡초를 직접 제거하는 방법입니다. 사계절 잔디를 떼어내고 화단을 만들어본 경험으로는, 잔디는 누렇게 보이는 계절, 즉 늦가을부터 초봄까지가 떼어내기 가장 수월했습니다. 반면 잔디가 푸르게 보이는 늦봄부터 초가을까지는 잔디 뿌리 세력이 강해 지면에 단단히 뿌리를 내린 상태였기에 떼어내기가 굉장히 힘들었습니다(특히나 여름잔디는 떼어내느라 무척 고생한 기억이 납니다). 따라서 직접 잔디를 떼어내는 방법은 늦가을~초봄에 이용하는 것이 좋습니다.

두 번째, 두꺼운 종이를 이용한 방법은 노동력이 많이 들지는 않지만 좀 더 시간이 오래 걸리기 때문에 바로 식물을 심기는 어려울 수 있는 방법입니다. 두꺼운 박스나 여러 겹의 신문지로 미래의 화단 전체를 덮어주면 끝입니다. 이때 광택지 등의 코팅된 종이는 분해가 어렵기 때문에 사용하지 않는 것이 좋습니다. 콩기름으로 인쇄된 신문지를 사용할 경우에는 5~6페이지 이상을 겹쳐 덮은 후, 고정시키기 위해 흙이나 퇴비 등으로 4~6개월간 덮어두도록 합니다. 두꺼운 종이에 가려진 잡초들은 광합성을 하지 못해 몇 달 안에 모두 사라질 것이며 신문지와 박스 또한 결국 나무를 가공하여 만든 것들이기 때문에 자연스럽게 퇴비화되면서 천천히 분해될 것입니다.

화단 경계 만들기

화단을 잔디가 있는 곳과 가까운 곳에 만들 예정이신가요? 그렇다면 화단의 경계 처리는 반드시 필요합니다. 잔디는 다른 식물과 달리 잎이나 줄기가

잘려나가도 다시 생장하는 재생력이 매우 뛰어난 식물입니다. 잔디가 계속 자랄 수 있게 해주는 생장점이 지표면과 매우 가까이에 위치하기 때문입니다. 이러한 특징으로 인해 잔디를 아주 짧게 자주 깎아도 지속적으로 생장할 수 있는 것이지요. 또한 잔디는 땅 위와 아래에서 동시에 뻗어나가는 습성을 지녔기에 화단 경계를 만들어놓지 않은 상태라면, 화단의 땅 위로 넘어오거나 아래에서 파고들어와 화단 안 식물들을 괴롭힐지도 모릅니다.

애써 만든 화단이 잔디에 뒤엉키는 모습을 바라지 않는다면 잔디가 넘어오지 못하도록 하는 화단 경계물을 설치할 필요가 있습니다. 화단 경계를 설치할 때엔 강철, 알루미늄, 플라스틱, 목재, 벽돌 등 다양한 자재를 이용할 수 있습니다. '잔디엣지' 혹은 '화단울타리' 등으로 인터넷에 검색해보면 많은 제품들이 판매되고 있음을 알 수 있습니다.

우리나라에서 보통 사용하는 잔디는 겨울이 되면 누렇게 시드는 난지형 잔디입니다. 난지형 잔디는 뿌리가 땅속으로 깊지 않게 뻗습니다. 반면 유럽에서 자주 사용하는 한지형 잔디는 뿌리가 보다 깊게 땅 밑으로 뻗어 내려가는 성질이 있다는 것을 참고해서 제품을 골라 사용하면 됩니다.

단밍이네는 주로 10cm 정도 높이의 제품을 사용합니다. 방법은 잔디와 화단 경계부 땅을 파고 경계로 사용할 자재를 땅에 심어주면 됩니다. 최대한 경계가 보이지 않도록 지면 가까이 낮게 설치할 것인지, 아니면 경계가 뚜렷하게 보일 수 있도록 높여서 설치할 것인지 등은 취향에 맞게 선택하되, 추후 잔디를 깎을 때 잔디를 깎는 기계에 테두리가 잘려나가는 등의 불편함이 초래되지 않도록 고려하여 설치하도록 합니다.

화단 흙 준비하기(퇴비와 비료 추가하기)

흙은 시간이 흐를수록 단단하게 다져집니다. 단단한 흙에서는 식물들이 뿌리를 내리기가 어렵습니다. 또한 영양이 부족한 흙에서도 식물은 잘 자라지 않습니다. 따라서 화단에 식물을 심기 전 화단 안 흙을 식물들이 잘 자랄 수 있도록 준비해주는 과정이 필요합니다.

첫 번째로 흙을 뒤집어 엎어줍니다. 보통 삽이 들어가는 깊이만큼 20~30cm가량 흙을 뒤집어 엎어주곤 합니다. 하지만 흙이 너무 단단해져 있거나, 뿌리를 깊게 내리는 식물을 심을 경우, 그리고 처음 화단을 만들 때는 그 두 배의 깊이만큼, 즉 40~60cm까지도 흙을 뒤집어 엎어주기도 합니다.

흙을 뒤집어가며, 지나치게 큰 돌은 식물의 뿌리내림을 방해할 수 있으니 제거해주도록 합니다. 이 뒤집어 엎어주는 작업은 단단하게 굳은 흙 자체를 부드럽게 풀어주는 역할을 하여, 흙 사이사이로 식물들이 쉽게 뿌리를 내릴 수 있도록 합니다. 또한 단단해진 흙 사이사이에 공간을 만들어 공기와 물이 잘 통과할 수 있도록 하며, 이로써 좋아진 통기성은 식물이 뿌리로 호흡하기 쉽게 도와주고 토양 속 유기물 분해를 촉진합니다. 또한 위아래 흙을 바꿔주는 작업을 통해 위쪽 흙에 있을지 모르는 잡초의 광발아성 종자들을 땅속에 묻히게 하여 잡초 발생을 방지하고 땅 속에 숨어 있던 해충과 유충의 번데기를 노출시켜 죽게 합니다.

땀을 뻘뻘 흘려가며 땅을 뒤집다 보면 재밌는 일들도 벌어지곤 합니다. 어디선가 딱새가 날아와서 근처 나무에 앉아 흙을 뒤집는 일을 구경하더군요. 한참을 구경하다가 번데기나 벌레 유충이 흙 위로 들어올려지는 순간, 쏜살같이 내려와 물고 날아가곤 했답니다.

두 번째는 흙 안에 영양 보충하기입니다. 처음 화단을 만든 곳이라면 영양분이 부족할 수 있습니다. 영양분이 부족한 화단에 영양을 주는 가장 빈번하고 유용한 방법은 바로 퇴비를 토양 개량제로 사용하는 것입니다. 퇴비는 흙과 섞여지면서 토양 구조를 개선하고 pH를 완충하며 미생물 및 지렁이 먹이가 되어 개체수를 증가시킵니다.

시중에 파는 퇴비 포장지를 살펴보면 100평당 어느 정도를 주라고 되어 있긴 하지만, 이를 우리의 작은 화단에 적용시키기에는 다소 무리가 있어 보입니다. 퇴비 양을 계산할 때 해외에서 주로 사용하는 간단한 방법은 다음과 같습니다. 시중에서 파는 퇴비나 유기질 비료를 흙 위에 5~7센티가량 두께

로 뿌려준 후, 이를 다시 흙과 잘 섞어주는 것입니다.

퇴비를 흙 위에만 살살 뿌려주는 방법은 손쉬울지 몰라도 퇴비의 효과를 모두 사용할 수 있는 방법은 아닙니다. 이 방법은 토양이 그동안 관리를 잘 해왔던 곳이라 물리, 화학적으로 좋은 상태인 경우, 추가로 퇴비를 살짝 얹어주는 정도만으로도 충분한 토양에서 사용하는 방법입니다. 처음 시작하는 화단의 흙은 흙과 퇴비를 잘 섞어 사용하는 것이 좋습니다.

퇴비에는 영양 성분뿐만 아니라 퇴비를 만들 때 사용한 왕겨나 톱밥 등 탄소성분이 많이 들어 있어 흙 자체의 통기성, 배수성 등 물리적인 구조를 개선시키는 효과가 있습니다. 또한 퇴비 속의 미생물은 토양에 혼합되어 일련의 과정을 통해 흙의 구조를 떼알구조로 바꾸어줍니다. 따라서 퇴비를 사용할 때는 충분히 흙과 섞이도록 뒤집어 섞는 과정이 필요합니다.

퇴비를 사용할 때 한 가지 주의해야 할 점이 있습니다. 퇴비가 충분히 발효되지 않은 부숙퇴비이거나 유기질 성분 비료일 경우에는 토양과 섞이면서 퇴비 속 질소 성분이 분해되는 과정 중 암모니아 가스가 발생할 수 있다는 것입니다. 이 가스는 식물 뿌리와 줄기 등에 큰 피해를 줍니다. 따라서 부숙퇴비나 유기질 비료를 흙과 섞고 나서는 더이상 가스가 발생하지 않는 시점인 2주가량이 지난 후 식물을 식재하도록 합니다. 퇴비를 섞은 후 바로 식물을 식재하고 싶을 때는 퇴비화 과정이 끝난 완숙퇴비를 사용하도록 합니다.

가을에 퇴비를 미리 뿌리고 흙을 뒤집어놓는다면, 퇴비는 가을, 겨울, 초봄 동안 퇴비화 과정이 끝나게 되어 봄이 되면 안전하게 바로 식물들을 심을 수 있습니다.

산성 흙을 식물들이 잘 자라는 중성 토양으로 교정하기 위해 석회를 사용하기도 합니다. 석회 사용 시 주의할 점은 질소가 많이 들어 있는 비료와 동시에 사용하지 말아야 한다는 것입니다. 질소는 알칼리성 물질과 만나면 가스화되어 공기중으로 날아가버립니다. 그만큼 영양성분이 손실되는 것이지요. 따라서 흙에 석회를 추가하고 싶다면 석회를 먼저 토양에 섞고 일주일가량 지난 후 질소 성분이 들어 있는 퇴비를 추가하는 것이 좋습니다.

단밍이네 척박한 땅을 비옥한 땅으로 만들기 위한 노력들

제가 흙의 중요성을 깨닫게 된 계기는 바로 우리 정원의 흙이 매우 좋지 않았기 때문입니다. 우리 정원의 흙은 색만 보더라도 좋은 흙이 아니었습니다. 사막에서나 볼 법한 흙먼지가 풀풀 날리는 흙이었지요. 게다가 하우스를 설치하여 밭으로 오랜 기간 사용하던 땅이었고, 트랙터가 자주 다니며 경운하던 곳이었습니다. 그래서 땅 밑 가까운 곳에 매우 단단한 경반층이 존재했습니다.

불과 10~20cm 밑으로는 공기가 통하지 않고, 물이 들어가지도 않는 땅에 어디서 온 건지 커다란 돌들은 어찌나 많았는지요….
이 사실을 모르고 이사 온 첫 해에는 삽으로 파내기도 힘든 땅을 어찌어찌 파내고 나무들과 식물들을 심었는데, 장마철이 지나자 모두 처참하게 죽어버렸습니다. 단단한 흙에는 식물들이 뿌리를 내리지 못했고, 공기와 물이 통과할 수 없었기에 식물들이 도저히 살 수 없었던 것이었지요. 아무래도 식물을 키우기에 좋지 않은 요소란 요소는 모두 가진 땅인 것 같았습니다. 실제로 식물

들은 허약하게 자랐으며 비만 오면 물이 고여 고사하기 일쑤였습니다.

우리는 굉장히 좌절했습니다. 이런 땅에서 과연 식물을 기를 수 있을까? 하는 생각뿐이었습니다. 하지만 흙은 꾸준히 관리해나간다면 개선될 수 있다고 생각했고 좋은 흙을 만들기 위해 노력했으며 지금도 노력하는 중입니다.

비옥한 땅을 위해 첫 번째로 했던 일은 땅을 깊게 갈아엎는 일이었습니다. 식물을 키울 화단으로 쓸 땅을 대략 50~60cm 정도 깊이로 삽으로 파내려갔습니다. 20cm 정도 파내려가면 어김없이 매우 단단한 경반층을 만났고, 삽으로 도저히 파낼 수 없었기에 곡괭이로 단단한 흙을 부수면서 파내려갔습니다. 커다란 돌들을 골라낼 때는 삽보다는 호미가 효율적이었습니다.

여러 가지 장비(?)들을 사용해서 땅을 파내려가며 경반층을 모두 부수었습니다. 이 과정은 정원을 만드는 과정 중 가장 힘든 작업이었고, 몸에 가장 무리가 가는 작업이었으며, 또한 가장 오랜 시간이 걸린 작업이었습니다. 단밍이네 정원 안으로는 포클레인이 진입하기 어려웠기에 직접 파내려갔지만, 이 작업은 몸에 무리가 많이 가기에 가능하다면 미니 포클레인을 섭외해서 진행하는 것이 좋을 것 같습니다.

그리고 두 번째로 했던 일은 파낸 흙에 영양분을 추가해주는 작업이었습니다. 자체적으로 만든 퇴비와 시판 퇴비, 왕겨, 초목회를 섞어서 갈아엎은 땅의 흙과 섞어주었습니다.

세 번째로 했던 일은 멀칭하기였습니다. 드러난 흙은 햇빛에 다시 마르고 단단해지기를 반복했기에 멀칭부터 했습니다. 인근 제재소 사장님 허락을 받고 포대자루에 바크를 담아 반복해서 날라가며 파낸 화단에 멀칭을 했습니다. 멀칭이 완료된 정원은 비록 식물은 없었지만 커다란 만족감을 주었습니다. 하지만 안타깝게도 이 멀칭은 멀칭재를 고정시켜줄 식물들이 없었던 상황이었기

에 여름철 강한 폭우에 모두 휩쓸려 사라져버렸답니다. 허탈감이 몰려왔지만 멀칭은 식물을 심은 후 해야 함을 배운 값진 경험이었습니다.

네 번째로 한 일은 가을에 관공서와 인근 아파트 단지에서 얻어온 낙엽포대 20여 자루를 모두 갈아서 흙에 섞어주는 일이었습니다. 낙엽 가는 것은 잔디 깎기 기계를 사용했습니다. 낙엽은 탄소가 많이 들어 있는 재료라서 이 탄소를 분해하기 위해서는 많은 질소가 필요합니다. 질소 비료를 공급해주지 않으면 토양 질소가 일시적으로 부족해지는 '질소기아' 현상이 일어날 수 있습니다. 그래서 낙엽 부스러기와 질소 성분의 유기질 비료(혈분비료, 질소질 구아노 비료)를 추가로 함께 섞어주었습니다.

다섯 번째로 한 일은 토양검정을 받는 일이었습니다. 일 년 동안 관리한 땅과 관리를 잘 하지 못한 땅의 흙을 채취하여 토양검정을 받았습니다. 결과의 차이는 미미하긴 했으나 그래도 분명 차이가 있었습니다. 일 년간 고생한 보람이 느껴지는 순간이었습니다.

2년차 정원이 되자 그동안 흙에 신경썼던 곳에서는 식물들이 눈에 띄게 잘 자랐고, 다년생 식물들은 훨씬 아름다운 꽃을 피웠습니다. 흙을 꾸준히 보살피다 보면 흙은 분명 보답한다는 것을 배운 과정이었습니다.

꽃을 선택하고 심기

화단이 만들어졌다면 이제 본격적으로 꽃과 식물을 심을 차례입니다. 화단이 위치해 있는 장소에 따라 건강하게 키울 수 있는 식물들은 다를 수 있습니다. 하루 종일 해가 잘 드는 곳이라면 많은 빛을 필요로 하는 식물이 적합할 것이며, 반그늘 장소에는 빛이 조금 덜 필요한 식물을 심는 것이 좋습니다. 한 가지 기억해야 할 점은, 나의 욕심으로 환경과 맞지 않는 식물을 심을 경우 그 식물은 병충해에 시달리거나 잘 자라지 않을 것이 분명하다는 사실입니다.

✖ 식물을 심기 전 화단 흙 정리하는 방법

① 흙을 삽이나 쇠스랑 등으로 한 번씩 뒤엎어줍니다.

② 쇠갈고리로 흙을 평편하게 펴줍니다.

③ 흙을 눌러서 밟아줍니다. 이 과정은 흙 속에 과도하게 들어 있는 공기층을 빼주어 식물 뿌리가 공기층에 노출되어 마르는 것을 방지해줍니다.

④ 밟은 흙을 다시 평편하게 펴주는 것으로 마무리합니다.

✖ 모종을 옮겨 심기 전 기온 체크하기

꽃 모종을 옮겨 심을 때는 식물이 견딜 수 있는 최저기온 범위를 꼭 살펴봐야 합니다. 초봄에 화원에서 파는 꽃들은 노지가 아닌 따듯한 온실에서 키워진 것들이 대부분입니다. 이 꽃들은 야외 바람과 차가운 기온을 경험해보지 않은 상태일 것입니다. 이런 모종을 사와서 노지 땅에 바로 심으면 낮은 온도로 떨어지는 밤 기온이나 찬바람에 냉해를 입게 될 수 있습니다. 따라서 내가 지금 땅에 심을 꽃들이 추위에 견디는 온도를 확인하고, 천천히 실외에 적응시킨 후 땅에 심어주는 것이 좋습니다.

또한 기온이 높은 여름철이나 햇볕이 강한 한낮에는 잎에서 물을 뿜어내는 증산작용이 더욱 활발하게 이루어지기 때문에 많은 물을 필요로 합니다. 따라서 기온이 높고 맑은 날일 경우 식물을 땅에 심고 충분한 물주기를 해주어야 식물이 시드는 것을 방지할 수 있습니다.

✽ 모종을 땅에 옮겨 심는 기본적인 방법

① 꽃이 모종포트나 화분에 담긴 상태라면, 빼내기 전에 먼저 물을 충분히 주어 화분벽에 붙은 뿌리가 마른 상태에서 뜯겨나가 손상되는 것을 방지해 줍니다.

② 화분 옆을 약하게 통통 치거나, 비교적 말랑한 재질의 플라스틱 분이라면 손으로 화분 주변을 살살 눌러주어 뿌리와 화분을 분리시킵니다.

③ 화분을 살짝 기울여서 화분 안 식물의 뿌리를 빼냅니다.

④ 땅에 화분 크기의 1.5~2배가량의 흙을 파고 구덩이에 식물을 놓아줍니다. 식물이 화분에 심겨 있던 높이에 맞춰 심어주는 것이 원칙이지만, 건조한 곳에서는 좀 더 깊게, 습한 곳에서는 조금 위로 올려 심어주기도 합니다.

⑤ 남는 공간에 흙을 잘 넣어줍니다.

⑥ 손으로 뿌리 부근을 꾹꾹 눌러 뿌리와 흙이 잘 밀착되게 해줍니다. 뿌리와 흙이 밀착되지 않고 공기층이 생기면 뿌리가 마르게 되어 뿌리가 손상되거나 활착이 늦어집니다.

⑦ 흙 위로 물을 줄 때는 흙이 파이지 않게 강하지 않은 물줄기로 주도록 합니다. 물을 충분히 주어 흙 속으로 물이 스며들게 합니다. 물은 생각보다 많이 주어야 흙 표면만 적시는 데 그치지 않고 흙 밑으로 스며듭니다. 물을 충분히 주지 않으면 잎에서 일어나는 증산작용으로 인해 모종이 금방 시들어버릴 수도 있으니 주의해야 합니다.

✽ 건조한 날, 큰 모종을 심는 방법

이때는 미리 물을 흙에 부어 적셔주는 것이 차이점입니다. 건조한 여름철이나, 큰 모종, 나무 등을 심고 물을 줄 때는 땅 아래 뿌리 부근까지 물이 들어가야 하므로 물을 위에서 뿌리는 방법보다는 흙에 물을 먼저 주고 심는 방법이 좋습니다. 그래야 물을 충분히 줄 수 있습니다.

① 흙을 파고 구덩이 안으로 물을 흠뻑 줍니다.

② 구덩이 안쪽으로 물이 완전히 스며든 후 다시 물을 부어주는 일을 2~3회 반복합니다.

③ 주변의 흙이 부어준 물들로 인해 충분히 적셔졌다면 식물을 땅에 옮겨 심어줍니다.

④ 흙으로 잘 덮고 주변 흙을 발로 꾹꾹 눌러준 후 물을 한 번 더 충분히 주도록 합니다.

멀칭

멀칭이란 흙이 드러나지 않게 무엇인가로 흙을 덮는 것을 말하며, 흙을 보호하는 효과적인 방법 중 하나입니다. 고대문명은 토양이 비옥하고 생산성이 높은 지역에서 발달했지만, 비바람 등으로부터 토양이 보호받지 못해 토지 생산성이 저하되어 결국 몰락하고 말았습니다. 반면 인도 중부, 그리스, 레바논 등 불모지에서 한때 농경문화가 번성했다는 것은 토양관리와 보호의 중요성을 크게 시사하는 것이지요.

흙은 그대로 노출될 경우 비, 바람, 강한 햇빛에 의해 점차 생명력을 잃어갑니다. 낙엽이나 동식물들 사체, 잔해 등의 유기물은 겉흙에 쌓입니다. 이 유기물들이 토양 미생물들에게 분해되어 식물들이 사용할 수 있는 영양소로 바뀌는 것이지요. 따라서 겉흙은 영양분이 많은 상태이지만, 땅속은 30cm만 파내려가도 유기물이 거의 존재하지 않는 상태를 보입니다.

따라서 식물을 키우기 위해서는 이 겉흙을 보호하는 것이 굉장히 중요한데, 안타깝게도 많은 겉흙이 비가 오면 빗물에 씻겨 떠내려갑니다. 또한 30km/h 정도의 속도로 떨어지는 빗방울에 토양 표면이 부딪히면서 식물에게 좋은 흙의 구조인 떼알구조가 파괴됩니다. 건조한 날에는 겉흙이 강한 바람에 날려가버리기도 하며, 강한 햇빛에 수분이 증발하고 건조해져서 미생물이 서식할 수 없는 환경이 되어 점차 생명력을 잃어가게 되는 것입니다.

멀칭은 이러한 자연 피해로부터 흙을 보호하는 큰 효과가 있습니다. 멀칭이라는 단어를 들었을 때 많은 분들이 가장 먼저 떠올리는 것 중 하나가 밭에

서 농작물을 기를 때 쓰는 검은 비닐 멀칭입니다. 밭에서 쓰는 비닐 멀칭뿐만 아니라 정원 화단에서도 멀칭은 꼭 필요하고, 멀칭이야말로 흙을 보호하는 유용한 방법입니다. 그럼에도 화단에 멀칭을 하는 것에 대해 아직까지는 생소하게 느끼는 분들이 대부분이지요.

실제로 주변에 꽃밭을 가꾸는 분들의 화단을 구경해보면 멀칭이 된 화단은 좀처럼 보기가 힘들었습니다. 밭의 흙뿐만 아니라 정원의 흙 또한 지속적으로 보호해주고 관리해주면 그만큼 식물들은 잘 자랄 수 있습니다. 흙을 보호할 수 있으며 다양한 이로운 효과가 있는 멀칭! 그 효과와 방법에 대해 알아보겠습니다.

멀칭의 효과

✖ 지온의 급격한 상승과 하강 등을 막아줍니다

흙의 온도는 식물 생육과 토양 미생물 활동에도 결정적인 영향을 미칩니다. 흙의 온도가 너무 낮으면 뿌리 생육이 더뎌지며, 반대로 너무 높을 경우에는 흙이 쉽게 건조해져서 식물이 수분 부족에 시달리게 됩니다. 또한 흙의 온도가 너무 높거나 낮을 경우, 흙 속에서 열심히 일하며 유기물을 분해해야 할 미생물의 활동량이 줄어들거나 활동을 멈추기도 합니다.

멀칭은 완충제 역할을 해서 여름철의 뜨거운 햇볕을 차단시켜 급격한 지온 상승을 막아줍니다. 한겨울 추위에는 식물들 뿌리를 덮어주는 이불 역할을 함으로써 추위로부터 뿌리가 얼어버리는 것을 방지합니다.

✖ 토양 내 수분을 유지합니다

멀칭은 흙의 수분이 증발되는 것을 막아줍니다. 멀칭을 걷어보면, 멀칭한 곳의 흙은 멀칭을 하지 않은 곳의 흙보다 훨씬 촉촉하고 부드럽다는 것을 알 수 있습니다. 촉촉하고 부드러운 흙은 통기성이 좋으며 식물이 안정적으로 뿌리를 내릴 수 있도록 도와줍니다. 특히 모래가 많이 섞인 땅에서는 멀칭으로 인한 수분 유지 효과가 더욱 뚜렷하게 나타납니다.

✽ 흙과 유기물, 비료 성분의 유실을 방지합니다

멀칭은 겉흙의 많은 유기물과 비료 성분이 물과 바람에 손실되는 것을 막아주는 역할을 합니다. 우리나라는 여름 장마철에 많은 흙이 빗물과 함께 흘러내려갑니다. 경사가 진 곳에서는 더욱 많은 양의 겉흙이 유실됩니다. 멀칭은 흙 위를 한번 덮어줌으로써 흙이 흘러내려가는 것을 막아줍니다. 결과적으로 영양이 풍부한 흙을 유지시키는 역할을 합니다.

✽ 잡초 발생을 억제합니다

잡초의 씨앗은 대개 싹이 트기 위해 빛이 필요한 광발아성 종자들입니다. 멀칭을 두텁게 해줌으로써 잡초 씨앗이 빛을 받는 것을 막아, 발아가 되는 것을 억제하여 화단에 잡초가 발생하는 것을 방지해줍니다.

✽ 병해를 방지합니다

식물들이 병에 걸리는 많은 이유 중 하나는 비가 오거나 물을 줄 때 땅 위의 물이 튀어올라 잎에 묻어서입니다. 흙 속에 들어 있는 세균, 바이러스, 곰팡이 등이 튀어오르는 물방울에 함께 섞여 식물 잎에 묻게 됩니다, 그리고 곧 잎에 열려 있는 기공을 통해 식물 체내로 들어가면서 식물이 병에 걸리게 되는 것이지요. 멀칭은 완충제 역할을 하여 물과 함께 흙이 튀어오르는 것을 방지하는데, 이는 곧 병해를 예방해주는 효과가 있습니다.

✖ 유기물 멀칭의 경우 그 자체가 분해되어 흙에 영양을 제공합니다

멀칭 재료 중 썩을 수 있는 유기물 멀칭 재료는 흙 속 미생물에 의해 서서히 분해되면서 지속적으로 흙에 영양을 제공하게 됩니다.

멀칭의 두께와 그 시기
멀칭은 흙 위를 덮는 것이 핵심입니다. 그렇다면 어느 정도 두께로 흙을 덮어주어야 할까요? 통상적으로 약 2인치(5cm) 정도의 멀칭이 효과적이라고 알려져 있습니다. 너무 두터운 멀칭은 흙 안으로 산소와 물이 들어가는 것을 방해할 수 있어서 식물들 생육에 좋지 않을 수 있습니다. 멀칭은 늦가을에서 초봄 사이에 해줄 경우 그 최대 효과를 발휘합니다. 늦가을의 멀칭은 겨울 동안 토양과 추위로부터 식물 뿌리를 보호하고, 초봄의 멀칭은 잡초 씨앗이 발아되는 것을 방지해주는 효과가 있습니다.

다양한 멀칭의 재료와 장단점

화단에 멀칭으로 사용할 수 있는 재료는 무궁무진합니다. 크게는 썩어서 퇴비가 되는 유기물 재료와 썩지 않는 무기물 재료로 나눌 수 있습니다. 유기물 멀칭재료는 결국 퇴비화되어 흙에 지속적으로 영양분이 된다는 장점이 있으나, 결국엔 퇴비화되면서 서서히 없어지기 때문에 영구적이지 않습니다. 따라서 추가해서 보충해주어야 한다는 단점이 있습니다. 무기물 멀칭재료는 퇴비화되지 않기 때문에 지속효과가 오래갑니다. 하지만 흙 자체의 질이 향상되는 효과는 기대하기 어렵습니다.

바크나무껍질

바크는 해외 정원에서 가장 많이 쓰이는 유기물 멀칭재입니다. 바크의 진한 밤색은 화단의 초록색 식물들과 무척 잘 어울립니다.

바크는 토양의 수분유지 효과가 탁월하다는 장점이 있으나, 식물 줄기 부분에 오래 닿아 있을 경우 축축한 습기로 인해 식물에게 해가 되기도 합니다. 따라서 뿌리를 덮되 줄기에서는 1인치 정도 떨어트려서 사용하는 것이 좋습니다. 가격이 비교적 고가라는 점도 아쉬운 부분 중 하나입니다.

톱밥

톱밥은 가격이 비교적 저렴하며 수분유지 효과가 좋습니다. 다만 톱밥은 탄소 대 질소 비율인 탄질률이 매우 높은 멀칭재입니다. 이렇게 탄진률이 높은 멀칭재를 사용했을 경우 일시적으로 흙 안의 질소가 부족해지는 '질소기아' 현상이 나타날 수 있습니다.

이를 방지하기 위해선 질소 성분이 많은 비료를 흙에 미리 섞어주도록 합니다. 톱밥은 입자가 곱기 때문에 흙과 금방 섞여버릴 수 있다는 단점을 가지고 있습니다.

코코칩 압축블록

코코넛 껍질을 압축시켜 블록으로 만들어 놓은 형태의 멀칭재입니다.

수분유지 기능이 좋으며 색 또한 갈색을 띠어 화단과 잘 어울립니다. 바크보다는 물마름이 좀 더 빠른 편입니다. 사용 전에는 물에 블록을 담가 불린 후 사용해야 합니다.

쌀겨

개인적으로 선호하는 멀칭재료입니다. 가격이 저렴하고 구하기도 쉬우며 월동 시 보온용 멀칭재료로 사용이 가능하기 때문입니다. 인근 정미소나 인터넷에서 구입이 가능합니다.

쌀겨에는 아브시스산(Abscisic acis:ABA)이라는 식물 호르몬이 들어 있습니다. 이 식물 호르몬은 종자의 휴면을 유도해 잡초 씨앗 발아를 억제하는 효과도 가지고 있

습니다. 쌀겨에는 질소, 인산칼리와 마그네슘이 다량 함유되어 있어 퇴비화되면서 흙에 영양분을 제공하는 것 또한 매력적입니다. 다만 톱밥과 마찬가지로 입자가 곱기 때문에 흙과 쉽게 섞여버린다는 단점이 있습니다. 밝은 노란색이 화단과 잘 어울리는 느낌은 아니었습니다.

깎은 잔디

정원에서 잔디를 깎고 남은 잔디 부산물들 또한 비용을 들이지 않고 구할 수 있는 훌륭한 멀칭재이자 풋거름이기도 합니다. 깎은 생잔디에는 질소 성분이 풍부하여 식물들에게 좋은 영양분이 되어줍니다. 하지만 다른 멀칭재에 비해 멀칭 효과는 그리 오래가지 않습니다.

두 달여가 지나면 형체가 사라질 정도로 금세 퇴비화되어 사라져버린다는 단점이 있습니다. 또한 식물들의 겨울 휴면 준비가 필요한 가을 시점에는 사용 시 주의가 필요합니다. 잔디 속 풍부한 질소 성분이 겨울 휴면 준비에 방해가 될 수도 있기 때문입니다.

신문지와 박스 멀칭

신문지로도 멀칭이 가능하다는 것, 알고 계셨나요? 신문지나 두터운 박스는 아주 좋은 멀칭재입니다. 특히 이 재료들은 잡초가 많이 나오는 곳에 2중으로 멀칭을 하는 경우에 아주 효과적입니다.

신문지는 콩기름으로 인쇄되어 토양에 해롭지 않으며, 종이 자체가 본래 나무 원료이므로 다른 유기질 멀칭과 비슷하게 분해되어 흙에 영양분이 되어줍니다. 다만 광택 있는 종이나 코팅되어 있는 종이류는 분해가 어렵기 때문에 사용하지 않도록 합니다.

신문지는 얇기 때문에 3~4장을 겹쳐서 사용하도록 하고, 바람에 날아가지 않도록 물을 한번 축여서 다른 멀칭재 등으로 가려주면 미관상 단점이 개선됩니다.

낙엽

가을에 떨어지는 낙엽은 겨울철 보온을 위한 멀칭재료로 아주 훌륭합니다. 낙엽은 통기성이 좋으며 물 흡수가 잘 되지 않는 성질이 있어서 겨울철 식물들 뿌리 부근에 덮어주면 보온효과가 있습니다.

정원 잔디깎기 기계로 낙엽을 한번 갈아 준 후 덮어주면 바람에 날리는 것 또한 방지할 수 있습니다. 초봄에는 지온 상승을 방해할 수 있기 때문에 낙엽을 많이 걷어내곤 합니다만, 그대로 둘 경우에는 천천히 분해되어 토양에 영양을 제공합니다.

왕마사

왕마사는 분해되어 토양에 영양을 제공하는 기능은 없으나, 분해되지 않기 때문에 멀칭의 내구성이 오래도록 지속된다는 장점이 있습니다. 다만 왕마사로 멀칭을 할 경우 강한 햇볕으로 왕마사 돌이 달궈질 수 있어, 주로 더위와 건조에 강한 식물들을 멀칭할 경우에만 사용됩니다.

비닐

손쉽게 사용할 수 있는 비닐은 주로 화단보다는 텃밭 멀칭재로 사용되곤 합니다. 초봄에는 햇빛이 투과할 수 있는 투명색 비닐을 이용하여 일종의 비닐하우스 효과를 주고 지온을 상승시켜서 작물재배 시기를 앞당기기도 합니다. 반대로 여름철에는 검은색 비닐을 사용하여 햇빛이 투과되는 것을 막아 지온의 급격한 상승을 방지하기도 합니다.

다만, 비닐을 재료로 멀칭을 할 때는 주의할 점이 있습니다. 바로 다년생 식물에게는 적합하지 않다는 점입니다. 비닐은 물과 공기가 투과되지 않습니다. 비닐 멀칭 아래 식물들의 뿌리는 공기와 물을 찾아서 토양 표면에 매우 가깝게 분포하게 됩니다.

그리고 토양 표면의 얕은 뿌리는 산소 및 수분 부족, 극심한 온도변화를 겪어 식물에게 큰 스트레스를 주게 됩니다. 비닐 멀칭은 장기적으로 식물을 쇠약해지게 만듭니다. 따라서 다년생 식물보다는 일년생 식물들이나 작물재배에 적합한 멀칭재라고 할 수 있습니다.

● 바크 ● 톱밥 ● 코코칩 압축 블록

● 쌀겨 ● 깎은 잔디 ● 신문지와 박스 멀칭

● 낙엽 ● 왕마사 ● 비닐

화단 물주기와 방법

식물들을 모두 심고 멀칭까지 해주었다면 충분히 물을 주어 뿌리와 흙 사이의 공기층을 없애고 밀착이 되도록 해줍니다. 심은 지 얼마 되지 않은 식물이라면 뿌리가 흙과 밀착될 수 있도록 3일 정도는 매일 물을 잘 주도록 합니다.

화단에 물을 주는 기본적인 방법은 아래와 같습니다.

❀ 식물 뿌리 부근에 물주기

대다수 식물들은 잎에 물이 닿는 것을 좋아하지 않습니다. 많은 식물의 잎을 잘 살펴보면 잎 앞면은 뒷면보다 반짝거리며 윤기가 나는 것을 확인할 수 있습니다. 잎 앞면은 일종의 지질 성분으로 코팅이 되어 있습니다. 물에 축축하게 젖지 않도록 해서 질병으로부터 보호하고자 하는 일종의 방어막인 셈이지요.

식물 위에서 물을 줄 경우, 잎에 물이 묻게 되고 높아진 습도로 인해 축축한 환경을 좋아하는 각종 곰팡이균과 세균들이 자리를 잡아 병을 일으킬 수 있습니다. 또한 식물은 본래 땅속 뿌리로부터 물을 흡수해서 위쪽 잎으로 올려보냅니다. 따라서 물을 줄 때는 식물 위에서 흩뿌리는 식의 물주기 방법보다는 식물 아래 부분, 즉 뿌리가 있는 흙에 중점적으로 주는 것이 식물 생태를 고려한 물주기 방법이며, 잎에 의해 튀어나가는 물의 양 또한 절약할 수 있습니다.

잎 전체에 물을 적셔주는 것이 필요한 경우

건조하고 바람이 많이 부는 날씨에는 미세한 먼지층이 잎에 쌓여 식물의 광합성 능력을 감소시킬 수 있습니다. 진딧물과 거미, 진드기, 응애를 포함한 일부 곤충은 식물에 물을 뿌리기만 하면 억제할 수 있습니다. 마지막으로, 뿌리가 촉촉한데도 시들어버리는 열 스트레스성 식물은 잎에 물을 뿌려줌으로써 식물 체온을 낮춰 도움을 주기도 합니다. 따라서 평소에는 뿌리 부근에 물을 주는 방식으로 물을 주고, 위처럼 특별한 상황에서 잎 전체에 물을 뿌려주는 것이 도움이 될 때가 있으니 상황에 맞춰 적절한 물주기 방법을 사용하는 것이 좋습니다.

✽ 가급적 이른 아침에 물주기

물을 주는 가장 좋은 시기는 이른 아침입니다. 아침이 되어 햇빛이 비치면 식물들은 광합성을 시작합니다. 광합성에는 빛과 이산화탄소와 물이 필요합니다. 광합성이 활발히 이루어지기 시작하는 아침시간에 물을 줌으로써 식물들이 광합성에 수분을 원활하게 사용할 수 있도록 합니다. 또한 물을 주면서 잎에 물이 묻을 경우에도 오전에서 오후로 갈수록 빠르게 물이 마르게 됩니다. 잎에 축축하게 남아 있는 물기 등으로 인해 병에 걸리는 것을 방지해주는 것이지요.

저녁에 물을 주는 것은 아침에 물주기를 놓쳤을 경우나, 아침에 물을 주기 어려운 상황일 경우에 실시합니다. 사실 저녁에 물을 주는 것은 득보다 실이 많습니다. 물 증발량이 아침보다 많지 않기 때문에 밤 동안 물이 식물들에게 공급되어 다음날 필요한 수분을 확보할 수 있는 장점은 있으나 저녁부터 밤까지는 햇빛이 없기 때문에 물이 잘 마르지 않습니다. 밤새 긴 시간 동안 잎이 축축한 물기에 노출될 경우 기공을 통해 침입하는 각종 세균, 바이러스 등을 피하기 어렵습니다. 따라서 저녁에 물을 줄 경우에는 잎에 물이 닿지 않도록 하여 뿌리 쪽으로 바로 물을 주는 것이 좋습니다.

정원의 불청객 중 하나인 달팽이는 야행성인 데다가 축축한 토양을 좋아하기 때문에 저녁에 물주는 방법은 달팽이 개체 수 증가와 함께 피해를 받을 수 있는 상황을 조장하므로 역시 주의가 필요합니다.

그리고 한낮은 물을 주기에 가장 적당하지 않은 시간입니다. 한낮에는 물 증발량이 많아 물이 낭비가 됩니다. 땅 속으로 물이 스며들기 전에 증발되어 날아가버리는 것이지요. 또한 식물은 건조나 열기가 강해지면 수분 증발을 막기 위해 일부 기공을 닫게 됩니다. 기공이 닫히면 땅 밑의 물을 끌어올리는 힘인 증산작용 또한 감소합니다. 식물이 효율적으로 수분을 이용할 수 없는 상태가 되는 것이지요. 그리고 많은 분들께서 이미 알고 계시듯이 물을 주다가 잎에 물방울이 남게 되면 물방울이 돋보기 역할을 하여 잎을 태워버리는 경우도 발생합니다.

✽ '자주, 조금씩'이 아닌 '가끔, 흠뻑' 방법으로 물주기

물을 '조금씩, 자주' 주는 방법으로는 토양의 깊은 곳까지 물이 도달하기 어렵습니다. 결국 토양 표면만 적시게 되어 물이 낭비됩니다. 더욱 중요한 것은 식물 뿌리에 좋지 못한 영향을 줄 수 있다는 것입니다. 식물이 땅 속 깊은 곳을 향해 뿌리를 내리지 않고 물을 찾기 위해 땅 표면 위주로 뿌리를 뻗게 되는 것이지요. 이러한 얕은 뿌리는 급격하게 변화하는 땅 표면의 수분변화와 온도변화에 저항력이 낮아 식물이 많은 스트레스를 받게 됩니다.

따라서 기본적으로 물을 주는 횟수를 줄이더라도 한 번에 충분한 양의 물을 주어야 합니다. 그래서 식물 뿌리가 물을 찾아서 땅 깊은 곳으로 뻗을 수 있도록 유도하여 깊은 뿌리가 형성될 수 있도록 합니다. 깊은 뿌리는 건조하고 무더운 날씨 속에서도 저항력을 가질 수 있습니다.

✖ 날씨에 따른 물주기

식물은 건조하거나, 바람이 많이 불거나, 고온의 날씨에 더욱 많은 양의 물을 필요로 합니다. 식물은 물이 부족할 경우 잎의 가장자리 부분이 갈색으로 마른다거나, 성장이 느려지며, 잎이 말리고, 시들거나 잎이 떨어지며, 가지가 말라붙는 등의 모습으로 나타납니다. 반면 여름철 물이 충분한데도 시드는 것 같거나, 낮에 시들한 모습이었지만 오전에 회복하는 모습을 보이는 경우는 물 부족이 아니라 고온에 의한 스트레스 증상일 수 있습니다. 따라서 날씨와 식물의 상태를 면밀히 관찰하여 필요한 물을 적시에 공급할 수 있도록 해야 합니다.

✖ 계절에 따른 물주기

봄비가 자주 오지 않는 건조한 봄날의 경우 새싹들과 식물들의 성장을 위해 일주일에 1회 정도 충분한 물주기가 필요할 수 있습니다. 장마기간 동안에는 많은 양의 비가 오고 땅 밑으로 스며들기 때문에 따로 물을 줄 필요가 없습니다. 여름철에는 식물들 성장이 활발하고 높은 온도와 긴 일장으로 물을 원료로 한 광합성 양이 증가하며 잎에서 물을 뿜어내는 증산작용 또한 활발하게 이루어집니다. 따라서 한여름에는 많은 양의 물이 필요하며 매일 물을 주는 것이 필요할지도 모릅니다. 반면 낙엽이 지고 생육이 쇠퇴하는 가을로 접어들수록 물을 주는 횟수를 줄여가도록 합니다. 대부분의 다년생 식물들이 휴면에 접어든 겨울철에는 내리는 눈 등에 의한 수분공급으로도 충분하기에 물주기는 따로 하지 않습니다.

✖ 식물별로 다른 물주기

처음부터 화단에 식물을 배치할 때 좋아하는 환경이 비슷한 식물끼리 배치하는 것이 여러모로 좋은데, 그 이유 중 하나가 물주기와 관련됩니다. 물을 별로 좋아하지 않는 다육성 식물과 물을 좋아하는 식물을 나란히 함께 심고 물을 자주 혹은 가끔 주었을 경우, 두 식물 중 한 식물에게는 매우 가혹한 환경이 되고 말 것입니다. 따라서 가급적 해당 환경을 좋아하는 식물로 식재하도록 하며, 물을 줄 때는 식물별로 좋아하는 물의 양을 고려하여 뿌리 부근으로 흘려주도록 합니다.

나의 정원과 화단을 장식할 꽃들을 키워냈다면, 이제는 아름답게 식재해 볼 차례입니다. 이 과정이 처음에는 낯설고 어렵게 느껴질 수도 있습니다. 사진에서 보았던 것처럼 아름다운 정원이 되기 위해선 어디에 어떤 꽃을 심어야 할까? 하며 꽃을 들고 정원을 이리저리 돌아다니며 고민할 수도 있겠지요.

사실 저는 꽃들을 어떻게 심어야 가장 아름다운지에 대한 정답은 없다고 생각합니다. 내가 좋아하는 꽃을 내가 원하는 곳에 심는 것이야말로 가장 꽃을 아름답게 배치하는 방법이라고 생각합니다. 꽃을 키워 여기저기 배치해 보면서 좀 더 내가 좋아하는 꽃들의 조합을 알아가는 과정은 매우 흥미롭고 즐거운 일이 될 수 있습니다.

많은 경험을 통해 자연스럽게 내가 좋아하는 방식으로 꽃들을 배치할 수 있겠지만, 좀 더 아름답게 보일 수 있는 몇 가지 간단한 팁과 방법이 있습니다. 이 팁을 참고하셔서 내가 좋아하는 꽃들을 다양하게 식재해보세요. 분명 무척 즐거운 일이 될 것입니다.

화단과 정원에 꽃을 배치하는 기본 방법

✖ 식물의 겹이 두터울수록 풍성하다 - 키 순서대로 배치하기

화단과 정원에 식물을 배치하는 가장 기본적인 방법은 식물의 성장이 모두 이루어진 후 키 순서대로 배치하는 것입니다. 예를 들어 폭 1m 화단이 있

다면 맨 앞쪽에는 낮게 기면서 자라는 지피 식물을, 뒤로는 키가 25~30센티가량 되는 식물을, 그리고 또다시 그 뒤로는 키가 40~60cm정도 되는 식물을, 마지막으로는 키가 1m 이상 되는 식물을 배치하는 것입니다. 이렇게 키 순서대로 배치한 화단은 같은 종류의 식물을 일자 형태로 심은 화단보다 깊이감과 풍성함이 있습니다.

또한 원형화단처럼 다양한 방향에서 식물들을 볼 수 있는 화단 경우에는 화단 중앙에 가장 키가 큰 식물을 심고 주변에서부터 키가 낮아지도록 해서 어느 방향에서나 꽃들이 잘 보일 수 있게 배치해볼 수 있습니다. 나의 화단 안에 꽃들은 많은데 이상하게도 풍성한 느낌이 없고 단조롭게 느껴진다면 이 겹의 처리가 되지 않은 경우가 상당히 많습니다. 겹이 많이 겹칠수록 화단은 깊고 풍성해진다는 사실을 염두에 두고 식물들을 배치해보면 많은 차이점이 느껴질 것입니다.

키 순서대로 식물을 식재할 때 한 가

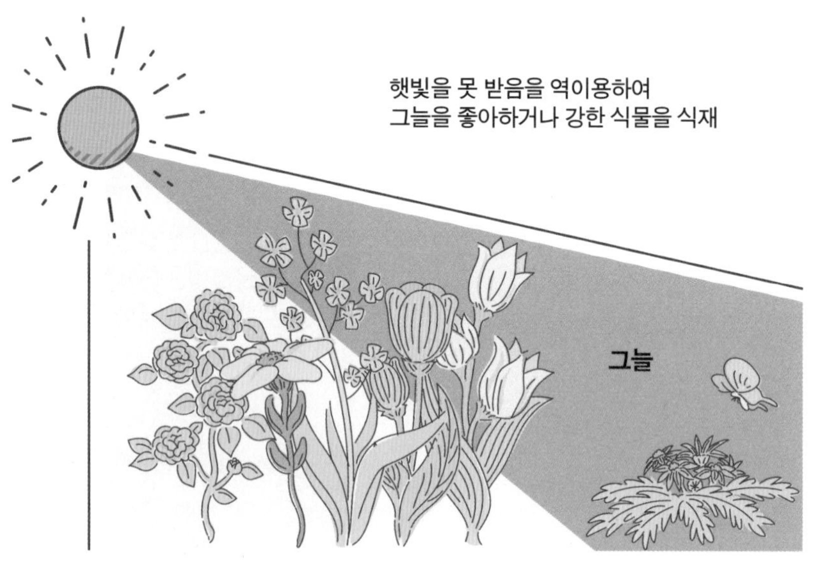

지 고려해야 하는 것이 있습니다. 바로 해의 위치입니다. 정원에서의 하루 중 해 위치를 잘 관찰하여 가급적 모든 식물들이 빛을 잘 볼 수 있도록 배치함으로써 식물들이 빛을 두고 서로 경쟁하지 않도록 합니다. 이를 역이용하여, 즉 키가 큰 식물들 뒤편에 생기는 그늘을 이용하여, 강한 햇빛을 힘들어하는 반음지 식물들을 식재해볼 수도 있습니다.

✽ 화단의 뒷배경 처리하기

화단이나 정원 너머의 뒷배경 또한 중요합니다. 정원과 화단 주변에 산과 들이나 강과 호수 등 아름다운 풍경이 있다면 이를 적극적으로 나의 정원과 화단에 포함시켜보길 바랍니다. 반대로 아름다운 화단이나 정원이라도 그 너머 배경으로 작용하는 풍경이 아름답지 못할 경우 어수선해서 정원의 아름다움을 감소시킬 수 있습니다. 따라서 아름답지 못한 풍경은 적당히 차폐

해주면 더욱 정돈되고 아름다운 정원과 화단을 만날 수 있습니다.

단밍이네는 주변이 논과 밭이기 때문에 각종 농기계, 비닐하우스, 농막, 이동식 화장실 등 정원 안으로 끌어들이고 싶지 않은 풍경들이 많았기에 차폐를 위한 침엽수를 심었습니다. 베란다나 테라스 등에서 식물을 배치할 때도 적당한 차폐식물을 이용해보면 더욱 풍성하고 아름다운 베란다, 테라스 가든을 만들 수 있습니다.

✖ 정원에 포인트 주기

: 눈에 띄는 구조물이나 식물들 이용하기

나의 정원이나 화단이 밋밋하다고 느껴질 때는 강렬하게 시선을 사로잡는 무엇인가가 필요할 수도 있습니다. 그때 사용 가능한 것이 눈에 띄는 구조물이나 포인트 식물입니다. 포인트 식물은 눈에 띄는 색상의 꽃이 될 수도 있고 형태와 질감이 특이하거나 높이가 커서 눈에 띄는 꽃일 수도 있습니다.

또한 아치나 오벨리스크, 파고라 등의 구조물은 그 자체만으로도 정원에 포인트를 주면서, 나아가 넝쿨식물들을 함께 식재했을 경우 그 식물들이 꽃 피는 시기가 되면 아주 드라마틱한 효과를 주어 주변의 시선을 사로잡습니다.

✽ 꽃의 화기 생각해보기

아름다운 꽃을 식재했더라도 꽃들의 환상적인 콜라보를 보기 위해서는 꽃피는 시기가 비슷하여 꽃이 동시에 피어 있는 모습을 볼 수 있도록 하는 것이 좋습니다. 한 종류의 꽃이 핀 것보다 그 꽃과 잘 어울리는 다른 꽃이 피어 조화롭게 어우러지는 모습은 놀라울 정도로 아름답기 때문입니다.

처음 정원을 시작하여 꽃에 대한 정보가 부족할 경우, 꽃피는 시기까지를 고려해서 어우러지는 꽃을 함께 심는다는 것은 어렵게 느껴질 수 있습니다. 꽃에 대한 정보는 가드닝을 계속할수록 자연스럽게 깊어지고 확장될 것입니다. 정보가 부족한 초기에는 꽃피는 기간이 긴 꽃을 기준으로 그 주변에 다른 꽃들을 식재해보는 것도 아주 효과적인 방법입니다.

꽃을 배치한 후 다른 꽃이 함께 피어나는 날을 상상하고 기다려보세요. 초록색 배경 도화지에 수채화 물감이 떨어져 잔잔히 번져가고, 어느 날 그 옆에 또 다른 색의 물감이 떨어져 번져가는 모습을 말이지요.

✽ 덩굴식물 이용하기

우리가 흔히 아는 나팔꽃, 클레마티스, 장미, 등나무 등의 덩굴식물들은 타

고 올라갈 구조물이나 지지대가 있다면 아주 멋진 효과를 줄 수 있는 식물들입니다. 저는 개인적으로 덩굴식물이야말로 나의 정원이라는 도화지에 나의 손길대로 그림을 그릴 수 있게 하는 훌륭한 그림물감이라고 생각합니다. 길게 자란 줄기는 가드너가 유도한 방향대로 휘어지거나 구부러져서 아름답게 꽃을 피우기 때문입니다.

구조물을 따로 설치하기 곤란할 경우에는 집 외벽 물기둥이나 와이어나 분재철사, 강력 고리형 자석 등을 이용해서 집 벽면에 고정시켜볼 수도 있습니다. 창의적으로 덩굴식물을 이용해보시기 바랍니다. 나의 정원에 멋진 포인트가 되어줄 것입니다.

꽃 색상에 따라 배치하는 방법

색은 우리 일상에서 매우 중요한 역할을 합니다. 사람이 어떤 대상을 볼 때 가장 먼저 인지하는 것이 바로 색이라고 합니다. 따라서 색상은 아주 짧은 순간 어떤 상황에서의 전체적인 분위기를 인지하는 데 많은 영향을 미칩니다.

우리는 반복되는 일상에 지쳐 어디론가 훌쩍 떠나고 싶은 순간, 종종 초록이 가득한 숲과 파랑이 가득한 바다를 떠올립니다. 초록색과 파란색, 이 두 가지는 사람의 뇌파를 안정시켜 마음을 진정시키는 색으로 알려져 있습니다.

따듯한 색, 차가운 색, 무거운 색, 가벼운 색, 시끄러운 색, 고요한 색. 우리는 매일의 일상에서 늘 색을 만나고 이 색은 우리 정원에도 굉장히 큰 영향을 미칩니다. 색을 이용해서 나의 정원을 생기 있고 화려하게, 때론 고요하고 평화롭게 만들 수 있습니다. 색상에 따라 꽃을 배치할 때는 아래의 몇 가지 부분을 고려하는 것이 좋습니다.

✖ 서로 어울리는 색의 꽃 배치하기

색을 이용하여 꽃을 배치할 때 가장 기본이 되는 방법입니다. 서로 잘 어울리는 색을 찾기 어려울 때는 간단하고 쉬운 도구가 있습니다. 바로 우리가 미술시간에 배웠던 색상환을 이용하는 것입니다. 색상환에서 서로 인접한 색끼리는 서로 잘 어울립니다. 색상환의 중앙으로 진입할수록 채도가 낮아지는 파스텔 톤이 되고, 이 파스텔 톤 또한 색상환 주변 색들끼리 잘 어울립니다.

예를 들어 주황색의 경우, 주변의 노란색이나 빨간색과 잘 어울립니다. 보라색은 파란색이나 붉은색과 잘 어울리고요. 좋아하는 식물을 중심으로 색상환 주변색을 이용하여 잘 어우러지게 배치해보길 바랍니다.

✽ 보색 이용하기

잘 어우러지는 색끼리의 조합은 편안함을 가져옵니다. 하지만 다소 지루하고 밋밋해 보이는 느낌 또한 드는 것이 사실입니다. 이때 사용 가능한 것이 '보색'입니다. 색상환의 정반대 색을 이용하는 것입니다. 이 보색의 강한 대비는 서로의 색을 더욱 뚜렷하게 부각시켜 강렬한 에너지를 줍니다. 예를 들면 파란색과 주황색, 노란색과 보라색의 조합을 들 수 있습니다.

포인트를 조금 주고 싶긴 한데 강렬한 보색 조합이 조금은 부담스럽다면 정반대의 보색보다는 살짝 옆의 색이나 채도를 낮춘 파스텔 컬러의 보색을 이용해서 좀 더 부드러운 보색을 표현해볼 수도 있습니다. 또한 꽃 한쪽만 파스텔 톤으로 낮춰주는 방법을 이용해볼 수도 있습니다.

✖ 채도가 높은 색 사용 시 주의할 점

채도가 높을수록 멀리서도 눈에 띄며, 색 자체가 너무 강렬하기 때문에 주변 색들과 어우러지기가 힘들 수도 있습니다. 따라서 저는 채도가 높은 색은 한 구역에 한 가지만 사용하거나 순간적으로 시선을 집중시켜야 하는 곳, 조금 어둡고 구석진 곳에 심어 조명을 밝혀준다는 느낌으로 사용하고 있습니다.

✖ 서로의 색을 결합시키는 색 사용하기

정원은 오케스트라와 닮았습니다. 나의 소리만 주장하지 않고 서로의 소리를 귀 기울여 듣고 이윽고 하나가 되어 하모니를 이룰 때 소리는 가장 아름다워집니다. 오케스트라에는 각각의 소리들을 하나가 되도록 돕는 악기들이 있습니다. 바로 현악기 중 비올라와 목관악기 바순입니다. 비올라는 높은 음

역대의 바이올린과 낮은 음역대의 첼로 소리를 연결시키고, 바순은 금관악기와 목관악기 소리가 연결되도록 돕습니다.

정원에서 이 두 악기 역할을 하는 색이 있습니다. 바로 흰색과 보라색, 갈색, 은색 등입니다. 보라색과 흰색, 갈색, 은색 등은 다양한 색들이 서로 충돌하지 않고 부드럽게 어우러지도록 돕는 중립적인 역할을 합니다. 따라서 정원에 화려한 색의 꽃을 많이 심고 싶다면 보라색과 하얀색, 갈색 혹은 은색 꽃과 식물의 배치를 고려해보세요. 나의 정원에 부드러운 하모니를 가져올 것입니다.

✽ 각각의 색이 지닌 고유한 특성 이용하기

☑ 보라색, 파란색

어둡고 차가운 보라색과 파란색은 차분하고 고요한 분위기의 색입니다. 이 색들은 사람의 마음을 안정시키고 공간이 확장되게 느껴지게 만듭니다. 또한 한여름 더위에도 시각적으로 시원함을 선사합니다. 따라서 파란색 꽃은 하루 동안의 스트레스를 풀어줄 수 있는 공간, 잔잔한 음악이 흐르고 조용한 대화가 필요한 곳에 식재하여 마음의 안정을 위해 사용될 수 있습니다. 또한 다소 좁은 공간에 배치함으로써 좁은 공간이 넓어 보이는 효과를 이용하는 것도 좋습니다.

저는 파란색 꽃은 주로 정원에서 가장 잘 보이는 곳에 집중적으로 많이 배치하는 편입니다. 파란색 꽃이 가득한 정원을 바라보는 것만으로도 마음이 편안해지는 것을 느끼기 때문입니다.

☑ **빨간색, 주황색, 노란색**

반대로 빨강, 주황, 노랑 등 밝고 따듯한 색상은 주의를 끌고 공간을 더 작아 보이게 합니다. 정원의 먼 곳에 이 색들을 가진 꽃을 심게 되면 멀리 있지만 그 공간이 더욱 가까이 느껴지게 됩니다. 밝은 색상은 강조하고 싶은 부분(예: 정문, 특색 있는 화단, 좌석 공간, 예술 작품 등)에 주의를 집중시키는 데도 좋습니다. 밝은 색상은 축제 분위기를 더하고 파티 분위기를 연출합니다. 사람들이 즐겁게 모임을 갖는 장소를 중심으로 식재하여 밝고 경쾌하며 즐거운 분

위기를 연출해보시기 바랍니다.

☑ **하얀색**

하얀색 꽃은 중립적인 색이기도 하지만 좀 더 특별하게 사용될 수도 있는 색입니다. 바로 '문 가든', 밤의 정원을 위해서 말이지요. 밤에 더욱 강한 향기를 내뿜는 꽃들, 예를 들면 스토크, 백합, 엔젤트럼펫 등의 꽃들은 많은 수가 하얀색임을 알 수 있습니다. 이 꽃들은 수분매개자로 나방 등 밤에 활동하는 곤충을 선택했기에, 밤에 강한 향을 내뿜음과 동시에 매개자들이 잘 찾아올

수 있도록 밤에도 잘 보이는 하얀 꽃을 피워 올리는 것이지요.

하얀색 꽃은 어둠 속에서도 그 색이 사라지지 않고 밝게 빛납니다. 현대인들은 바쁜 삶으로 인해 낮에 정원을 볼 수 있는 시간이 부족하고 해질녘에 정원을 더 자주 볼 수 있습니다. 어두워진 후에 정원을 자주 보고 거닐 예정이라면 하얀색 꽃과 은빛 잎사귀를 가진 식물을 정원에 많이 배치해보길 바랍니다. 달빛에 반짝이는 하얀 정원을 만나시게 될 것입니다.

☑ 녹색

녹색은 정원에서 배경이 되는 색입니다. 알록달록한 꽃들의 향연이 펼쳐질 때 묵묵히 뒤에서 배경이 되어주는 녹색은 정원의 공간과 공간을 연결시키는 역할을 합니다. 녹색은 심리적으로 안정효과를 가져다주는 색입니다. 바라보는 것만으로도 마음을 진정시키는 색이지요. 녹색은 뇌의 알파파를 증가시키

는데, 이 알파파가 우리 마음을 안정시키는 역할을 하기 때문입니다.

다양한 효과를 위해 배치하는 방법

✽ 향기로운 정원을 위한 배치 방법

향기로운 식물은 정원에 완전히 새로운 차원의 즐거움을 더해줍니다. 매달 달라지는 달콤한 꽃향기를 맡는 것 자체만으로도 기분이 좋아지고 행복감이 들며, 그 향기들은 그 계절을 기억하고 추억하게 만들어주기도 하지요.

저는 향기가 나는 꽃을 굉장히 좋아합니다. 다소 평범한 모습의 꽃이라도 향기가 좋을 경우 저의 애정을 듬뿍 받곤 한답니다. 그래서 저는 정원에서 모든 계절 동안 은은한 꽃향기가 끊이지 않도록 노력하고 있습니다. 정원을 거닐거나 창문을 열어두었을 때 은은하게 퍼져 있는 대기 중의 꽃향기는 큰 행복감을 가져다주기 때문입니다. 그리고 문득 그 계절을 기억하게 될 때, 화단의 시각적인 아름다움뿐만 아니라 정원 안을 가득 채운 은은한 꽃향기가 먼저 떠오르기도 합니다.

향기가 나는 꽃을 정원 안에, 그리고 내가 자주 지나치거나 이용하는 장소에 심어보세요. 꽃들이 달콤한 향으로 당신을 맞이할 것입니다.

식물 향의 종류
전 세계의 문화는 육체적, 정신적 건강을 증진하기 위해 향기를 사용합니다. 이러한 향기는 공통 속성에 따라 분류되는 경우가 많습니다. Floral 이완을 촉진하는 달콤하고 자극적인 향. 백합, 자스민, 치자, 모란, 은방울꽃 등 Fresh 자극을 주고 상쾌하게 하는 향. 라벤더, 민트, 감귤류 등 Spicy 느리고 관능적인 깊고 머스키한 향. 장미, 카네이션, 세이지 등 Woodsy 정신력을 증진시키는 향. 로즈마리, 삼나무 등

1년 내내 집과 정원을 향기로 채우고 싶다면 각각 다른 시기에 피는 향기가 좋은 식물들이 정원에 식재되어 있어야 합니다. 같은 식물이라도 품종에 따라서(예: 백합) 개화시기에 조금씩 차이가 있는 경우가 많습니다. 이 점을 이용하는 것도 향기를 즐길 수 있는 기간을 늘려주는 좋은 방법 중 하나입니다. 장미의 경우 반복적으로 꽃을 피우는 반복개화성이 좋은 품종을 심어주면 늦봄부터 늦가을까지 장미향을 즐길 수 있습니다.

향기로운 식물들의 개화시기(지역별로 차이가 있을 수 있음)
• **1월**: 히아신스, 스토크(실내) • **2월**: 히아신스, 스토크, 프리지아(실내) • **3월**: 무스카리, 히아신스, 수선화 • **4월**: 수선화, 히아신스, 무스카리, 차가플록스, 스위트 알리섬 • **5월**: 은방울꽃, 플록스, 월플라워, 라일락, 등나무, 스토크(야외), 페튜니아, 작약, 장미 • **6월**: 스토크, 장미, 패랭이꽃, 스위트 알리섬, 스위트 피, 라벤더 • **7월**: 장미, 백합, 헬리오트로프, 옥잠화, 플록스, 유카, 엔젤트럼펫 • **8월**: 장미, 니코티아나, 엔젤트럼펫, 붓들레아 • **9월**: 장미, 튜베로즈, 치자꽃 • **10월**: 장미, 스위트 알리섬 등 • **11~12월**: 실내 재배 스토크

✽ 동반식물들을 위한 배치 방법

동반식물(Company plant)을 아시나요? 동반식물이란 하나의 식물 인접한 곳에 다른 종류의 식물을 심었을 경우 다양한 유익 효과를 내는 식물들을 말합니다. 이 동반식물 심기는 텃밭에서 채소를 키울 때 해충으로부터 작물을 보호하기 위해 주로 사용되었으나, 우리의 정원 안에서도 그 기능을 충분히 활용할 수 있습니다.

동반식물을 이용했을 때의 이로움으로는 식물들의 왕성한 성장, 해충 퇴치, 해충의 포식자 유인 등을 들 수 있습니다. 해충이 많이 꼬이는 아름다운 식물이 있다면(장미처럼!) 아래 식물들을 곁에 심어주는 것만으로도 해충 피해를 많이 막아줄 수 있습니다.

✖ 해충을 쫓는 식물들

해외의 많은 정원사는 해충 방제 방식으로 농약 등의 화학적 방제 대신 동반식물을 심는 방법을 선택합니다. 동반식물 심기는 관련된 식물의 건강과 성장을 개선하기 위해 식물을 그룹화하는 방법입니다. 이 식물들의 공생 관계는 종종 정원에서 해충을 제거하는 자연스러운 방법으로 사용됩니다. 동반식물을 선택하는 것은 정원 전체를 건강하고 번창하게 유지하면서 정원에서 살충제 사용을 최소화하는 방법입니다.

동반식물은 식물의 줄기, 잎 등에서 휘발성 화합물과 그로 인한 특유의 냄새를 발생시켜 해충을 기피하게 만들고 이로운 곤충을 유인하여 해충을 제거하도록 합니다.

☑ 바질

- 억제하는 해충: 딱정벌레, 파리, 모기 등

토마토 기반 요리에 자주 사용하는 바질은 허브의 일종으로 강한 향기가 있는 식물입니다. 매일 최소 6시간의 햇빛을 받고 토양이 촉촉한 상태를 유지할 때 야외에서 잘 자랍니다. 정원에 바질을 함께 키우면 요리에도 활용할 수 있습니다.

☑ 보리지

- 억제하는 해충: 진딧물, 딱정벌레

아름다운 푸른 꽃을 가진 보리지는 정원 해충에게 훌륭한 '덫 작물'이 됩니다. 보리지는 꿀벌과 같은 수분 매개체와 무당벌레와 풀잠자리 같은 해충을 잡아먹는 유익한 곤충을 끌어들입니다. 보리지는 가뭄에 강하고 쉽게 키울 수 있는 식물입니다.

☑ 네페타, 캣닙

- **억제하는 해충: 개미, 진딧물, 바퀴벌레, 딱정벌레, 바구미**

고양이가 좋아하는 식물인 네페타와 캣닙은 우리나라 전역에서 월동이 가능한 다년생 식물입니다. 잎에서 나는 특유의 향기는 많은 해충들을 기피하게 만듭니다. 네페타와 캣닙은 햇빛이 잘 드는 곳을 좋아하며 약간 건조한 듯한 토양에서 잘 자랍니다.

☑ 라벤더

- **억제하는 해충: 딱정벌레, 나방, 파리, 진드기**

꽃과 잎에서 좋은 향기를 내는 허브인 라벤더는 해충을 기피하게 합니다. 라벤더는 기온이 높고 건조한 땅을 좋아하기 때문에 서늘하거나 습한 기후에서는 잘 자라지 않을 수 있습니다. 따라서 우리나라 장마철을 넘기기 힘든 식물이기도 합니다. 하지만 뛰어난 향기 때문에 물빠짐이 좋은 화단이나 화분에 심고 비가 오는 날에는 비를 맞게 하지 않는 방법 등으로 재배에 도전해 볼 수 있습니다.

☑ 메리골드

● 억제하는 해충: 딱정벌레, 대부분의 해충, 선충류

조경용으로 쓰이기에 길가에서 흔하게 볼 수 있는 메리골드는 뛰어난 동반식물입니다. 특유의 향기 때문에 대부분의 해충을 기피하게 만듭니다. 또한 토양 아래 뿌리에서는 선충류를 격퇴하는 티오펜이라는 화학물질을 분비합니다. 그리고 무당벌레, 사마귀, 거미와 같은 포식자에게 유익한 서식지를 제공하여 해충 개체수를 억제하는 데 도움이 되는 식물입니다. 봄부터 서리

가 내리기 직전까지 끊임없이 많은 꽃을 피우기에 제가 특별히 좋아하는 꽃이기도 합니다. 메리골드는 촉촉하고 배수가 잘되는 토양과 햇빛을 좋아합니다.

☑ 민트

- **억제하는 해충: 개미, 진딧물, 나방, 딱정벌레**

민트 식물은 흔히 식용을 위해 키우지만 해충을 막는 역할도 수행합니다. 민트 식물들 잎은 문질렀을 때 독특한 멘톨 기반 냄새를 방출하여 해충을 퇴치합니다. 단 민트 식물들은 화단 안에서 세력을 너무 크게 확장시키는 경향이 있으므로, 화분에 1차로 심어 땅에 심는 방식으로 지나치게 번식하는 것을 방지해야 합니다.

☑ 한련화

- **억제하는 해충: 개미, 딱정벌레**

한련화는 넓고 풍성한 잎으로 정원의 잡초를 그늘지게 하여 세력을 약화시킵니다. 또한 한련화는 해충을 격퇴하는 대신 자신의 잎으로 유인하기 때문에 '덫 작물'로 알려져 있습니다. 나방과 진딧물 등이 다른 식물 대신 한련화에 집중하는 것을 의미합니다. 한련화는 정원뿐만 아니라 채소밭 경계를 따라 심는 인기 있는 꽃으로도 알려져 있습니다. 또한 벌과 같은 많은 수분 매개체를 끌어들이고 진딧물 같은 문제가 있는 곤충을 잡아먹는 꽃등에를 끌어들입니다.

☑ 로즈마리

- **억제하는 해충: 딱정벌레, 나방, 파리, 모기**

육류요리에 자주 사용되는 로즈마리의 강한 향은 천연 해충 방제 효과가 있습니다. 로즈마리는 본래 다년생 식물이나 우리나라 중부지역에서 노지 월동은 어렵다는 단점이 있습니다. 햇빛이 6~8시간 드는 장소와 배수가 잘 되는 땅을 좋아합니다.

☑ 세이지

● **억제하는 해충: 딱정벌레, 나방, 파리**

여러 종류 세이지들의 강렬한 향기는 자연적으로 정원 해충을 억제합니다. 우리나라에서 중부지역 월동이 가능한 세이지 종류로는 러시안세이지가 대표적입니다. 핫립세이지, 체리세이지, 블루세이지 등은 다소 따듯한 지역에서 월동이 가능합니다. 세이지는 햇빛이 잘 들며 다소 건조한 토양을 좋아합니다.

☑ 제라늄

● **억제하는 해충: 모기 등 대부분의 해충**

추위에 약한 제라늄과 추위에 강한 숙근제라늄은 잎에서 특유의 강한 향기를 가지고 있으며, 이 향기로 다양한 해충의 접근을 방지합니다.

☑ 페튜니아

● 억제하는 해충: 파리, 민달팽이, 진딧물

흔하게 볼 수 있는 페튜니아는 진딧물, 딱정벌레, 민달팽이 등을 제어하는 데 도움이 됩니다. 페튜니아는 작은 해충들을 잎에서 분비되는 끈적거리는 물질에 달라붙게 만들어 가두는 방식으로 제거합니다.

살충제 대신 유익한 곤충을 끌어들이는 식물 심기

지구상에 확인된 곤충의 종류는 약 100만여 종이라고 합니다. 그중 1%만이 농업 해충으로 분류됩니다. 즉 정원에서 만나는 대부분의 곤충들은 해를 끼치지 않거나, 오히려 유익한 곤충일 수 있습니다. 다른 의미에서 보면 우리 정원에서 만나는 곤충들의 대부분은 그저 나의 정원에서 놀고 있거나 각자의 일을 하고 있을 뿐입니다.

정원에서 살충제의 무분별한 사용은 우리에게 유익한 곤충 혹은 아무 해를 끼치지 않는 곤충 모두를 죽일 것입니다. 살충제는 사람들이 실험과 연구를 통해 만들어낸 지식이기는 하지만, 무당벌레가 진딧물에 대해 가지고 있는 지식만큼 정교하고 정확하진 않습니다. 따라서 해충을 대적하는 데 농약을 사용하는 것이 꼭 옳은 방법은 아니며, 자연 스스로 치유할 수 있는 방식을 찾는 것이 중요하다고 생각합니다. 무당벌레, 사마귀, 풀잠자리, 혹은 벌, 나비처럼 유익한 곤충을 끌어들이는 식물을 정원 곳곳에 함께 심어주는 것만으로도 작은 자연인 정원은 스스로 치유하기 시작할 것입니다.

✖ 유익한 곤충을 끌어들이는 식물

☑ 야로우(톱풀)

이 다년생 꽃은 꿀이 풍부한 큰 꽃을 좋아하는 나비와 함께 다양한 포식성 벌레를 끌어들입니다. 빨간색과 노란색, 흰색 등 다양한 색상의 꽃에는 으깨면 기분 좋은 허브 향이 나는 레이스 잎사귀가 펼쳐져 있습니다.

☑ 메리골드

이 오렌지색과 노란색 꽃은 해충방지에 탁월하며, 특히 메리골드 뿌리에서 뿜어내는 화학물질은 땅 아래에서 식물들 뿌리를 공격하는 선충에 유독합니다.

☑ 스위트 알리섬

꿀 향이 나는 작은 꽃이 풍성하게 자라 금세 땅을 덮어줍니다. 스위트 알리섬은 종종 자체적으로 씨를 뿌립니다. 한 번 심으면 해마다 다시 싹이 트게 됩니다.

☑ 콘플라워

에키네시아라고도 알려진 이 꽃에는 꿀을 먹기 위해 나비가 내려앉는 것을 볼 수 있는데, 조용히 일을 하는 다양한 유익 곤충을 끌어들입니다.

☑ 카렌듈라

포트 메리골드(Pot Marigold)라고도 알려진 이 식물은 노란색과 주황색을 가진 눈에 띄는 꽃입니다. 쉽게 스스로 씨를 뿌리고 대부분의 토양에서 쉽게 큽니다. 카렌듈라는 일 년 내내 꽃을 피우며 유익한 곤충의 성충 단계에 일 년 내내 먹이를 제공합니다.

☑ 피버휴

전통적으로 피버휴는 열을 치료하는 데 사용되었기 때문에 그 이름이 붙여진 식물입니다. 높이 약 70cm까지 자라고, 중앙에 노란색 데이지 꽃으로 덮여 있으며, 꽃잎은 흰색입니다.

☑ 코스모스

코스모스 식물은 대부분 일년생 식물로 정원에서 쉽게 자랍니다. 유익한 곤충을 많이 끌어들이는 식물입니다.

☑ 앤 여왕의 레이스

섬세한 레이스가 펼쳐져 있는 듯한 꽃 모양은 다양한 유익 곤충을 끌어들입니다.

국화

국화에는 천연 살충제(pyrethrum)가 포함되어 있어 좀벌레, 개미, 바퀴벌레, 빈대, 벼룩, 이, 심지어 진드기까지 쫓아냅니다.

캣민트

아름다운 연보라색 꽃이 피는 캣민트는 벌과 같은 유익 곤충들이 매우 좋아하는 식물입니다.

Part 5

단밍이네 사계절 가드닝

01 새로운 시작, 봄

아침저녁으로 쌀쌀하여 코트가 필요하나 낮 햇살이 따사로운 계절이 오면 아닌 줄 알면서도 나무에게 매일 찾아갑니다. 겨울눈에 혹시나 초록빛이 비치진 않았는지, 해칠까 벌려보지는 못하고 눈만 크게 뜨고 살피다 얼핏 초록빛이 보이기만 해도 까무러칠 듯 행복해합니다. 미친 사람처럼 소리를 지르지 못해도 뭔가 엄청나게 행복한 일이 일어난 듯 흥이 나니 걸음이 제대로 걸어지지 않습니다. 구름 위를 걷는다는 말은 이럴 때 쓰는 말인가 봅니다. 누런 잔디밭에 초록 잎사귀 하나 나지 않는지 살피고, 봄의 전령사인 산수유 꽃망울에 노란 빛이 비치면 매일 커지는 순간을 한순간도 놓치지 않으려 합니다. 봄은 우리에게 그렇게 희망으로 다가옵니다.

그렇다고 늘 희망적이지만은 않습니다. 겨우내 얼어서 그렇지는 않은지, 새순이 너무 더디면 안타까운 마음에 나무줄기 껍질을 벗겨보게 됩니다. 물을 열심히 끌어올리는 모습을 발견하면 인간의 조급함을 자책하지만, 얼어서 제

기능을 못하는 가지는 다른 가지를 위해 잘라내는 일을 해야 할 때도 있습니다.

또 자주 불안합니다. 꽃샘추위라는 말이 가드너에겐 잠시 넣어둔 코트를 다시 꺼내야 하는 잠깐 추위일 수만은 없습니다. 파종을 통해 겨우내 싹을 틔워 겨우 노지에 정식해놓은 새싹이 고사할 수 있기 때문입니다. 봄은 이렇게 희망과 염려와 불안, 가끔은 절망을 선물하기도 합니다. 하지만 자연은 늘 그렇듯 인간의 희로애락에는 관여하지 않습니다. 햇살이 충분하면 싹을 틔워 잎을 내밀고 때와 시에 따르는 자신의 숙명에 충실합니다. 조금 멀리서 욕심을 부리지 않고 지켜보고 감사하고 도우면 될 일입니다. 가장 설레는 기다림을 배우게 되는 봄, 그저 바라볼 뿐입니다.

봄이 오기 전에 하는 가드닝

✽ 일 년간의 정원 계획하기

제가 봄이 오기 전에 가장 먼저 하는 일은 바로 일 년간의 정원을 계획해 보는 일입니다. 이 일은 저에게 아주 즐겁고 행복한 일이기도 합니다. 앙상한 가지와 마른 잎들로 가득 찬 겨울 정원에서 앞으로 펼쳐질 초록이 가득한 풍경을 상상하다 보면 과연 그런 풍경이 펼쳐질 것인지? 도무지 믿기지 않기도 합니다.

일 년간의 정원 계획이라고 해서 거창할 필요는 없습니다. 저는 저녁시간 혹은 잠들기 전에 잠시 시간을 내어 노트에 이것저것 적어보고 그려보는 것으로 계획을 세워보곤 합니다. 우선 정원의 전체적인 모습을 대강 그려본 후 구역별로 작년 한 해 동안 있었던 일들을 떠올리는 것으로 시작합니다.

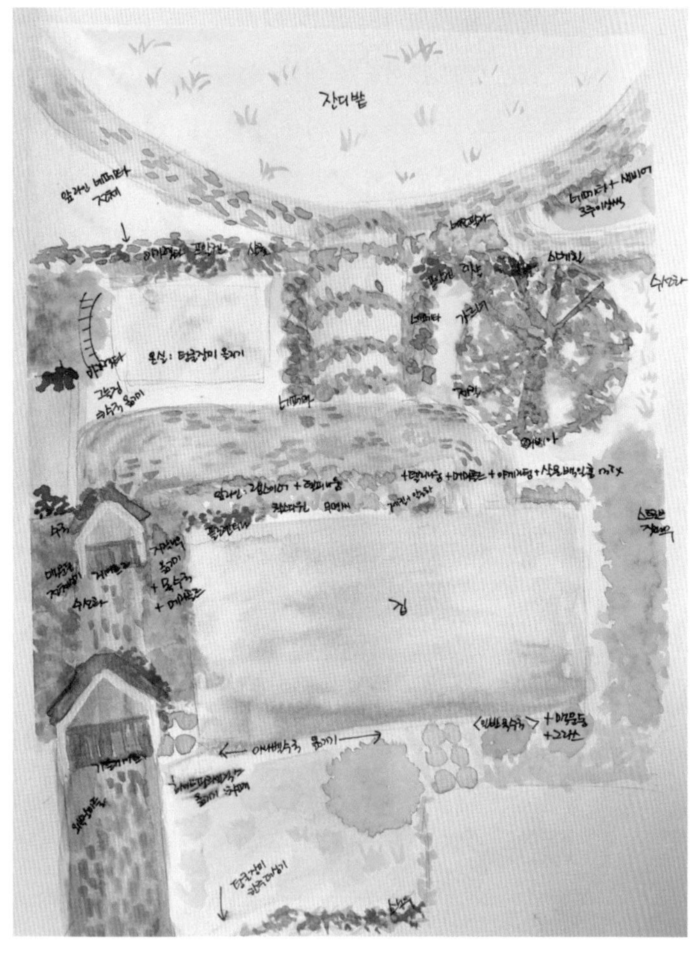

'이쪽 화단은 비가 많이 오니까 물이 고였어.'

'여기는 물호스가 닿지 않아서 물주기가 너무 힘들었어.'

'저곳은 멀칭이 잘 되지 않아서 잡초가 많이 올라왔었지.'

이렇게 작년에 식물들을 돌보면서 겪었던 다양한 일들을 떠올려보고 정원 전체에서 보완해야 할 점, 개선해야 할 점, 그리고 아쉽지만 포기해야 할 부분에 대해서도 생각해보곤 합니다. 즐거운 일 또한 계획해봅니다. 이번 해에 키워보고 싶은 다양한 꽃들을 어디에 어떤 식물들과 함께 조합해서 심어볼 것인지를 생각하고 배치도를 종이에 그려보는 것이지요.

일 년간의 정원을 계획하는 일은 아주 즐겁고 흥미로운 일이 될 것입니다. 잠시 시간을 내서 이번 해에 만들고 싶은 나의 정원을 마음껏 상상해보세요. 그리고 그 상상 속의 나의 정원에서 즐겁게 거닐어보시기 바랍니다.

✽ 토양 테스트하기

앞으로 식물을 심을 곳의 흙을 미리 살펴보는 일은 아주 중요합니다. 흙이 건강하지 못하면 식물 또한 건강하게 크지 못합니다. 그렇다면 나의 정원의 흙이 비옥한지 척박한지를 어떻게 알 수 있을까요? 방법은 다소 간단합니다. 바로 각 지자체 농업기술센터의 토양검정 서비스를 이용하는 것입니다. 이 서비스는 현재 무료로 제공되고 있습니다.

토양검정 의뢰 방법
1. 앞으로 식물을 심을 땅의 흙을 삽으로 20~30cm가량 파냅니다. 2. 구멍 속의 흙을 넉넉하게 비닐에 담습니다.(약 500g 이상) 3. 여러 장소에서 흙을 담았다면 어느 구역 흙인지 잘 표시해둡니다. 4. 각 지자체의 농업기술센터 토양검정실에 방문하여 흙을 접수합니다. 5. 약 2주가량 후에 문자 등으로 결과를 받아볼 수 있습니다.

토양검정 결과 해석하기
• **토성**: 흙의 성질을 나타냅니다. • **배수**: 물빠짐 정도를 나타냅니다. • **산도**: 흙이 산성인가 알칼리성인가를 나타냅니다. • **유기물**: 토양의 유기물 함량을 나타냅니다. 토양 비옥도와 관련됩니다. • **유효인산**: 인산 정도를 나타냅니다. • **치환성 양이온(칼륨, 칼슘, 마그네슘)**: 치환성 양이온은 식물이 이용가능한 양이온을 말합니다. • **전기전도도**: 토양 속 각종 비료 성분의 총량을 나타내는 수치입니다. • **양분보존능**: 토양이 영양분을 보존할 수 있는 능력을 나타냅니다.

저는 보통 정원 일의 끝 무렵인 늦가을이나 땅이 녹은 직후인 초봄에 토양

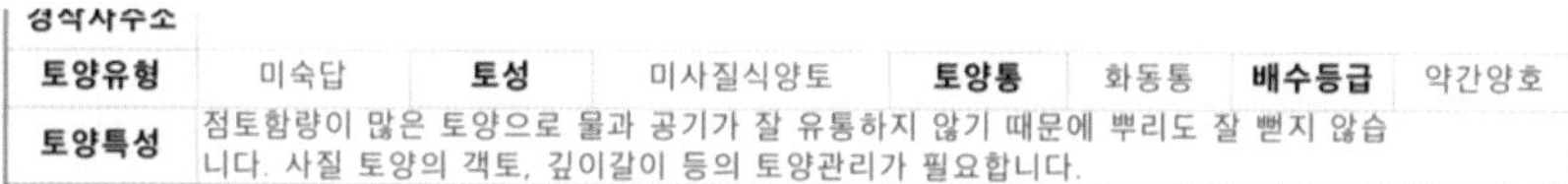

경작사수소							
토양유형	미숙답	**토성**	미사질식양토	**토양통**	화동통	**배수등급**	약간양호
토양특성	점토함량이 많은 토양으로 물과 공기가 잘 유통하지 않기 때문에 뿌리도 잘 뻗지 않습니다. 사질 토양의 객토, 깊이갈이 등의 토양관리가 필요합니다.						

▶ 토양검정 결과

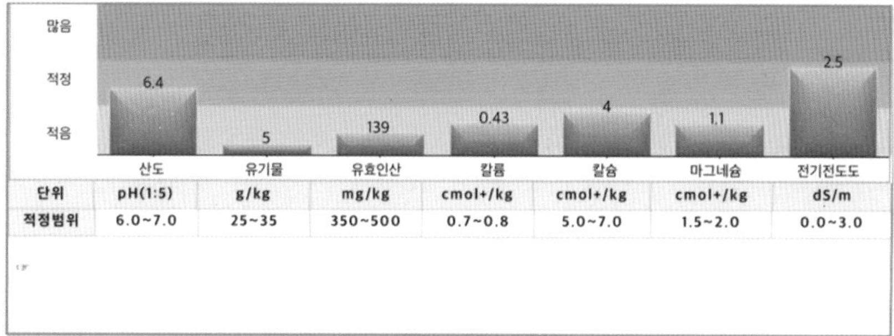

단위	pH(1:5)	g/kg	mg/kg	cmol+/kg	cmol+/kg	cmol+/kg	dS/m
적정범위	6.0~7.0	25~35	350~500	0.7~0.8	5.0~7.0	1.5~2.0	0.0~3.0

▶ 비료 추천량 (kg / 490 ㎡) 비료와 퇴비는 각각 한 종류만 선택하여 사용하십시오.

구분	질소질비료		인산질비료		칼리질비료		퇴비 종류				소석회 (석회 고토)
	요소	유안	용성인비	용과린	염화칼리	황산칼리	우분퇴비	돈분퇴비	계분퇴비	혼합퇴비	
밑거름	19	42	44	44	15	18	2,940	647	500	1,060	49 (55)
웃거름	43	93	98	98	24	29	-	-	-	-	-

< 참고 >10a당 화학비료 성분량(밑거름/웃거름): 질소(18.0/40.0),인산(18.0/40.0),칼리(18.2/29.8)kg

▶ 담당자 의견

› 장미 재배시에 밑거름은 추천한 비료량을 사용하시고 웃거름은 생육상태에 따라 다소 조절해 주셔도 됩니다.

● 토양검정표

테스트를 의뢰합니다. 테스트 결과가 나오기까지는 대략 2주가량 소요됩니다. 이 결과를 반영하여 화단에 부족한 영양소 등을 추가해서 미리 토양을 준비하는 기간도 필요하기에 봄이 오기 전 여유 있게 신청하도록 합니다.

토양검정 결과에는 어떤 영양소가 부족한지, 유기물은 어느 정도인지, 어떤 영양분을 더 추가해야 하는지 등 정원 토양에 대한 자세한 결과가 담겨 있습니다. 이것을 바탕으로 부족한 영양분을 흙에 섞어주어 봄에 식물 심을 준비를 미리 해두면 좋을 것입니다.

토양 준비하기

작년 한 해 동안 식물들을 길러낸 토양은 영양분을 많이 잃은 상태입니다. 사실 토양을 준비해두기에는 늦가을이 좋습니다. 왜냐하면 늦가을부터 겨울까지 약 5개월의 기간을 거치면서 추가해둔 영양분들이 충분히 퇴비화되어 식물들이 바로 이용할 수 있는 형태로 준비되기 때문입니다. 다만 늦가을에 토양을 돌보지 못했을 때는 이른 봄에 토양을 준비하도록 합니다.

토양은 주로 세 가지 측면에서 준비해야 합니다.

✽ 초봄 토양을 준비하는 방법

☑ 흙의 통기성, 배수성 개선

흙은 자연 상태에서 단단해지고 굳어지기 마련입니다. 겨울 내내 굳어버린 흙을 한 삽 깊이로 뒤엎어 섞어주면서 부드럽게 풀어 흙 안으로 공기와 물

이 잘 통하는 상태가 될 수 있도록 개선시킵니다. 이 작업을 할 때 훈탄, 왕겨 등을 함께 섞어주면 통기성을 더욱 향상시킬 수 있으며 천천히 분해되면서 토양에 영양분으로 남게 됩니다.

☑ 흙에 영양분 추가하기

토양 테스트를 해서 결과를 알 수 있는 경우라면 그 결과를 바탕으로 영양분들을 추가하도록 합니다. 저는 보통 왕겨나 톱밥 등이 포함되어 흙의 통기성과 배수성 등 물리적 상태를 개선시키는 효과가 있는 가축분퇴비를 흙 위 3~5cm가량 두께로 뿌린 후 흙과 잘 섞어줍니다. 이 가축분퇴비는 사실 그다지 영양분이 많은 비료는 아닙니다. 그래서 추가로 식물들의 초기 성장에 중요한 질소 공급을 위해 유박비료나 질소질구아노, 혈분성분 유기질비료를 함께 섞어주고 있습니다.

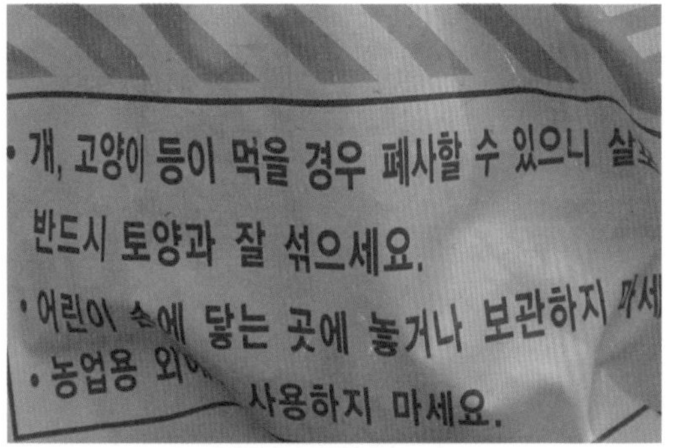

반려동물을 키우는 분이라면 유박비료를 사용할 때 반드시 주의를 기울이셔야 합니다. 기름을 짜낸 후 남은 식물성 찌꺼기로 만들어진 유박비료 중 아주까리가 주재료인 비료에는 리신이라는 매우 유독한 성분이 포함되어 있기 때문입니다. 이 유박비료는 특유의 쿰쿰한 냄새가 나며, 알갱이가 마치 사료와 비슷하게 생겨 반려동물이 흥미를 가질 수 있습니다. 따라서 반려동물을 키우는 분들은 반드시 흙과 잘 섞어서 반려동물이 먹지 못하도록 주의하여 사용해야 합니다(저는 단지와 밍키의 안전을 위해서 가급적 유박비료 사용은 피하고 있습니다).

아름다운 꽃을 위한 영양분으로는 인산을 추가하고 있으며, 인산은 골분이 주 성분인 유기질 비료에서 보충하고 있습니다. 끝으로 칼륨 성분 추가를 위해서는 가을에 보온멀칭용으로 사용했던 낙엽을 걷어내고 이것을 태워 만든 낙엽재인 초목회를 흙에 섞어주고 있습니다.

☑ 흙의 산도(pH) 조절하기

대부분의 식물은 약산성(pH 6.5~7.0)을 좋아하지만 식물마다 좋아하는 흙의 산도가 조금씩 다를 수 있습니다. 블루베리나 철쭉은 산도가 보다 낮은 산성토양에서 잘 자라며, 붓들레야, 금낭화 등은 알칼리성 토양에서 잘 자랍니다. 식물이 좋아하는 산도를 알고 정원의 흙을 조절해준다면 식물들은 더욱 건강하게 자랄 수 있습니다.

우리집 정원 흙의 산도를 알 수 있는 방법은 위에서 언급한 토양 테스트를 진행하거나 인터넷 사이트에서 구입 가능한 pH측정도구를 이용해 알 수 있습니다. 또한 주변에서 자라는 잡초 종류로도 내 정원의 산도를 짐작해볼 수 있습니다. 산성 토양을 좋아하는 쇠뜨기나 질경이, 토끼풀, 민들레 등이 많이 자라고 있다면 흙의 pH가 산성 쪽으로 기울어져 있을 가능성이 많습니다.

끝으로 정원에 수국을 키우고 있다면 지난해에 핀 수국 꽃 색깔을 떠올려 보시는 것도 도움이 될 수 있습니다. 품종에 따라 다른 것도 있지만 대개 수

국이 파란색 계열 꽃을 피웠다면 흙이 산성, 붉은 계열로 피었다면 알칼리성, 보라색이었다면 중성 토양일 것입니다.

식물이 좋아하는 산도에 맞추어 흙의 산도를 조절하는 방법은 다음과 같습니다. 우선 산성 토양에서 중성 토양을 만들기 위해서는 나뭇잎 등을 태운 재나 석회, 훈탄, 그리고 계란껍질 등을 잘게 부수어 토양에 섞어주도록 합니다. 반대로 알칼리성 토양에서 중성 토양으로 변경하고자 한다면 바크, 소나무 잎, 피트모스, 그리고 유황입제를 이용하여 교정하도록 합니다.

시설물, 가드닝 도구 점검

본격적인 봄이 오기 시작하면 가드너는 굉장히 분주해집니다. 봄에 피어나는 꽃들을 감상할 여유조차 없이 많은 일들이 밀려오는 느낌입니다. 따라서 봄이 오기 전에 일 년 동안 정원 일을 하면서 사용할 도구나 시설물들에 대한 점검을 미리 해두면 봄이 왔을 때 편리하게 사용할 수 있습니다.

추운 겨울을 지나면서 야외에서 사용하던 수도 시설과 관련된 문제가 많이 발생하기도 합니다. 큰 문제점으로는 야외 수도 시설의 동파를 비롯하여 작게는 호스 터짐 등의 사례를 들 수 있습니다.

단밍이네에서 가장 흔히 겪는 문제는 바로 정원 호스의 연결 부위나 물분사기 등에 남아 있던 수분이 얼었다 녹았다를 반복하면서 연결이 해체되거나 고장나는 일입니다. 그래서 물 사용이 많아지기 시작하는 봄이 오기 전, 최저기온이 영하로 더 이상 떨어지지 않는 시점에 정원 호스와 관련된 부분을 보수하고 있습니다.

봄은 울타리 패널, 아치, 가든 게이트 등도 날씨로 인한 손상 또는 부식 징후가 있는지 확인이 필요한 시기입니다. 구조물들에 넝쿨식물 등을 올렸을

경우, 잎이 나기 시작하면 보수가 까다로울 수 있습니다. 따라서 본격적인 봄이 오기 전에 시설물들을 미리 보수해두도록 합니다.

구조물들의 먼지, 이끼 및 곰팡이를 제거하고 묵은 얼룩을 제거하려면 뻣뻣한 브러시 등을 사용하여 잘 문질러서 닦아내도록 합니다. 시설물들이 목재인 경우에는 맑은 날을 선택하여 스테인, 페인트 또는 목재 방부제를 도포하여 앞으로 올 잦은 비에 손상되지 않도록 예방합니다. 또한 겨울 동안 창고로 쓰이던 온실을 깨끗이 정리하여 새싹들을 기르고 키울 준비를 해둡니다. 나무나 장미의 대대적인 전정을 위한 전지가위도 상태를 점검하여 날이 무뎌진 것은 날을 교체하거나 갈아서 사용할 준비를 해두어야 합니다.

✽ 온실 청소 및 세척

온실을 가지고 있다면 보다 이르게 봄의 파종과 꺾꽂이를 준비할 수 있습니다. 겨울 동안 쓸쓸하게 비어 있던 온실을 초록으로 가득 채우기 전에 온실을 정리하고 세척하는 시간을 갖도록 합니다. 온실 외부를 세척하여 이끼 및 일반적인 때를 제거하면 온실 안에 더 많은 빛이 들어오고 해충과 질병의 잠재적인 서식지가 제거됩니다. 온실 내부도 청소하여 월동하는 해충과 세균들을 제거하도록 합니다.

✽ 겨울을 보낸 식물들 정리해주기

풍성한 그라스류 식물들이나 마른 꽃이 형태를 유지하는 식물들은 길고 긴 겨울 정원이 쓸쓸하지 않게 해주는 멋진 식물들입니다. 하지만 봄이 왔을 때 이 누런색 잎들은 다소 이질감이 느껴지기도 합니다. 미관상으로도 좋지 않으니 죽은 마른 줄기, 잎 등은 짧게 잘라줍니다. 그러면 봄에 아래쪽에서 새롭게 돋아나는 새순의 광합성을 돕고 힘차게 자랄 수 있도록 합니다. 잘라낸 줄기나 잎 등은 작게 잘라 그 식물의 뿌리 부분 위에 덮어주는 멀칭재로 사용합니다.

✽ 잡초 제거

봄이 오기 전 정원에서 유난히 눈에 잘 띄는 식물들이 있습니다. 바로 월동 중인 잡초들이지요. 잡초들은 정원의 어떤 식물들보다 부지런합니다. 초봄부터 아주 빠르게 자라 금세 꽃을 피우고 씨앗을 맺어 다른 식물들과의 치열한 생존 경합에서 우월한 자리를 차지합니다. 특히 다년생 잡초들은 주로 뿌리가 깊고 넓게 자라기 때문에 초기에 제거하지 않으면 시간이 흐를수록 제거에 많은 노력이 필요해집니다. 따라서 뿌리 세력이 약한 초봄부터 파릇하게 잘 보이는 잡초들을 보이는 대로 제거해주는 것이 좋습니다.

잡초를 제거할 때는 꽃이 피고 씨앗을 맺기 전에 제거하도록 하며 뿌리가 남지 않게 확실하게 제거해야 손이 다시 가는 것을 막을 수 있습니다. 제거한 잡초는 꽃을 피우기 전이라면 녹색 비료로 활용하는 것이 가능합니다.

좁은 면적의 경우 직접 제거하는 방법을 이용하는 것이 좋으며 잡초가 너무 무성하게 자란 곳은 예초기나 선택적 제초제(예: 잔디에는 영향을 주지 않는 제초제) 등을 사용하여 제거할 수 있습니다. 다만 제초제 경우에는 사용이 간편하고 시간을 절약할 수 있다는 장점이 있으나, 결국 토양 자체와 토양 생물들에게 좋지 못한 영향을 끼치므로 제한적으로 사용하는 것이 좋습니다.

✽ 가지치기하기

봄이 오기 전에 하는 다양한 가드닝 중 가지치기를 빼놓을 수 없겠지요.

가지치기 시기는 크게 생육이 왕성한 시기에 하는 생육기 전정과 식물이 활동하지 않는 휴면기 전정으로 구분할 수 있습니다.

대부분의 나무가 휴면기인 2~3월은 전정을 가장 많이 하는 중요한 시기입니다. 낙엽수들은 잎이 없는 상태이기 때문에 가지가 어떠한 형태로 뻗어 있는지 한눈에 확인하기가 쉽습니다. 또한 추위에 얼어버린 가지가 있는지, 병이 들었는지, 구부러지거나 꺾여 있는지도 확인이 가능합니다.

초봄은 아직은 많은 식물들이 겨울잠을 자고 있어 가지치기로 인한 충격을 덜 받을 수 있는 시기입니다. 겨울 동안 비축해둔 에너지도 많은 상태이기에 잘라낸 부위 회복도 잘 이루어집니다. 기온도 낮으니 가지치기로 손상받은 부위에 박테리아 등이 번식할 가능성이 낮아 여러모로 가지치기가 적당한 계절입니다. 다만 지난 늦가을부터 이미 꽃눈이 형성되어 있는 식물들은 가지치기 시 주의가 필요합니다. 꽃을 피울 수 있는 가지를 잘라버릴 수 있기 때문입니다. 따라서 진달래, 철쭉, 개나리, 수국, 라일락, 목련 등의 식물은 봄에 개화가 끝난 후 가지치기를 하는 것이 좋습니다.

가지치기를 하기 전에는 전정가위 등을 깨끗하게 세척한 후 알콜 등으로 소독하여 사용하도록 합니다. 그리고 가지치기를 진행하면서도 스프레이형 알콜 등으로 전정도구들을 자주 소독하도록 합니다. 이것은 정원 전체 식물에게 질병을 무심코 퍼트리는 것을 방지해줍니다.

가지치기는 어떻게 해야 하는지 감을 잡기도 어렵고, 왠지 모르게 식물에게 손상을 입힌다는 점에서 고민되는 일 중 하나입니다. 하지만 가지치기는 제한된 정원 공간에서 보다 아름답고 건강하게 식물들이 자랄 수 있게 돕는 일입니다. 너무 어렵게 생각하지 마시고, 방법을 익힌 후 도전해볼 것을 권해 드립니다.

☑ 가지치기 도구들

● 초본용 꽃가위 / 양손가위 / 전지가위 / 톱

잘라야 하는 가지들
• 부러진 가지: 부러진 가지는 식물이 불필요한 에너지를 사용하는 것을 방지하기 위해 깨끗이 잘라냅니다. • 죽은 가지: 죽은 가지를 방치했을 경우 속으로 썩어 들어가는 것이 진행될 수 있으므로 제거합니다. • 겹쳐진 가지나 안쪽으로 뻗은 가지: 겹쳐진 가지는 서로의 통풍을 방해하고 아래쪽 잎들이 광합성을 받지 못하게 합니다. • 지면에 가까운 가지: 통행에 방해가 되며, 빗물이 잎사귀에 튈 경우 병해를 발생할 수 있기 때문에 제거하도록 합니다. • 접목묘 대목에서 나오는 옆가지(흡지): 접목묘 대목에서 나오는 가지를 잘라 영양을 빼앗는 것을 예방합니다. • 수형을 망가트리는 가지 등

☑ 가지치기 방법

① 가지치기에 사용할 도구들을 먼저 알코올 등으로 소독한다.

② 가지와 가지 깃이 만나는 지점을 확인한다.

③ 사선 혹은 수직으로 절단면이 깨끗하게 잘라낸다.

④ 잘라낸 가지가 굵어 절단면이 많이 노출된다면 살균제가 포함된 수목 상처보호제를 발라둔다.

✽ 장미 가지치기

장미는 본격적인 봄이 오기 전, 눈이 트기 전의 전정이 특히 중요한 식물입니다. 정원에서 장미를 키우고 있다면 매해 반복되는 작업일 것입니다. 장미의 가지치기는 한 해 동안 몇 차례에 걸쳐 반복되지만, 초봄 시기의 전정은 매우 중요합니다. 전체적인 수형을 다듬을 수 있으며, 한 해 동안 어느 가지에 집중할 것인가, 본격적인 봄 개화에 어떤 모습으로 개화될 것인가와 관련되기 때문입니다.

장미 가지치기와 관련해서는 전문가들의 다양한 의견과 많은 방법이 있으나, 여기서는 기본적인 방법만 소개해드리고자 합니다.

☑ 기본적인 장미 가지치기 방법

① 가지치기에 사용할 도구를 알코올로 소독합니다. 가지치기 도중에도 스프레이 알코올 등으로 도구를 자주 소독해가며 사용합니다.

② 가지를 자를 때는 항상 45도 각도로 자르도록 합니다. 45도 각도는 물이 묻었을 경우 아래로 흐르게 합니다. 따라서 평편하게 수평으로 자른 가지에 물이 고여서 자른 부위가 치유되기 전에 가지가 썩는 것을 방지합니다.

③ 겨울 추위로 인해 손상되거나 병든 가지, 죽어가는 가지, 말라버린 가지를 잘라줍니다. 이것은 손상으로부터 회복하기 위해 장미 스스로 불필요한 에너지를 쏟는 것을 방지하고, 병충해 발생을 줄입니다.

④ 장미 가지 눈의 방향을 확인합니다. 눈은 장미 줄기가 새롭게 크는 자리입니다. 특히 끝부분 눈이 안쪽으로 향해 있는지, 바깥쪽으로 향해 있는지에 따라 전체적인 수형이 달라질 수 있습니다.

⑤ 서로 손상을 입혀 질병을 조장할 수 있는 안쪽으로 교차된 가지를 제거합니다.

⑥ 얇고 약한 가지를 제거합니다. 기본적인 법칙은 연필보다 얇은 것을 제거하는 것입니다.

⑦ 다른 식물이 그러하듯 장미 뿌리와 지상부 크기도 비례하여 성장합니다. 장미를 식재한 지 3년이 되어야 완전히 자리를 잡는다고 생각하면 될 것입니다. 따라서 식재한 지 1~2년 된 어린 장미 경우에는 뿌리와 지상부의 성장 밸런스를 위해 강한 가지치기는 되도록 피하도록 합니다.

⑧ 가지치기를 한 후 말라버린 장미 잎이나 떨어진 잎들은 병균을 갖고 있을 수 있으므로 퇴비 재료로 사용하지 말고 태우거나 쓰레기봉투를 활용하여 모두 폐기하도록 합니다.

☑ 관목장미를 가지치기하는 방법

관목형 장미란 1~2m 이내의 크기로 주줄기가 분명하지 않으며 밑동이나 땅속 부분에서부터 줄기가 갈라져 나오는 작은 나무 형태의 장미를 일컫습니다. 관목형 장미를 더욱 큰 사이즈로 키우고 싶다면 3분의 1 정도로 전체적인 높이를 가지치기합니다. 공간 제한 등으로 관목장미 크기를 줄이고 싶다면 2분의 1 또는 그 이상을 줄이는 것 또한 가능합니다. 이 시기에 어떤 형태로 가지치기를 하느냐에 따라 봄 개화의 모습이 달라집니다.

뒷부분이 막혀 있어 한 방향에서만 볼 수 있는 장소의 관목장미라면 앞부분부터 뒷부분으로 단계적으로 높이를 높여가는 방식의 가지치기 방식을 통해 계단식으로 아름답게 펼쳐진 형태를 만들어볼 수 있습니다. 또한 사방이 트여 있는 곳이라면 전체적인 수형을 반원모양의 돔 형태로 잘라서 꽃이 피었을 때 돔 형태의 수형을 만들어볼 수도 있습니다.

☑ 덩굴장미를 가지치기하는 방법

길게 자라나 아치나 벽면, 오벨리스크 등의 구조물에 고정시켜 키우는 덩굴장미의 가지치기 방법은 관목장미와는 사뭇 다릅니다. 장미 가지의 끝을 자른다기보다는 5년 이상 오래된 가지(회색을 띠거나 벗겨지기 쉬운 껍질을 가진 가지)를 지면 가까이에서 잘라냅니다.

오래된 가지에서는 꽃이 잘 피지 않는 경향이 있으며 매해 새로운 가지가 발생하므로, 에너지를 새로운 가지에 집중시키기 위함입니다.

✖ 비료 주기

겨울잠을 끝낸 나무와 숙근초가 봄에 건강하고 무럭무럭 잘 자랄 수 있도록 비료를 주도록 합니다. 식물 줄기와 잎의 초기 성장에는 질소 성분이 많이 필요하기에 질소가 많이 포함된 비료를 주도록 합니다. 비료는 보통 나무의 지상부 가지가 뻗은 폭만큼 둥글게 뿌려줍니다. 대개 나무의 지상부가 자란 크기만큼 지하 뿌리도 비슷한 폭으로 자라 있기 때문입니다.

초본 식물 경우는 땅속 줄기에 비료가 직접 닿지 않을 정도로 떨어트린 후

흙을 살짝 파서 묻어주기도 합니다. 비료 성분은 식물이 흡수할 수 있는 한계가 있으니 무조건 많이 주기보다는 적당량을 사용하는 것이 중요합니다.

단밍이네에서는 보통 초본 식물당 종이컵 한 컵 정도의 유기질 비료를 뿌리에서 조금 떨어트려서 땅속에 묻어주고 있습니다. 유기질 비료는 흙과 섞여서 미생물에게 분해되어야 식물이 흡수할 수 있는 형태가 됩니다. 따라서 식물들이 본격적으로 성장하기 약 한 달 정도 전에 묻어주면 분해가 완료되어 봄부터 식물들이 영양분을 사용할 수 있습니다.

장미나 목련, 매실나무같이 꽃이 많이 피거나 열매를 많이 맺는 식물은 보다 많은 양의 비료를 필요로 하기에 시비량을 좀 더 늘리도록 합니다. 비료 사용 시 적정량은 제품마다 다를 수 있으므로 뒤편 사용권장량을 확인하도록 합니다.

봄에 피는 꽃들 파종 및 육묘

다년생 식물을 제외한 씨앗의 파종은 한 계절을 앞서 파종하는 것이 좋습니다. 파종한 식물들이 자라서 알맞은 온도에서 꽃이 피기까지는 시간이 소요되기 때문입니다. 따라서 봄에 피는 꽃은 늦겨울에, 여름에 피는 꽃은 봄에 파종하도록 합니다. 봄이 되어 봄에 피는 꽃을 파종할 경우, 성장을 마친 후 꽃을 피워 올릴 때쯤이면 여름에 가까워집니다. 대부분 서늘한 온도를 좋아하는 봄꽃들은 더운 날씨에 아름답게 꽃 피우지 못하게 될 가능성이 큽니다.

✖ 파종을 위해 준비할 물건들

☑ 흙

씨앗을 파종할 때 사용하는 흙은 아주 중요합니다. 통기성과 배수성이 우수해야 새싹의 어린뿌리가 상하지 않고 잘 자랄 수 있습니다. 그리고 위생적이어야 높은 습도가 유지될 수밖에 없는 육묘 과정 중 곰팡이가 발생할 확률이 낮아집니다.

위 조건을 갖춘 다양한 흙을 사용할 수도 있고, 직접 만들어서 사용할 수도 있지만, 저는 간편하게 인근 농자재마트나 인터넷을 통해 원예용 상토를 구입해서 사용하고 있습니다. 원예용 상토는 싹 틔움에서 초기 성장까지 어

린 식물들이 건강하게 자랄 수 있도록 살균처리가 완료된 흙입니다. 다만 영양성분은 많이 포함되어 있지 않기에 식물들이 어느 정도 자란 후에는 분갈이를 통해 흙을 교체해주거나, 액상 비료를 섞어주거나, 땅에 정식해주어야 영양부족 현상이 나타나지 않습니다.

☑ 알맞은 화분

사실 씨앗을 파종하기 위해 정해진 화분은 없습니다. 우리 주변에서 흔히 볼 수 있는 계란판, 요거트 용기, 오래된 화분 등 바닥에 구멍이 뚫려 있고 배수가 잘되는 용기라면 어떤 것이든지 사용이 가능합니다. 한 가지 주의할 점은 흙과 마찬가지로 화분 역시 깨끗한 것을 사용해야 한다는 것입니다. 오래 방치된 화분을 재사용한다면 락스 희석액에 깨끗이 씻어 병균들을 없앤 후 사용하도록 합니다.

저는 보통 모종트레이라고 부르는 플라스틱 재질의 넓은 판처럼 생긴 용기를 사용해서 파종합니다. 한 판이 50구에서 42구 정도로 나누어진 제품을 주로 사용하고 있습니다. 모종트레이의 가장 큰 장점은 어린 식물이 어느 정도 자라서 옮겨 심어야 할 때 뿌리를 손상시키지 않고 옮겨 심을 수 있다는 것입니다. 다만 공간 차지를 많이 하는 단점이 있기에 실내에서 파종할 경우 이 모종트레이는 사용하지 않습니다.

초기부터 뿌리가 왕성하고 깊게 내리는 스위트피, 루피너스 등의 식물인 경우에는 처음부터 10센티 크기의 부드러운 플라스틱으로 만들어진 화분을 이용하기도 합니다. 또한 지피펠릿이라는 간편한 도구를 사용할 수도 있습니다. 지피펠릿은 부직포 안에 피트모스를 압축시켜 만든 제품으로 사용 전 물에 불리는 과정이 필요합니다. 물에 불린 후 씨앗을 넣고 화분처럼 사용하다가 부직포 제거 없이도 간단하게 옮겨 심기가 가능합니다.

☑ 씨앗

파종을 하기 위해서는 당연히 씨앗이 있어야겠지요? 씨앗은 인근 마트나 농자재센터, 그리고 인터넷을 통해서도 구입이 가능합니다. 씨앗 상태에서도 에너지를 소모하는 호흡작용이 일어나므로, 채종하여 오랜 기간 보관한 씨앗일수록 발아에 필요한 영양분이 소모되어 발아가 잘 되지 않기도 합니다. 씨앗 봉투 뒷면에는 씨앗을 포장한 날짜가 나옵니다. 이 날짜를 잘 확인하고 구매해서 신선한 씨앗으로 파종하는 것이 좋습니다.

야생화 씨앗은 가격이 저렴하고 양이 많은 편입니다. 반면 원예종으로 개발된 품종들은 가격이 비싸고 양이 적은 편입니다. 야생화 씨앗은 직파를 해도 발아가 잘되는 편이기에 주로 직접 땅에 뿌리는 간편한 방법을 사용할 수 있으나, 원예종 씨앗은 양이 적고 가격이 비싸기에 발아 확률이 떨어지는 직파 방법은 가급적 피하도록 합니다.

☑ 이름표

내가 파종한 씨앗의 이름과 파종일을 적기 위한 이름표가 필요합니다. 특히 씨앗을 여러 종류 파종했을 경우, 시간이 흐르면서 기억이 잘 나질 않기 때문에 이름표를 꼭 꽂아두도록 합니다. 이름과 날짜를 적어서 꽂아두면, 씨앗별로 발아에 소요되는 기간을 알아보고 발아일을 예측해볼 수도 있습니다. 이름표를 적을 때는 유성제품 펜을 사용해서 물로 인해 지워지는 것을 방지하도록 합니다.

씨앗의 발아 조건

'씨 씨 씨를 뿌리고 꼭꼭 물을 주었죠. 하룻밤 이틀 밤 쉿쉿쉿 뽀드득 뽀드득 싹이 났어요.' 이 귀여운 동요 가사에는 의외로 많은 과학적인 근거가 있습니다. 씨앗을 발아시키기 위한 우리의 작은 노력을 포함해서 말이지요. 씨앗이 발아하기 위해서는 적당한 환경조건이 제공되어야 합니다. 이 조건에는 수분, 온도, 산소, 빛이 포함됩니다.

☑ 수분

모든 씨앗은 일정량의 수분을 흡수해야만 발아합니다. 그리고 발아 시까지 수분은 지속적으로 공급되어야 합니다. 수분이 공급되다가 중단되어 흙이 마르면 발아 과정 또한 중단되고 새싹을 틔울 수 없게 됩니다. 발아에 필요한 수분 양은 각 씨앗들마다 조금씩 다릅니다. 예를 들어 콩은 자신의 무게만큼(100%) 수분을 흡수해야 비로소 발아가 시작되며 수분을 흡수한 씨앗은 크기 또한 커지게 됩니다.

☑ 온도

쌀쌀한 초봄, 실외에서 백일홍, 천일홍 씨앗을 파종한 후 새싹이 나오지 않아서 당황스러웠거나, 마찬가지로 한여름에 델피니움, 락스퍼 씨앗을 파종한 후 새싹을 발견하지 못했던 경험이 있으신가요? 이런 일들은 발아에 필요한 적절한 온도를 맞추지 못한 것이 큰 원인이 되었을 수 있습니다.

씨앗은 수분이 지속적으로 공급된 상태에서 발아에 적합한 온도가 주어져야 발아를 시작합니다. 일반적으로 추위에 강한 저온식물들(델피니움, 락스퍼, 데이지, 네모필라 등)은 고온식물들(백일홍, 다알리아, 천일홍 등)에 비해 발아온도가 낮은 경향이 있습니다.

발아에 적당한 온도는 대부분 씨앗을 구입하면 겉봉투에 기재된 경우가 많습니다. 이 온도를 확인한 후 가급적 온도 변화가 적도록 해서 그 온도를 유지시켜주면 발아 성공 확률이 높아집니다.

☑ 산소

우리가 흔히들 '물퐁당'으로 알고 있는 방법, 즉 씨앗을 물에 넣어서 어린 뿌리가 살짝 나올 때까지 유도하는 방법은 적용이 가능한 씨앗들이 있고, 이 방법으로는 발아의 시작이 어려운 씨앗들도 있습니다. 그 차이점은 바로 산소입니다.

발아 중에 있는 많은 씨앗들은 많은 산소를 요구합니다. 대부분의 종자는 산소가 충분히 공급되어 호기 호흡이 잘 이루어져야 발아가 순조롭게 진행됩니다. 하지만 상추나 당근, 페튜니아처럼 발아에 필요한 산소 요구량이 적은 씨앗들은 물속에서도 발아가 시작됩니다.

파종포트를 저면관수할 경우에도 흙 안의 산소가 부족해질 수 있습니다. 씨앗에 따라서는 발아율이 떨어질 수도 있기에 주의해야 합니다.

☑ 빛

대부분의 씨앗들은 빛이 발아에 무관하지만, 종류에 따라 발아에 빛이 필요한 씨앗과 빛이 없어야 발아가 시작되는 씨앗이 있습니다. 빛에 의해 발아가 조장되는 씨앗을 광발아 종자 혹은 호광성 종자라고 합니다. 반면 빛에 의해 발아가 억제되어 빛이 없는 것이 발아에 도움되는 씨앗을 암발아 종자 혹은 혐광성 종자라고 합니다.

예를 들어 페튜니아나 베고니아는 광발아성 종자이기에 발아 시 빛이 필요합니다. 광발아성 종자일 경우 흙 표면 위에 흩어 뿌려두거나 아주 살짝 복토하여 씨앗이 흙 속에 묻히지 않도록 하는 것이 좋습니다. 광발아성 종자의 대표적인 예는 잡초입니다. 잡초의 대부분은 광발아성 종자라서, 땅속에 잡초 씨가 깊이 묻히면 산소와 빛 부족으로 발아가 억제되다가 지표 가까이로 올라오면 산소와 빛이 풍부해져서 발아를 시작하게 됩니다.

씨앗을 파종한 후 위에 나열한 4가지 조건을 맞추어준다면 이윽고 우리는 귀엽고 작은 연둣빛 새싹을 만날 수 있을 것입니다.

기본적인 파종 방법과 모종 키우기 방법

1. 파종 용기에 흙을 끝까지 채웁니다. 원예용 상토에 미리 촉촉하게 물을 적셔 사용하면 보다 수월하게 용기에 흙을 담을 수 있습니다.

2. 흙을 물로 미리 충분히 적십니다. 흙을 미리 물로 적시는 과정을 통해 흙 속에 형성된 공기층이 제거되어 씨앗이 촉촉한 흙에 보다 쉽게 접촉하게 됩니다.

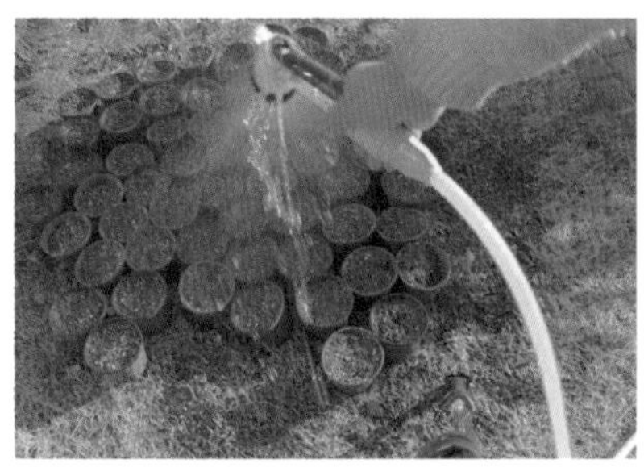

3. 파종 용기를 바닥에 탁탁 내려쳐서 흙이 잘 자리 잡도록 해줍니다.

4. 씨앗 봉투에 표시되어 있는 내용을 참고하여 씨앗을 흙에 심습니다. 저는 보통 씨앗 크기의 2배 정도 깊이로 흙에 심고 그 위에 흙을 덮습니다. 씨앗 위에 흙을 덮는 것을 '복토'라고 합니다.
하지만 아주 작은 미세 씨앗인 경우, 촉촉한 흙 위에 흩뿌리듯 파종한 후 복토를 하지 않도록 합니다. 아주 작고 연약한 새싹이 흙을 뚫고 위로 올라오지 못할 가능성이 크기 때문입니다.
또한 발아에 빛이 필요한 광발아 씨앗인 경우에는 흙 사이로 빛이 들어갈 수 있도록 씨앗 표면만 살짝 가려질 정도로 복토합니다.

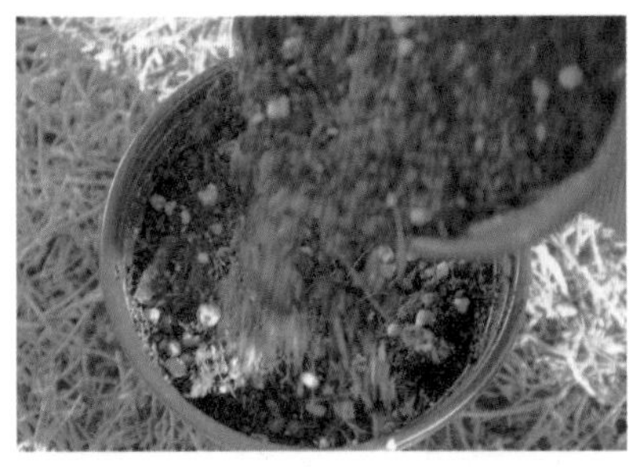

5. 흙 속 씨앗이 움직이지 않도록 약한 스프레이로 겉흙을 살살 적셔줍니다.

6. 파종 용기를 플라스틱 뚜껑, 비닐 등으로 덮어 습도가 유지될 수 있도록 합니다. 곰팡이가 생길 수 있으니 자주 확인해주도록 합니다.

7. 씨앗이 발아하기 위해 필요한 적절한 온도가 유지되는 곳으로 파종화분을 옮깁니다. 이 적절한 온도는 씨앗 종류마다 다르기에 씨앗 봉투에 적혀 있는 발아온도를 잘 확인하도록 합니다. 발아하기 위해 20~25도가 필요한 씨앗을 10도 정도 되는 공간에 둘 경우 발아에 걸리는 시간이 오래 소요되거나 발아 확률이 크게 떨어집니다. 반드시 적정 발아온도를 맞추어 주도록 합니다. 겨울철 실내에서 파종할 경우 따듯한 곳을 찾아서 냉장고 위나 텔레비전 뒤편 등에 파종 화분을 옮겨주기도 합니다.

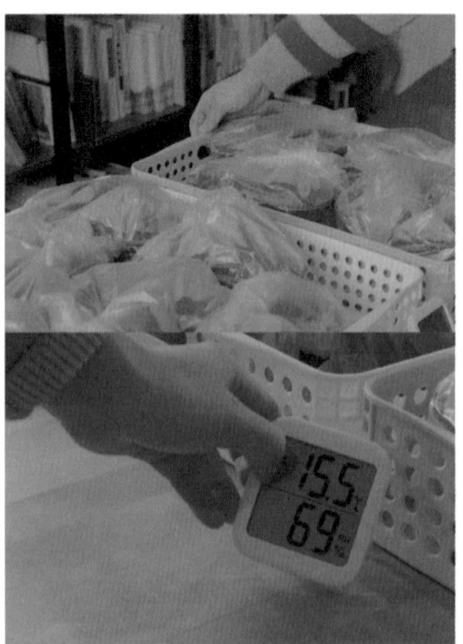

8. 매일 파종용기를 확인하여 물마름 정도를 보고 항상 촉촉한 상태가 유지되도록 합니다. 보통 플라스틱 뚜껑이나 비닐로 덮어둔 경우에는 물마름이 빠르지 않기 때문에 물을 자주 주지 않아도 되지만, 자주 살피고 겉흙이 살짝 마르는 것 같으면 스프레이 혹은 저면관수법으로 흙을 촉촉하게 적셔주도록 합니다.

9. 싹이 올라온 것을 발견하는 즉시 덮어두었던 비닐을 제거하고 빛을 보여주도록 합니다. 빛이 부족한 실내에서는 새싹들이 반나절만으로도 웃자랄 수 있습니다. 새싹이 웃자라면 허약한 줄기로 인해 지상부인 떡잎과 앞으로 올라올 본잎을 지탱하기 힘들어집니다. 또한 작은 충격으로도 줄기가 꺾여버릴 수 있습니다. 따라서 빛이 부족한 실내라면 새싹이 올라오는 즉시 식물등을 이용하여 하루 14~16시간 정도 빛을 받을 수 있도록 해줍니다.

10. 매일 어린 식물의 상태를 확인하여 흙이 마르기 시작하면 스프레이나 물뿌리개로 살살 물을 뿌려줍니다. 미세 씨앗의 연약한 새싹인 경우, 위에서 뿌려주는 방식의 물줄기 혹은 스프레이의 분사 압력을 견디지 못하고 줄기가 꺾여버릴 수 있습니다. 따라서 위에서 물을 뿌려주는 방법보다는 저면관수를 통해 용기 밑에서부터 물이 위로 차오르는 방식으로 물을 안전하게 공급하도록 합니다.

식물이 자라면서 원예용 상토에 포함된 영양분만으로는 영양이 부족해질 수 있습니다. 저는 본잎이 나오면 성장기용 수용성 비료(예: 하이포넥스, 잭스프로페셔널 등)를 물에 연하게 희석하여(약

2000~1000배) 2주에 1회 정도 공급하고 있습니다.

11. 모종 크기가 점점 커지기 시작하여 본잎이 3~4장 나오기 시작하면 정식이 가능한 시기입니다. 봄처럼 따듯한 날씨가 지속되는 경우에는 화단에 바로 정식을 해줄 수 있습니다. 다만 아직 외부 기온이 낮아 땅에 정식하기 어려운 경우가 있습니다. 이때에는 좀 더 큰 화분으로 하나씩 떼어 옮겨 심어 정식할 수 있는 시기가 올 때까지 키우도록 합니다.

12. 어린 모종을 땅에 심은 후에는 자주 물을 주어서 뿌리가 잘 내릴 수 있도록 해줍니다.

✽ 새싹이 빛을 향해 휘어지는 이유

새싹을 키우다 보면 빛을 향해 구부러지는 현상을 보입니다. 이는 빛을 받은 쪽에 식물 호르몬 중 하나인 옥신(auxin)의 농도가 낮아지고 반대쪽의 옥신 농도가 높아지는 데서 오는 현상입니다. 이와 같이 빛에 따라 구부러지는 현상을 '굴광성'이라고 합니다. '굴광성'은 어린 새싹일 경우 매우 민감하게 반응합니다. 너무 한쪽으로만 빛을 받은 경우에는 한쪽 방향으로 새싹들이 휘어지기도 합니다. 이럴 때엔 빛을 고루 받을 수 있도록 파종 화분을 돌려주도록 합니다.

✖ 땅에 직접 씨앗을 파종하는 방법

사실 저는 대부분의 원예용 씨앗은 위 방법처럼 원예용 상토와 용기를 이용하여 파종을 하곤 합니다. 원예용 식물의 대부분은 사람의 손을 거쳐 개량된 식물들이기에 씨앗의 발아 또한 역시 사람의 손길이 필요하다고 느껴지기 때문입니다. 씨앗 가격이 비싸고 양이 적다는 점 또한 땅에 직파하는 것이 꺼려지는 이유이기도 합니다.

다만 야생화 경우에는 직접 땅에 파종하는 편입니다. 야생화는 거친 환경에서도 살아남을 수 있도록 스스로 적응한 식물입니다. 따라서 땅에 직접 씨앗을 뿌려도 발아가 잘되는 편입니다. 또한 가격도 저렴하며 씨앗 양도 많기 때문에 땅에 직접 씨앗을 뿌리는 간편한 방법을 사용하고 있습니다.

또한 니겔라, 꽃양귀비, 락스퍼 등과 같이 직근성 뿌리를 가지고 있어 옮겨 심을 경우 활착률이 떨어지는 식물의 경우에도 땅에 직접 파종하는 방법을 이용하고 있습니다.

씨앗을 직접 파종할 때의 한 가지 팁으로는 약 열흘에서 2주 간격을 두고 씨앗을 땅에 뿌려두면 시간차를 두고 꽃이 피어난다는 것입니다. 특별히 좋아하는 꽃이 있다면 이 방법을 통해 조금 더 오랜 기간 그 꽃과 함께하는 것이 가능합니다.

직파방법은 매우 간단합니다.

① 씨앗을 뿌릴 땅을 정비합니다. 자갈이나 돌 등을 골라내고 평편하게 흙을 정리해줍니다.

② 줄뿌림, 흩어뿌림, 점뿌림 등의 방법으로 흙 위에 씨앗을 뿌려둡니다. 암발아 씨앗인 경우에는 씨앗을 뿌린 흙 위에 원예용 상토를 가볍게 덮어줍

니다.

③ 흙이 파이지 않고 가늘고 미세한 물방울이 나오도록 조절하여 물을 살살 뿌려줍니다.

④ 싹이 돋아 나올 때까지 매일 물을 뿌려주도록 합니다.

⑤ 싹이 돋아 나온 후 4주 정도 흐른 뒤 너무 촘촘하게 자라는 새싹들을 솎아내기하며 키우도록 합니다.

✽ 석회유황합제를 이용한 동계 방제

지난 한 해 동안 정원 식물들에게 많은 병충해가 발생했다면, 봄이 오기 전에 동계 방제를 해주는 것이 큰 도움이 됩니다. 이때 사용되는 것은 석회유황합제입니다. 석회유황합제란 산화 칼슘과 황을 1 대 2 무게비로 배합하여 만든 것으로, 강한 알칼리성을 띠고 있습니다. 석회유황합제는 값이 싸고 살균력뿐만 아니라 살충력도 가지고 있어서 월동중인 균을 포함해서 벌레알,

번데기, 성충 모두를 방제할 수 있습니다.

제품별로 안내되어 있는 희석비율을 지켜 물과 함께 섞어 분무기로 나뭇가지에 뿌려주도록 합니다. 같은 방법으로 낙엽이 많이 쌓여 있는 흙 위에도 사용할 수 있습니다.

석회유황합제 사용 시 주의할 점이 몇 가지 있습니다. 나무들 눈이 트기 전이나 초본식물의 새잎이 돋아나기 전까지 사용해야 한다는 것입니다. 이미 눈이 많이 튼 상태이거나 잎이 돋은 상태라면 강한 알칼리성의 피해를 받아 잎이 손상될 수 있으므로 시기를 잘 맞추어 방제하도록 합니다. 또한 비닐이나 철제로 된 시설물들에 손상을 입힐 수 있으므로 역시 주의해야 하며, 방제 시 눈과 얼굴 및 피부를 보호할 수 있는 복장을 준비하도록 합니다.

✖ 멀칭하기

잡초를 제거하는 동시에 화단 멀칭을 통해서 잡초를 예방하도록 합니다. 잡초 씨앗의 대부분은 햇빛이 필요한 광발아성 씨앗이고, 흙 표면 위에 떨어져 있을 경우 잡초 씨앗이 초봄부터 발아되기 시작합니다. 따라서 화단을 다양한 멀칭재를 활용하여 약 3~5cm가량 멀칭해줌으로써 잡초 씨앗이 빛을 받아 발아하는 것을 방지하도록 합니다.

멀칭은 잡초 예방뿐만 아니라 흙 자체와 식물의 뿌리를 보호하는 등 아주 유익한 효과가 많으므로 꼭 적용해보실 것을 추천드립니다.

✖ 새로운 화단 만들기

봄에 식물을 많이 심고 싶은데 심을 공간이 부족하다고요? 그렇다면 새로운 화단을 만들어보는 것은 어떨까요? 화단 만드는 일은 언제든 가능하지만,

땅이 비어 있을 때나 땅이 녹은 초봄에 화단을 추가로 만들어볼 수 있습니다. 특히 잔디를 제거하고 화단을 만들고자 한다면, 초봄은 잔디를 제거하기 쉬운 계절이니 이 시기를 놓치지 마시기 바랍니다.

✽ 낙엽활엽수 옮기거나 심기

늦겨울에서 초봄까지는 낙엽활엽수들이 아직 휴면 상태이기 때문에 이들을 옮겨심기에 좋은 시기입니다. 3월 중순쯤 되면 각 지역의 나무시장이 개장하면서 새롭게 나무들을 사서 정원에 심어볼 수도 있습니다. 나무에 싹이 트기 전에 뿌리가 마르지 않도록 바람이 조용한 날 심는 것이 좋습니다.

나무를 옮겨 심을 경우, 뿌리 주위를 원형으로 파고 뿌리를 잘 절단해냅니다. 뿌리가 두꺼워서 삽으로 잘리지 않는다면 전정가위 등을 이용해서 깔끔하게 잘라냅니다. 이때에는 가급적 빨리 새로운 위치에 다시 자리를 잡을 수 있도록 많은 뿌리를 남겨서 뿌리를 잘라내도록 합니다.

☑ 나무 심는 방법

① 나무시장에서는 대부분의 나무가 분으로 판매됩니다. (분: 나무뿌리를 잘라낸 후 약간의 진흙 형태 생명토를 바른 후 마대로 묶은 형태)

② 심을 나무 분의 3~4배 정도 크기의 구덩이를 파서 뿌리가 잘 내릴 수 있도록 합니다.

③ 고무바를 제거한 후 나무 분을 지면 수준 혹은 지면보다 약간 높게 놓습니다.

④ 흙을 채운 후 나무뿌리 주변을 흙으로 둑을 쌓듯이 만들어줍니다.

⑤ 물을 충분히 주고 물이 모두 빠지면 한 번 더 물을 주어 흙 속 공기가 완전히 빠져나가도록 합니다.

⑥ 물을 주면서 흙이 파인 부분이 있다면 흙을 보충해주도록 합니다.

⑦ 바람이 많이 부는 지역이라면 나무가 흔들리지 않도록 지주대를 세워 고정시킵니다.

봄이 왔을 때 하는 가드닝

✖ 숙근식물 포기 나누기

새순이 깨어나기 전인 늦겨울이나 생장이 막 시작되는 이른 봄에는 쉽고 빠르게 정원 식물들을 번식할 수 있는 시기입니다. 포기 나누기란 한 뿌리에서 여러 개의 포기로 늘리거나, 여러 개의 새순이 올라오는 식물을 뿌리째 여러 개의 작은 포기로 나누어 번식하는 방법입니다.

에키네시아, 비비추, 휴케라, 아이리스, 벨가못, 샐비어, 세이지, 램스이어 등 대부분의 숙근식물들은 포기 나누기 방법을 통해 빠른 번식이 가능합니다.

번식의 목적 이외에도 포기 나누기가 필요한 시점이 있는데 바로 숙근

식물들의 나이가 많아졌을 경우입니다. 식물들의 나이가 많아질수록 뿌리 또한 함께 늙어갑니다. 늙은 뿌리에서는 새로운 성장이 잘 이루어지지 않습니다. 따라서 어느 정도 크게 자란 식물의 경우, 포기 나누기를 통해 새로운 뿌리 발생을 유도하여 더욱 젊고 건강하게 기를 수 있습니다. 꽃이 매년 적어지고 활력이 떨어지거나, 도넛 구멍처럼 보이는 벌거벗은 중심부가 관찰되기 시작하면 포기 나누기를 해주어야 하는 시기입니다.

☑ **포기 나누기 방법**

① 삽을 이용해서 전체 포기 주변을 직각으로 잘라줍니다.

② 포기 전체를 뿌리째 들어 올립니다.

③ 삽이나 칼로 적당한 크기로 뿌리와 새순을 나누어줍니다.

④ 원래 식물이 있던 빈자리에 나누어진 일부 포기를 심어줍니다.

⑤ 나머지 작은 포기들은 원하는 곳에 심어줍니다.

✖ '숙지삽'하기

식물체의 줄기나, 잎, 뿌리 등을 이용해서 번식하는 것을 꺾꽂이 혹은 삽목이라고 합니다. 대체로 삽목은 수분이 지속적으로 공급되면서 공중습도 유지가 잘되는 장마철을 이용하는 것이 여러모로 좋으나, 식물들 종류에 따라 시기가 조금씩 차이가 나기도 합니다.

이른 봄은 지난해에 자란 가지를 이용하여 삽목을 하는 숙지삽이 잘되는 시기입니다. 저는 주로 3월에 목수국들의 마른 가지를 정리하면서 삽목을 하여 번식합니다.

일반적인 삽목 방법

1. 삽목할 식물에서 삽수를 채취합니다. 녹지삽 경우에는 어린 가지 부분이 성공률이 더 높으며, 삽수로 사용할 줄기에 앞으로 잎을 틔워낼 눈이 있는지 확인합니다. 삽수로 사용할 줄기는 병이 없는 줄기로 튼실한 것을 이용합니다.

2. 삽수를 1시간 정도 물에 담가 물 올리기를 해줍니다.

3. 2~3마디 정도를 남기고 줄기를 자릅니다. 삽수의 전체 길이는 대략 10cm 정도가 적당합니다. 아랫잎은 제거하며, 윗잎을 절반 정도 잘라서 뿌리가 없는 식물이 과도한 증산작용으로 말라버리는 것을 방지합니다.

4. 줄기의 맨 끝 부분은 사선으로 잘라주어 물을 빨아들이는 면적을 넓혀줍니다.

5. 삽목을 위한 흙을 준비합니다. 삽목을 하기에 적당한 흙은 물빠짐이 좋은 마사토나 모래가 적당하고 주로 펄라이트나 피트모스를 사용합니다. 삽수의 자른 면이 부패되는 것을 방지하려면 뿌리가 없는 삽수의 수분 흡수를 촉진하고 발근 부위에 충분한 산소 공급이 필요하기 때문입니다. 단밍이네에서는 거름기가 없는 그늘진 마사토 토양에 꽂아두는 간편한 방법을 이용합니다.

6. 흙에 삽수를 2~3cm 정도 꽂아둡니다.

7. 뿌리가 내리기까지 그늘진 곳에서 관리합니다.

8. 삽수에서 뿌리가 내리기까지는 식물마다 다른 기간이 소요됩니다. 빠르면 1주일, 늦으면 2개월까지도 소요될 수 있습니다. 뿌리가 잘 나오지 않는 식물인 경우 발근촉진제를 사용하기도 합니다. 뿌리가 나올 때까지 공중습도가 잘 유지되도록 신경써야 합니다.

분무기를 이용해 아침저녁으로 잎에 스프레이해주거나, 투명한 덮개를 이용해서 씌워두기도 합니다. 삽목 후 1개월 정도는 그늘진 곳에 놓아두도록 합니다. 뿌리가 형성될 때까지의 물주기는 겉흙이 조금 젖을 정도로 유지합니다.

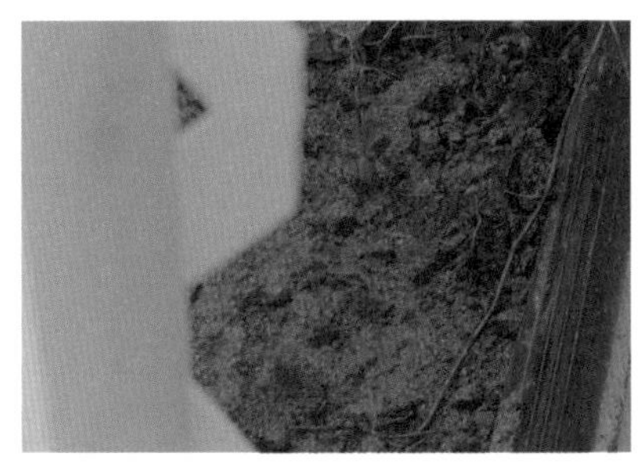

9. 뿌리 확인을 위해 삽수를 뽑아보지 않도록 합니다.

※ 발근 호르몬제(루톤)를 잘린 부위에 발라서 사용하면 좀 더 빨리 뿌리가 만들어집니다. 삽수 뿌리가 만들어지려면 근원기(rootprimordia)가 분화되어야 합니다. 발근 호르몬제는 이 과정을 촉진시킵니다.

✖ 모종 정원에 심기

3월과 4월은 1~2월 실내에서 파종해서 키운 모종들을 정원에 식재할 수 있는 달입니다. 1~2월 실내에서 파종했던 식물들은 어느 정도 영하의 날씨

를 견디는 식물들이었기에 3~4월 가벼운 서리가 내리는 정도의 날씨는 견딜 수 있을 것입니다. 단, 야외정원에 모종들을 식재하기 전 반드시 해야 할 아주 중요한 과정이 있습니다. 이 과정을 했는가 하지 않았는가에 따라 모종들이 야외 환경에 적응할 수도 있고 적응이 어려울 수도 있습니다. 그것은 바로 모종들을 경화(Hardening)시키는 과정입니다.

모종의 경화란, 따듯한 온도와 부드러운 빛에서 약하게 자란 어린 식물들을 외부 환경에 잘 견딜 수 있도록 튼튼하게 만드는 과정입니다. 어린 모종들을 추운 야외로 보내기 전에 따듯한 옷을 입히고, 목도리도 둘러주고, 모자도 씌워주는 작업이지요.

지금껏 실내에서 자란 어린 식물들은 가드너의 보살핌을 받으며 곱게(?) 자라온 상태이기에 야외의 강한 바람, 낮은 기온, 강한 빛 등의 스트레스 환경에 노출된 적이 별로 없을 것입니다. 이 상태의 모종을 바람이 많이 불고 기온이 낮은 3~4월 야외에 갑작스럽게 옮겨 심으면 적응하지 못할 가능성이

큽니다. 따라서 서서히 야외 환경에 적응시켜주는 과정, 즉 모종들의 경화 과정이 야외에 정식하기 전 반드시 필요합니다.

모종들을 경화시키는 방법은 어렵지 않습니다. 차츰 야외 환경에 노출시켜주는 것이 방법입니다.

☑ 모종의 경화(Hardening) 방법

① 야외에 심기 일주일 전부터 물의 양을 천천히 줄입니다.

② 5도 내외 환경에 일주일가량 노출시키는 것을 목표로 합니다.

③ 실외 환경에 단계적으로 천천히 노출시키도록 합니다.

경화된 모종은 잎이 두꺼워지고 조직이 단단해지며, 잎 앞면의 큐티클이 잘 발달하게 됩니다. 또한 경화된 모종은 지상부의 생육은 다소 억제되지만 뿌리의 생육은 촉진되어 정식에 따른 옮김 몸살이나 거친 환경에 견디는 힘이 강해집니다.

✖ 순자르기

모종을 심은 후 식물들이 어느 정도 커감에 따라 꽃을 더욱 많이 그리고 풍성하게 보기 위한 순자르기(Shoot top of cutting)를 해줍니다. 식물은 식물 호르몬인 옥신(auxin)의 영향으로 줄기 맨 끝부분의 눈인 '정아'에 성장을 집중시키기 위해 곁가지인 측아 성장을 억제시키는 경향이 있습니다. 이를 '정아우세' 현상이라고 하며, 순자르기를 통해 정아를 제거해줌으로써 곁가지 발생을 유도할 수 있습니다. 순자르기를 통해 다알리아, 금어초, 백일홍, 맨드라미 등의 꽃의 개수를 늘릴 수 있습니다. 다만 스토크처럼 하나의 줄기에서

만 꽃이 피는 식물들은 순자르기를 하지 않도록 합니다.

보통 어린 식물의 본잎이 3~5쌍 되는 시기에 1차 순자르기를 해주고, 10cm 정도씩 더 자랄 때마다 추가로 순자르기를 해줍니다. 아스타나 국화처럼 가을에 꽃이 피는 식물은 봄부터 늦여름까지 5회까지도 순자르기가 가능합니다. 순자르기를 통해 얻은 줄기는 삽목을 위한 삽수로도 이용이 가능합니다. 다만 순자르기는 개화시기를 늦추는 경향이 있으니 꽃을 피우는 시점에 가까워졌다면 순자르기를 멈추도록 합니다.

✽ 여름꽃 파종하기

늦겨울에 파종하여 기른 일년생 봄꽃들은 6월 말쯤이 되면 씨앗을 맺고 사그라듭니다. 그리고 화단에 빈 공간이 다시 생겨납니다. 이 빈 공간을 채우기 위해 4월에 여름에 피는 꽃들을 파종하도록 합니다. 이렇게 시기를 잘 맞추어 파종하면 봄꽃을 정리한 화단을 새로운 여름꽃들로 다시 풍성하게 채울 수 있습니다.

이 시기에는 아게라텀, 백일홍, 버들마편초, 샐비어, 천일홍, 다알리아, 세이지, 해바라기 등 더위에 강한 여름꽃들을 주로 파종합니다. 백일홍이나 천일홍 등 고온 건조에 강한 여름꽃들은 태생이 따듯한 지역 출신들입니다. 따

라서 추운 날씨를 경험해본 적이 없기에 추위에 매우 약하며 영하로 떨어지는 순간 대부분의 식물들이 냉해와 동해를 입게 됩니다.

따라서 여름꽃들 파종은 서리 위험이 완전히 없어진 4월 초 이후에 시작하는 것이 좋습니다. 여름꽃들 씨앗은 발아하기 위해서 20도 이상의 고온을 필요로 하는 경우가 대부분입니다. 따라서 4월 초보다는 4월 중순 파종할 경우 더욱 빨리 발아를 시작합니다.

단밍이네가 3~4월 파종했던 꽃들
백일홍, 천일홍, 리시안셔스, 아게라텀, 다알리아, 브라키컴, 멜람포디움, 메리골드, 레이스 플라워, 해바라기, 양귀비(직파), 수레국화(직파) 등 여름꽃들

✽ 데드헤딩하기(시든 꽃 제거하기)

데드헤딩(Dead heading)이란 시든 꽃을 제거해주는 간단한 가드닝 방법입니다. 시들어가는 꽃이나 시든 꽃을 제거해줌으로써 식물이 씨앗을 맺기 위해 에너지 소모하는 것을 막아줍니다. 튤립이나 수선화같이 초봄에 피는 구근식물은 시들어가는 꽃을 제거해주면 에너지가 씨앗을 맺는 데 소모되지 않고 뿌리 쪽으로 보내져서 구근에 저장됩니다. 다른 꽃들 또한 개화가 지속되는 동안 시든 꽃을 잘라줌으로써, 열매를 맺지 못한 식물이 지속적으로 꽃을 피우게 해줍니다.

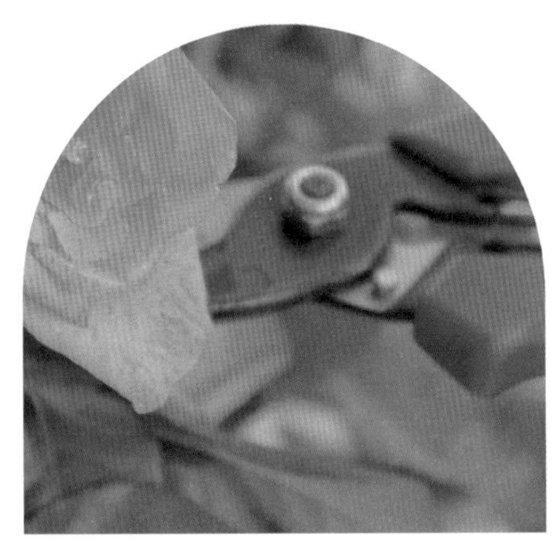

✽ 여름에 개화하는 구근 심기

봄에 피는 튤립과 수선화 등의 구근은 가을에 땅에 심어야 하지만 다알리아와 글라디올러스, 칸나같이 여름에 피는 추위에 약한 구근은 더 이상 서리의 위협이 없을 때 야외에 심어야 합니다. 해당 지역의 평균 마지막 서리 날짜를 확인하고 마지막 서리 후에 땅에 심어 낮은 기온으로 인한 피해를 받지 않도록 주의합니다.

✽ 지지대 설치하기

델피니움, 다알리아, 금어초 등 키가 큰 식물들은 성장함에 따라 줄기를 지탱해줄 지지대가 필요합니다. 지지대 설치를 하지 않았을 경우 바람이 세게 불거나 비가 올 경우, 빗물의 무게로 인해 줄기나 꽃대가 꺾여버릴 수 있기 때문입니다. 키가 크고 풍성한 식물들을 지지하는 방법은 다양합니다.

☑ 식물 지지하는 방법

- 긴 줄로 울타리 만들기

키가 큰 식물들이 쓰러지지 않도록 둘레에 긴 줄을 이용하여 고정하는 방법입니다. 기둥으로 이용할 지주대를 땅에 고정한 후 지주대에 긴 줄을 묶어서 일자로 고정시킵니다. 식물이 키가 커서 줄 하나로 고정이 어려울 경우 두 번째 줄을 추가해줄 수도 있습니다.

- 가든 네트망 사용하기

우리가 텃밭에서 오이를 키울 때 자주 쓰는 망으로, 덩굴손이 발달한 스위트피, 클레마티스 등의 식물을 위해 네트망을 사용하도록 합니다.

● 지지대 세우기

다알리아나 델피니움처럼 무겁고 부피가 큰 꽃일 경우 각각 지지대를 세워주도록 합니다.

● 오벨리스크, 아치 등의 구조물을 이용하는 경우

오벨리스크나 아치 등을 이용하여 식물을 고정할 경우, 아주 아름다운 모습을 연출할 수 있습니다.

✽ 화단에 물주기

봄에는 반가운 봄비가 자주 내립니다. 빗물에는 공기 중 질소와 각종 미네

랄 성분이 포함되어 있기 때문에 가드너들 사이에서는 빗물을 '빗물보약'이라고 부르기도 합니다. 그만큼 봄비는 싹을 틔우는 데, 식물들의 새로운 성장에 좋은 영향을 줍니다. 하지만 봄비가 내리지 않아서 가문 나날이 지속된다면 수분이 부족해진 흙에서는 식물 성장이 더뎌집니다. 따라서 4월에 접어들었음에도 비 한 방울 오지 않는다면, 화단에 물을 인위적으로 공급하여 식물들 성장을 도울 수 있도록 합니다.

또한 늦봄으로 계절이 바뀌면 기온이 올라가면서 정원 식물들도 많은 물을 필요로 하게 됩니다. 특히 늦봄에서 초여름까지는 장미들이 만개하는 시기인데, 이때 건조한 날씨가 지속되어서 토양 수분이 부족할 경우 애써 만들어 올린 꽃봉오리들을 피워보지도 못하고 말라버리는 경우도 발생합니다. 꽃을 만들어내는 시기의 식물들은 보다 많은 양의 수분을 필요로 하기 때문입니다. 물을 줄 때는 가급적 땅속까지 충분히 스며들 수 있도록 넉넉히 관수합니다.

✽ 진딧물 방지 약 사용

식물을 키우다 보면 유난히 진딧물이 많이 발생하는 식물들이 있습니다. 대표적인 예가 장미이지요. 장미가 많은 단밍이네 정원에서 유일하게 사용하는 농약은 코니도라는 제품입니다. 진딧물이 관찰되기 시작하는 4월 중순이 되기 전 핑크색 코니도 입제를 한두 숟갈 정도씩 장미 뿌리 주변에 묻어두면 쉽게 진딧물을 예방할 수 있습니다.

✽ 잡초 제거하기

기온이 올라가고 잦은 봄비가 내리면서 원하지 않는 잡초들이 왕성하게 싹을 틔우고 자라기 시작합니다. 잡초 관리는 봄에 신경써서 해야 하는 중요한 일 중 하나입니다. 잡초는 다른 식물들과 수분, 영양분, 그리고 빛을 두고 경쟁합니다. 또한 스스로 화학물질을 만들어내 잎, 뿌리, 줄기 등을 통해 분비하면서 다른 식물들의 발아, 성장, 생식 등을 억제합니다. 이를 알렐로파시(allelopathy), 타감작용이라고 합니다. 따라서 내가 키우고자 하는 식물 주변에 잡초가 자라게 되면 나의 식물은 어떻게든 영향받을 수밖에 없게 됩니다.

봄에 올라오는 잡초들은 무수히 많기 때문에 봄이 오기 전에 잡초를 제거했던 직접 뽑기 방법은 다소 어려울 수 있습니다. 이때는 평편하게 생긴 호미를 이용하여 지면을 2~3cm 정도 주기적으로 긁어줌으로써 잡초를 제거할 수 있습니다.

✽ 분갈이하기

식물은 잎과 줄기, 가지에 비례하여 뿌리도 성장합니다. 잎과 줄기 등의 지상부가 커질 때, 지하부인 뿌리도 함께 커지는 것이지요. 따라서 식물이 점점 성장함에 따라 기존 화분에서 계속 생육하는 것에 한계가 생깁니다. 지상부는 공간 한계 없이 자라날 수 있지만 뿌리의 생육 공간이 부족해지기 때문이지요.

식물 크기에 비해 화분 크기가 작을 때뿐만 아니라 화분 안 흙에 영양분이 부족해질 경우에도 분갈이를 해주도록 합니다.

☑ 분갈이가 필요한 경우

식물의 잎, 줄기 등의 크기에 비해 화분이 작다고 느껴지거나, 화분 밑으

로 식물 뿌리들이 돌출되어 나와 있을 때 분갈이가 필요합니다. 또한 식물이 잘 자라지 않는 것 같다고 느껴지는 경우에도 분갈이를 하는 것이 좋습니다. 식물이 잘 자라서 2~3년이 지나면 뿌리가 화분에 가득 차게 됩니다. 이때 화분 바닥을 보시면 뿌리가 물구멍 밖으로 나와 있는 것을 알 수 있습니다. 이 시기가 되면 화분의 물빠짐 또한 좋지 않다는 것이 느껴집니다. 흙 속의 영양분이 부족해지면서 아래쪽 잎이 누렇게 되는 모습을 보이기도 합니다.

☑ **분갈이에 적당한 시기**

보통 5월 중순부터 7월 초순 사이에 하는 것이 좋습니다. 이 시기는 분갈이 후, 새 뿌리가 잘 발생하여 생육이 더욱 활발하게 이루어지기 때문입니다. 하지만 실내 식물 경우에는 특별히 분갈이 시기가 중요하지 않습니다.

☑ 분갈이 방법

식물의 종류와 특성에 따라 분갈이 방법이 다를 수 있습니다. 물을 좋아하는 식물과 싫어하는 식물이 있는데, 이들에겐 흙의 종류를 다르게 해주는 것이 좋습니다. 내가 키우는 식물, 분갈이하고자 하는 식물에 대한 특성을 잘 아는 것이 중요합니다.

① 분갈이용 화분을 기존 화분보다 20~30% 큰 것으로 준비합니다. 식물에 비해 너무 큰 화분을 사용하는 것은 과습으로 인한 피해를 받기 쉬우니 주의하도록 합니다.

② 배수가 원활하도록 자갈, 스티로폼 조각을 맨 밑바닥에 깔아줍니다.

③ 마사토를 화분의 20%선까지 채워줍니다.

④ 식물과 화분을 분리합니다. 화분 가장자리를 손으로 통통 두드려 빼줍니다.

⑤ 오래된 뿌리나 손상된 뿌리는 정리해줍니다.

⑥ 겉흙과 뿌리 사이의 흙을 20% 정도 걷어내줍니다. 이때 뿌리 흙을 모두 털어내지 않도록 주의합니다. 흙을 많이 털어낸 경우 식물이 큰 스트레스를 받게 되고 옮긴 화분에 적응하기 어려워합니다.

⑦ 식물을 화분에 넣고 80% 정도까지만 분갈이 흙을 채워줍니다.

⑧ 나머지 10%를 마사토로 채웁니다. 화분 공간의 10% 정도는 남겨두어 물을 주었을 때 흘러넘치지 않도록 합니다. 흙을 채웠으면 화분 물구멍으로 물이 흘러나올 정도로 흠뻑 줍니다. 분갈이 후 처음에는 물을 너무 자주 주는 것은 피하도록 합니다. 식물은 새로운 화분과 흙에 적응하는 동안 수분을 흡수하는 능력이 떨어지기 때문입니다.

⑨ 분갈이한 화분은 일주일 정도는 그늘진 곳에 두어 관리하도록 합니다.

☑ 분갈이용 배양토 종류

배양토란 식물을 키우기에 적당한 흙을 인위적으로 섞어 만든 흙을 말합니다. 상토라고도 합니다. 제조업체마다 들어간 재료들, 함유량이 조금씩 다릅니다. 일반적인 배양토를 먼저 구입한 후에 나의 식물 특성에 맞게 직접 다른 재료들을 섞어 사용할 수도 있습니다.

● **버미큘라이트**: 질석을 고온에서 가열, 조제한 광물입니다. 알칼리성 흙이므로 산성인 피트모스와 함께 섞어서 사용합니다. 보수력, 보비력 등이 좋은 경량 배양토입니다. 다만 영양분은 거의 없습니다. 모든 식물의 배양토에 이용할 수 있으며 가장 기본이 되는 흙입니다.

● **피트모스**: 식물의 잔재물이 부식되어 쌓인 흙입니다. 강산성이며, 버미큘라이트와 섞어 많이 사용합니다. 보습력이 좋고 영양분이 많으나 물빠짐이 좋지 않아 단독으로 사용할 경우 뿌리가 썩을 가능성이 있습니다.

● **펄라이트**: 화산 작용으로 생긴 진주암을 분쇄, 고온으로 처리하여 팽창한 흙입니다. 배수성이 매우 좋습니다. 하얀색을 띠며 매우 가벼운 것이 특징입니다. 비료성분은 없으며 식물 번식이나 분갈이를 할 때 다른 배양토와 함께 섞어서 사용합니다.

● **바크**: 목재를 만드는 과정에서 생기는 부산물입니다. 주로 나무껍질을

바크라고 합니다. 보수력이 좋고 통기성이 좋습니다.

● **마사토**: 화강암이 풍화된 굵은 모래흙을 마사라고 부릅니다. 영양분이나 보수력은 거의 없으나 배수성과 통기성이 좋습니다.

● **부엽토**: 낙엽 등이 오랜 기간 퇴적된 흙입니다. 유용한 영양분이 포함되어 있으며, 흙 안의 미생물 활동을 장려하여 흙을 건강하게 개선시킵니다.

☑ **일반적인 분갈이용 배양토 혼합 비율**

사실 분갈이 흙의 배합법은 따로 정해진 것은 없습니다. 식물 특성, 환경 등을 고려하여 경험을 바탕으로 알맞은 비율을 찾아가는 것이 좋습니다. 일반적으로는 화원에서 판매하는 일반 배양토, 부엽토, 마사토를 6 대 2 대 2로 섞습니다. 마사토 역할은 흙의 배수와 통기성을 증가시킵니다.

화분 재질이나 크기 또한 흙의 혼합 비율을 결정할 때 고려해야 할 중요한 요소입니다. 토분의 경우 배수와 통기성이 좋은 반면, 물마름이 빨라 물을 좋아하는 식물의 경우 물주기 주기가 짧아질 수 있습니다. 따라서 토분 경우에는 마사토 비율을 살짝 줄여 섞어주기도 합니다. 사기분 또는 플라스틱 화분의 경우 물이 잘 마르지 않기 때문에 과습될 가능성이 있기에 예방을 위해 마사토를 많이 혼합하는 것이 좋습니다.

✽ 새집 달아주기

고요한 겨울을 지나 이른 봄, 분주히 정원 일을 하다 보면 곳곳에서 새들의 아름다운 노랫소리가 들려옵니다. 날개와 깃털이 있는 이 귀여운 친구들을 위해 정원에 작은 공간을 마련해주는 것은 어떨까요?

새는 전체 생태계의 일부입니다. 우리나라의 많은 종류 새들은 주로 봄과 여름에 걸쳐 번식을 합니다. 봄에 새집을 설치해준다면 새집을 보금자리 삼고 정원 안을 분주히 날아다니며 새 생명을 키울 것입니다. 또한 정원 안에 새들을 위한 신선하고 깨끗한 물을 제공해준다면 물을 마시거나 목욕하는 등 귀여운 모습 또한 관찰할 수 있습니다.

새는 번식기에는 많은 곤충을 먹이로 합니다. 단백질이 풍부한 먹이를 새끼에게 먹이기 위함이지요. 박새의 경우 평균 10~20초마다 먹이를 찾아 새끼에게 나른다고 알려져 있습니다. 부지런히 날아다니면서 나의 정원에 있는 원치 않는 해충을 제거해줄 것입니다. 또한 잡초 씨앗을 즐겨 먹는 새들도 있어, 새들 역할로 잡초의 씨앗 수가 줄어들기도 합니다.

늦봄에서 초여름까지는 단밍이네 정원이 가장 아름답고 화려한 시기입니다. 만개하는 장미들, 화려한 일년생 초화들과 우뚝 솟아오르는 멋진 다년생 식물들이 동시에 개화하는 시기입니다. 정원을 바라보고 있노라면 꿈을 꾸고 있는 듯한 느낌마저 드는 계절입니다.

정원의 피날레를 멋지게 마무리한 후에는 곧 정원사와 식물 모두에게 힘든 계절이 시작됩니다. 타는 듯한 무더위 속에서 각종 병충해에 시달리며 더위와 갈증에 버티기 작전에 돌입하는 많은 식물들이 발견됩니다. 정원을 유지 관리해야 하는 정원사는 조금만 움직여도 땀이 흐르는 더위와 떼로 덤벼드는 모기와의 전쟁을 치러야 합니다. 여름은 식물들을 새롭게 심고 재배치하는 계절이라기보다는 유지하는 계절에 가깝습니다. 덩치가 커져서 이리저

리 구부러지는 식물들에게 지주대를 세워주고, 병충해를 살피고, 물을 주면서 정원 식물들과 함께 이겨 나아가야 하는 계절이지요.

여름이 오기 전에 하는 가드닝

✖ 다년생 꽃들 파종하기

다년생 식물들이 우리가 풍성하다고 느낄 정도의 크기까지 도달하기 위해서는 일년생 식물에 비해 비교적 긴 시간이 걸리는 경우가 대부분입니다. 그 시간은 2년 혹은 3년 그리고 그 이상이 될 수도 있습니다. 그래서인지 다년생 식물들은 식재 첫해에는 정원 안에서 그다지 눈에 띄는 존재들이 아닙니다. 일년생 꽃들이 화려하게 꽃을 피워 올릴 때 조금씩 천천히 자라나는 정도에 그치기 때문이지요.

하지만 시간이 흐르면서 이 다년생 식물들은 점차 덩치가 커지고 풍성해집니다. 처음에는 곳곳이 비어 보이고 무언가 어설퍼 보이는 정원과 화단도 시간이 지남에 따라 다년생 식물들이 자라서 그 공간을 채워주게 됩니다. 해마다 때가 되면 다시 돌아와 꽃을 피우고 아름다운 풍경을 만들어줍니다.

따라서 정원과 화단을 만든 첫해에는 추위에 강해 월동이 가능한 다년생 식물과 꽃들 위주로 파종해볼 것을 추천합니다. 일년생 꽃들 위주로 채울 경우에는 계절마다 화려한 꽃들을 감상할 수는 있지만, 계절마다 꽃을 바꿔주어야 하고, 매년 파종을 반복해야 하는 등 그 아름다움만큼의 시간과 노력을 들여야 하는 수고로움이 있기 때문입니다.

보통 정원 화단에는 다년생 식물 70%, 일년생 식물 30% 정도로 배치하는 편입니다. 이렇게 하면 매번 꽃을 바꿔주어야 하는 수고로움을 줄이면서, 매번 같은 꽃이 피는 단조로움을 줄일 수 있습니다. 다년생 식물을 주로 식재했을 때 나타나는, 꽃이 거의 없는 봄 화단을 보완할 수도 있습니다.

다만 일년생 식물들과는 달리 실외에서 월동하는 다년생 식물들은 파종 첫해에는 꽃을 피우지 않는 경우가 많습니다. 그 이유는 겨울이라는 계절과 관련됩니다. 겨울이 있는 온대기후를 원산지로 하는 많은 식물들은 겨울이 오기 전에 겨울잠에 들어갈 준비를 하고, 이윽고 휴면이라는 방법을 통해 생장에 매우 불리한 조건인 겨울을 견뎌냅니다. 겨울 동안 추운 온도를 어느 정도 겪고 나면 '이제 겨울이 지났으니 안심하고 꽃을 만들어서 피워 올려도 되겠구나' 하고 꽃눈 만들 준비를 시작합니다.

따라서 많은 다년생 식물들은 어느 정도 추운 날씨가 몇 주간 지속된 후에야 비로소 꽃눈을 만들 준비를 하고(화아분화) 봄이나 여름이 되면 꽃을 피워 올리는 특성을 갖고 있어 파종 첫해에 꽃을 피우지 않는 경우가 많습니다.

그렇다면 다년생 식물들의 파종은 언제 하는 것이 좋을까요? 사실 다년생 식물들은 파종시기가 따로 정해져 있지는 않습니다. 새싹이 싹을 틔우기 위한 특별한 조건(예를 들면 발아를 위해 낮은 온도가 필요한 경우 등)이 있는 경우가 아니라면, 발아 온도를 맞춰줄 수 있으면 일 년 중 어느 때라도 파종이 가능합니다.

다만 정원 화단에서 겨울을 나게 할 예정이라면 가급적 겨울과 먼 계절에(예를 들면 봄) 파종을 시작하는 것이 좋습니다. 날씨가 서늘해지고 지온이 낮아질수록 뿌리 발달이 더뎌지며 뿌리를 충분히 땅 밑으로 내리지 못할 가능성이 커지기 때문입니다. 추위에 강한 식물이라도 충분히 땅속으로 뻗지 못한 얕은 뿌리는 겨울 동안 얼게 되고 결국 월동을 해내지 못할 수도 있습니다.

단밍이네가 6~7월 파종했던 월동이 가능한 다년생 꽃들
에키놉스, 톱풀, 에키네시아, 루드베키아, 숙근샐비어, 베로니카, 루피너스, 숙근천인국, 패랭이, 버바스쿰, 아마블루, 큐피드다트 블루, 중국물망초, 네팔양지꽃, 우단동자, 매발톱, 분홍낮달맞이, 샤스타데이지, 비올라, 디기탈리스, 접시꽃, 램스이어, 루드베키아, 줄기장구채 등

✖ 6~7월 파종 시 주의사항

6~7월 파종 시에는 장마철과 고온 날씨에 유의하여 파종하도록 합니다. 장마철에는 높은 습도로 파종 흙의 수분이 잘 유지되기 때문에 물 관리에 신경을 덜 써도 되는 장점이 있습니다. 하지만 지속적인 장맛비로 인해 과습으로 새싹이 물러버릴 가능성이 있으니, 처마밑 등 비를 피할 수 있는 곳에 파종포트를 두는 것이 좋습니다.

장마철이 지난 후 본격적인 여름철 파종은 한낮 뙤약볕으로 파종포트의 수분이 순식간에 말라버릴 수 있습니다. 특히 원예용 상토를 사용해서 파종

했을 경우 물마름이 더욱 빠를 수 있기에 주의하도록 합니다. 매일 아침저녁으로 물마름을 확인한 후 물을 공급하여 물마름에 주의하도록 합니다.

파종포트는 한낮의 강한 빛을 피할 수 있는 곳에 두며 관리하도록 합니다. 가급적 너무 뜨겁지 않은 오전 해를 받을 수 있는 동쪽이 좋습니다.

잡초제거 지속하기

텃밭에서 작물을 기르다가 포기하는 순간들이 있는데, 바로 잡초들이 작물들과 뒤엉켜버리는 순간입니다. 이것은 정원에서 꽃과 식물들을 키워나갈 때도 마찬가지입니다. 여름이 다가오면서 잡초들의 성장력은 가히 상상을 초월할 정도가 됩니다. 잡초를 제거하고 지나간 자리를 뒤돌아보니 잡초가 또 자라 있다는 말이 과장으로 느껴지지 않을 정도로, 하룻밤 사이에도 잡초들은 무시무시한 성장속도로 자라납니다.

봄에 했던 방식으로 하나하나 잡초를 뽑다 보면 시간이 훌쩍 지나가고, 다

른 정원 일을 하지 못할 정도로 시간을 빼앗기기도 합니다. 이때부터는 괭이를 이용하여 잡초를 제거합니다. 괭이날을 비스듬하게 옆으로 눕혀서 지면을 2~3cm가량 긁어 나아갑니다. 이 작업을 주기적으로 하다 보면 한여름 동안 잡초로 인해 정원이 정글이 되는 것을 막아줍니다.

✖ 봄에 파종한 여름꽃 모종 정원에 심기

늦봄에서 초여름 사이에는 봄에 파종했던 여름꽃들을 정원에 옮겨 심도록 합니다. 이 시기는 기온이 올라가면서 건조한 날씨일 경우가 많기 때문에 모종을 심은 후 3일간은 물을 흠뻑 주어 뿌리가 건조해지지 않고 토양에 잘 활착되도록 합니다.

✖ 봄꽃들 씨앗 채종

아름답게 봄에 꽃피웠던 식물들이 열매 즉 씨앗을 맺을 시기입니다. 씨방이 갈색 빛을 띠면 완전히 숙성된 상태입니다. 비올라나 팬지처럼 씨앗이 익었을 경우 활짝 열려 씨앗을 퍼트리는 형태의 씨방을 가지고 있는 식물들도 있습니다. 이런 식물들의 경우 씨방이 벌어져 씨앗들이 달아나기 전에 미리 작은 봉투를 매달아서 씨앗을 받도록 합니다.

씨앗을 받는 일은 내년 정원을 위한 일이기도 하고, 많은 양의 꽃을 얻는 방법의 시작이기도 합니다. 열심히 채종하고 나의 정원에서 자란 식물들 씨앗을 이웃과 나누는 일을 해본다면 더욱 뿌듯함을 느끼실 수 있겠지요?

✖ 병충해 관찰하고 방제하기

계절이 여름에 가까워질수록 불청객들이 등장하기 시작합니다. 바로 각종

병충해이지요. 이때는 정원을 거닐다 보면 정원 꽃들이 벌레에 갉아 먹혔다거나, 벌레들이 보인다거나, 초록색 잎에 하얀 가루 혹은 검은 반점 등을 발견할 수 있습니다. 사실 식물과 함께하는 생활에서 병충해는 익숙해져야 하는 것 중 하나입니다.

이러한 식물들의 병충해를 어떤 관점으로 접근해야 할까요? 접근 방식은 모든 가드너가 다를 것입니다. 저는 정원 또한 순환하는 작은 생태계라고 생각합니다. 태어나고 병들고 죽고 그리고 다시 태어나는…. 따라서 저는 그 순환 고리를 끊어내는 과도한 인위적인 접근 방식을 피하고 있습니다.

식물들도 과도한 스트레스를 받으면 병충해에 취약해집니다. 따라서 식물들이 스트레스를 받는 상황, 즉 물이 부족해지거나 잡초와 경쟁해야 하거나

거센 바람에 휘청이지 않도록 우선적으로 돕습니다. 살충제나 살균제는 최후 수단으로 사용하고, 그전에 친환경 방제약을 만들어서 사용합니다. 또한 벌레들이 싫어하는 향기 나는 식물들을 벌레가 많이 생기는 식물들과 함께 심는, 동반식물을 이용한 방식으로 병충해를 관리하고 있습니다.

☑ **천연 병해방제약**

아래의 천연 병해방제약을 만들어 사용할 때는 반드시 전체 식물에 적용하기 전에 잎 한쪽에 먼저 뿌린 후 2~3일 지켜보도록 합니다. 잎이 마르거나, 타거나, 쪼그라드는 등의 생리장해가 일어나지 않는 것을 확인한 후 전체적으로 뿌려주도록 합니다.

아래의 친환경제는 1~2주 간격으로 병이 발생하기 전에 미리 뿌려주는 식의 예방적 차원에서 접근하는 것이 효과가 더욱 큽니다.

● 베이킹소다(NaHCO3)를 이용한 방제법

집에서 많이 사용하는 베이킹소다(탄산수소나트륨)를 이용한 방법입니다. 접촉 살진균제로 사용되며 흰가루병, 탄저병, 녹병, 병충해, 마름병을 비롯한 진균 병원체에 방제 효과가 있습니다. 곰팡이의 실 모양 균사체 성장을 억제하고 곰팡이 세포벽을 손상시켜 방제효과가 나타납니다. 대부분의 살균제와 마찬가지로 병원균에 감염되기 전에 예방제로 사용하는 것이 가장 좋습니다.

♦ 만드는 방법: 베이킹소다 한 티스푼+물 4L+액체비누 1/4~1/2티스푼

● 채소기름을 이용한 방제법

일반적으로 마트에서 파는 채소를 원료로 해서 만들어진 기름들, 즉 유채, 올리브, 해바라기씨유 등을 이용하는 방법입니다. 일주일에 1회 정도 잎에 분무해줄 경우 흰가루병 예방과 방제에 효과적입니다.

♦ 만드는 방법: 유채, 올리브, 해바라기씨유 등의 채소기름 3수저+물 4L+액체비누 1/4~1/2티스푼

● 님오일을 사용한 방제법(Neem oil, 주성분:Azadirachtin)

님오일은 님(Neem)이라는 식물 열매에서 추출한 오일입니다. 특유의 강한 향이 있는 오일로, 특유의 향으로 해충을 쫓아버리거나, 식물을 갉아먹는 것을 멈추게 하거나 성장을 방해하고, 생식호르몬에 영향을 주어 해충을 무력

화시키는 광범위한 천연살충, 살균제입니다. 님오일은 사람이나 반려동물에게 무해하며 오일이 묻은 잎이나 꽃잎을 먹는 곤충에게만 영향을 미칩니다. 벌이나 나비 등 잎을 먹지 않는 수분 매개자들에게는 무해한 오일입니다. 또한 흰가루병, 녹병, 회색곰팡이병, 노균병 등에도 직접적인 방제효과가 있는 다재다능한 오일로 많은 유기농 농가에서도 사용되고 있습니다. 단밍이네에서도 장미를 위한 각종 병충해 방제용으로 주로 사용하고 있습니다.

◆ 만드는 방법: 님오일 5ml+물 1L+1~2ml의 액체비누

● 비누를 이용한 방제법

액체비누를 이용하는 방법으로, 잎에 분무할 경우 흰가루병 방제에 효과가 있습니다.

◆ 만드는 방법: 액체비누 2수저 반+물 4L

● 마늘액을 이용한 방제법

마늘을 물에 분쇄하여 만드는 천연방제약으로 흰가루병 예방에 효과적입니다.

◆ 만드는 방법: 2개 마늘 인경(약 100g 정도의 마늘) 껍질을 벗겨서 물 1L를 이용하여 함께 분쇄합니다. 그 후 5~10분간 추출시킨 후, 액체비누 서너 방울을 섞은 후 거즈에 걸러 액체만 냉장고에 보관하도록 합니다. 사용 시에는 만든 마늘액 1 대 물 9의 비율로 희석해서 사용하도록 합니다.

● 식초를 이용한 방제법

간편하게 식초를 이용해서 만드는 천연방제약으로, 흰가루병 예방에 효과

가 있습니다.

♦ 만드는 방법: 식초 한 수저+물 4L

✽ 휘묻이 번식하기

여름은 한 차례 꽃을 피운 후의 클레마티스나 덩굴장미 등을 휘묻이할 수 있는 좋은 시기입니다. 휘묻이 번식법 또한 손쉽게 정원 식물들 수를 늘릴 수 있는 방법입니다. 줄기 부근에 살짝 상처를 내어 식물들 줄기가 재생되는 과정을 통해 새로운 뿌리를 내리는 방법입니다. 꺾꽂이로 번식하기 어려운 식물들을 번식할 때 유용한 방법입니다. 꺾꽂이 방법에 비해 관리가 수월하며, 이미 어느 정도 성장한 개체를 단기간에 얻을 수 있는 방법이기도 합니다.

☑ 간단한 휘묻이 방법

공중에서 휘묻이하는 방법도 있지만, 여기에서는 땅에서 간편하게 할 수 있는 방법을 소개합니다.

① 연하고 땅까지 잘 구부러지는 가지를 선택합니다.

② 잎자루 바로 밑부분에 겉껍질만 벗겨낸다는 느낌으로 아주 얇게 상처를 냅니다.(클레마티스의 경우 상처를 따로 내지 않아도 휘묻이가 잘됩니다.)

③ 상처를 낸 가지 부분을 땅에 묻어두고, 묻은 부위 가지가 움직이지 않도록 잘 고정해둡니다.

④ 약 한 달~두 달 정도 후면 뿌리가 내립니다.

⑤ 뿌리가 생긴 것을 확인한 후 연결된 가지를 자르고 번식한 가지를 원하는 곳에 옮겨 심습니다.

●가지 선택 및 겉껍질에 상처내기
● 상처 낸 가지 땅에 묻기
● 움직이지 않게 고정
● 한두 달 후 뿌리 생성
● 번식한 가지 자른 후 심기

✖ 여름에 꽃피우는 식물들 추가 비료 주기

여름에 아름답게 꽃피우는 식물들과 메리골드, 백일홍처럼 일 년 내내 꽃을 만들어내는 일년생 초화류들에게는 영양분이 추가로 필요한 시기입니다. 거름은 주는 시기에 따라 밑거름과 웃거름으로 나뉩니다. 밑거름은 식물을 심기 전에 흙에 먼저 넣어주는 비료이고, 웃거름은 식물이 자라면서 영양분이 부족해질 때 넣어주는 비료입니다. 지금은 웃거름을 주어야 하는 시기입니다.

사용하고자 하는 비료를 뿌리에서 조금 떨어진 곳에 묻어주거나 흙 위에 올려주도록 합니다. 입제 형태로 된 비료를 땅 위에 올려두는 방식으로도 사용할 수 있습니다. 땅 위에 올려둔 비료는 빗물이나 관수에 의해 서서히 땅속으로 녹아들어 영양분으로 사용됩니다.

봄에 주는 비료와 마찬가지로 저는 유기질 비료를 사용하고 있습니다. 질소를 포함한 혈분이 주 성분인 비료와 인산이 풍부한 골분, 그리고 낙엽을 태운 재인 초목회를 섞어 뿌리 곁에 땅을 파고 살짝 묻어주는 방식으로 사용하고 있습니다. 또한 꽃을 많이 피운 후 지쳐 보이는 식물들의 경우, 수용성 액체비료를 적정량 희석하여 잎에 분무해주는 엽면시비 방법으로 식물들이 회복할 수 있도록 돕고 있습니다.

식물에게서 양분 부족 현상이 보이지만 원인을 잘 모르는 경우, 종합 액체비료(하이포넥스 미량요소비료)를 구입하여 엽면살포할 경우 빠르게 회복시킬 수 있습니다.

엽면시비란?
수용성 비료를 적정량 희석하여 식물 잎에 분무해주는 비료 공급 방법입니다. 식물은 뿌리뿐만 아니라 잎 기공을 통해서도 비료성분을 바로 흡수할 수 있습니다. 질소의 경우는 엽면시비로 공급된 양의 70%가량을 바로 흡수할 정도로 흡수력이 좋습니다. 엽면시비는 토양에 비료를 주는 방식보다 효과가 빠릅니다. 뿌리가 손상되어 흡수율이 떨어진다거나 흙이 과습한 상태 등 토양 시비가 어려울 때, 생육이 좋지 않을 때, 식물 상태를 빨리 교정하고 싶을 때, 식물에게서 양분 부족 현상이 보일 때 및 원인을 잘 모르는 경우에도 사용이 가능한 방법입니다. 분무는 기공이 열려 있는 오전에 하는 것이 좋으며, 잎의 앞뒷면에 모두 기공이 있기 때문에 앞뒷면에 골고루 분무하도록 합니다.

❀ 튤립, 알리움 구근 캐서 보관하기

튤립이나 알리움 등 구근식물을 배수가 좋은 땅에 심었다면, 굳이 캐낼 필요는 없습니다. 반면 물빠짐이 좋지 않은 땅에 심은 경우에는 장마철에 구근

이 썩어버릴 가능성이 크기에 구근을 캐내어 보관해두었다가 가을에 다시 땅에 심어주는 방법을 이용할 수 있습니다.

튤립을 포함한 구근식물은 꽃을 피운 후 광합성을 통해 얻은 영양분을 구근에 저장한 후, 기온이 올라가면서 휴면에 들어갑니다(대략 25도 이상 지속될 경우). 따라서 튤립은 꽃이 진 후 데드헤딩을 통해 불필요한 씨앗을 맺기 위해 에너지가 낭비되는 것을 방지해주도록 합니다. 잎은 휴면에 들어가기 전까지 지속해서 광합성을 통해 영양분을 만들어 구근으로 보내기 때문에, 스스로 누렇게 마를 때까지 기다려주는 것이 좋습니다.

잎이 1/2~2/3 정도 누렇게 말랐을 때부터 튤립 구근을 수확하도록 합니다. 수확한 구근은 양파망 등 통기성이 좋은 곳에 담아 시원하고 통풍이 잘되는 곳에 보관해두었다가 늦가을에 다시 땅에 심어주도록 합니다. 한 가지 안타까운 점은 우리나라에서는 튤립이 소모성 구근에 속한다는 것입니다. 구근식물들은 꽃을 피운 후 나머지 잎으로 광합성을 통해 만들어진 영양분을 구근에 비축해두어야 다음해에도 크고 아름다운 꽃을 피울 수 있습니다. 하지만 우리나라에서는 4월 말에서 5월이면 튤립의 휴면온도인 25도가 넘는 기온이 시작됩니다. 구근에 충분한 영양분을 비축해둘 시간이 부족한 채로 휴면에 들어가게 되는 것이지요. 이렇게 몇 해를 반복하다 보면 구근의 크기가 점점 작아지고 꽃 크기가 점점 줄어들다가 결국 꽃을 피우지 않게 됩니다. 원종튤립의 경우에는 보통의 원예종 튤립과는 달리 이러한 구근 소모가 일어나지 않아서 매년 꽃을 피웁니다.

✽ 여름꽃 추가해서 심기

여름에 피는 꽃을 의도적으로 계획하여 심지 않았다면, 한여름에는 의외로 정원에 꽃이 없음을 알게 됩니다. 6월경이 되면 팬지, 비올라, 네모필라,

데이지같이 봄에 피는 많은 일년생 식물이 시들게 됩니다. 또한 많은 꽃들이 더위에 지쳐 기공을 닫고 광합성을 하지 못한 채 버티기 작전에 돌입하기도 합니다. 꽃이 없는 초록색만 무성한 여름 정원을 원하지 않는다면 높은 기온과 건조한 땅에서도 꽃을 잘 피우는 식물들을 미리 계획해서 심어주면 화려한 여름 정원을 맞이할 수 있습니다.

샐비어나 버들마편초, 백일홍, 펜타스, 천일홍, 해바라기, 다알리아, 맨드라미, 에키네시아, 루드베키아, 플록스, 안젤로니아, 아게라텀 등은 대표적인 여름꽃으로 여름부터 늦가을까지 지속적으로 꽃을 피웁니다.

✖ 목재 데크와 시설물에 오일스테인 칠하기

목재 데크는 태양, 비, 바람의 영향으로 시간이 지남에 따라 자연스럽게 회색으로 변하기 시작합니다. 데크를 보다 아름답고 견고하게 유지하기 위해서는 정기적으로 오일스테인을 칠해주어야 합니다. 특히 이 작업은 본격적인 장마가 시작되기 전에 완료되어야 습기로 인한 피해를 예방할 수 있습니다. 비 소식이 없는 맑은 날을 선택해서 먼저 목재를 청소하고 충분히 말리도록 합니다. 그다음 원하는 오일스테인을 칠하도록 합니다. 최소 하루 정도 말린 후에 데크 등의 시설물을 사용하도록 합니다.

✖ 직접 퇴비 만들기

사실 퇴비 만들기는 어느 시기라도 가능합니다. 정원 식물 부산물들이 많아지기 시작하는 늦봄부터는 재료가 충분히 공급되기 때문에 직접 천연 퇴비 만들기에 도전해볼 수 있습니다. 퇴비를 직접 만드는 것은 다소 시간을 필요로 하는 작업이 될 수는 있으나, 어렵지는 않습니다.

☑ **퇴비 만드는 방법**

퇴비는 산소와 수분 그리고 유기물을 재료로 미생물이 만들어주는 자연의 선물입니다.

● **재료 넣기**

퇴비는 탄소와 질소를 포함하는 모든 재료로 만들 수 있습니다. 퇴비 재료가 되는 유기물들은 미생물들에게 분해되어 식물들이 흡수할 수 있는 형태인 무기질로 변환됩니다. 탄소와 질소 비율이 적당하면 퇴비는 약 6개월가량이면 완성됩니다. 적당한 탄소와 질소 비율을 탄질비(C/N ratio)라고 하며, 30대 1 정도를 적당한 비율로 보고 있습니다. 하지만 이러한 비율을 실제로 맞추기는 전문가가 아닌 이상 어려울 수 있습니다. 각 재료들이 가진 탄소나 질소 함량이 모두 다르며, 퇴비화 과정 중에서도 변하기 때문입니다. 따라서 보통 이 전문적인 탄질비를 맞추기보다는, 탄소 만드는 재료 2 그리고 질소 만

드는 재료 1 정도 섞음으로써 2 대 1 정도 비율을 맞추어 시작하도록 합니다.

◆ 탄소 만드는 재료(주로 갈색을 띠는 재료)

낙엽, 신문지, 왕겨, 톱밥, 나뭇가지, 우드칩, 바크, 종이 등

◆ 질소 만드는 재료(주로 녹색을 띠는 재료)

채소, 씨앗을 맺지 않은 상태의 잡초, 초록 잎, 과일껍질, 과일, 깻묵, 비지 등

◆ 넣으면 안 되는 것들(해충 및 벌레를 유발하거나 썩지 않는 재료)

염분이 있는 조리 후의 음식 찌꺼기들, 코팅된 종이, 병든 식물, 고기, 유제품, 염분이 있는 조개껍질, 해산물 등

탄소가 많은 낙엽이나 나뭇가지 등의 목재류는 수분이 적으며, 세포를 구성하고 있는 리그닌(lignin)성분을 분해하는 데 시간이 오래 걸립니다.

반면 질소가 많은 푸른 풀 종류는 수분이 많고, 세포를 구성하는 섬유소를 분해하는 데 걸리는 시간이 짧습니다.

● 수분 유지해주기

퇴비 만들기에서 적정량의 수분은 매우 중요합니다. 수분이 너무 많거나 적으면 유기물을 분해하는 미생물 활동이 줄어듭니다. 퇴비가 만들어지면서 수분이 적어지는 것 같다면 추가로 수분 보충이 필요합니다. 적당한 수분 비율은 50% 정도로 손에 쥐었을 때 재료의 물이 한두 방울 떨어지는 정도가 좋습니다.

● 퇴비 뒤집어서 산소 공급하기

퇴비 재료들은 산소를 좋아하는 호기성 미생물에 의해 분해됩니다. 퇴비 더미 안의 산소가 부족해질수록 퇴비화는 더뎌집니다. 따라서 퇴비 더미 안쪽까지 산소가 잘 전달될 수 있도록 한두 달에 한 번 정도 뒤집어주도록 합니다. 뒤집기를 할 때는 분해가 안 된 바깥쪽 재료가 안쪽으로 가고 안쪽 재료들은 바깥쪽으로 나올 수 있도록 해주면 골고루 분해가 됩니다.

● 온도 확인하기

미생물은 산소와 수분을 사용하면서 온도를 높여가며 재료를 분해합니다. 퇴비화가 진행되면서 발열온도의 최고점이 65도 이상 올라가면 퇴비화 조건들이 잘 맞는다는 뜻입니다. 온도가 올라갔다가 내려가는 것 같으면 다시 수분을 공급하고 뒤집어서 산소를 제공하는 반복과정을 거칩니다. 온도가 반복적으로 오르내리면서 질소 재료는 완전 분해되어 잘 보이지 않으며 탄소 재료들은 높은 열에 타들어가듯 검은색을 띠게 됩니다.

● 잘 만들어진 퇴비 확인하기

퇴비가 잘 만들어졌을 때는 처음 재료들과는 다른 검은색을 띠며 가볍고 부슬부슬한 촉감을 지닙니다. 좋은 흙 냄새가 나거나 냄새가 거의 나지 않으면 퇴비가 잘 만들어진 것입니다.

● 퇴비장을 만드는 좋은 장소

통풍이 잘되며 그늘지고 비를 피할 수 있는 곳이 좋습니다. 그리고 퇴비함은 뚜껑을 만들어 비에 젖지 않도록 합니다. 퇴비화되는 과정 중에 다소 냄새가 발생할 수 있으니 이 점을 고려하도록 합니다.

● 퇴비함

어떤 식으로든 퇴비 재료들이 흩어지지 않고 잘 모일 수 있게 하는 공간이면 됩니다. 공기가 잘 통하고 습도가 잘 유지되는 공간이면 됩니다. 따로 공간을 만들지 않고 땅에 넓은 구덩이를 만들어서 퇴비장으로 이용할 수도 있습니다.

퇴비 더미에 물이 고이면 부패하거나 악취가 발생할 수 있으므로 바닥은 배수가 잘되도록 합니다. 단밍이네에서는 목재 폐 팔레트를 구해서 만들어

사용하고 있습니다.

✽ 장마철 이용해서 녹지삽목하기

녹지삽목이란 올해 자란 아직 목질화가 되지 않은 초록색 상태 가지를 잘라 삽목하는 방법을 말합니다. 장마철은 높은 습도와 빗물에 의한 지속적인 수분공급으로 삽목이 잘되는 시기입니다. 또한 조직이 연한 가지를 이용해서 뿌리가 더 빨리 발생합니다. 이 장마철을 놓치지 않고 잘 이용하면 정원의 식물들을 많이 늘릴 수 있습니다.

단밍이네에서는 그늘지고 거름기가 적은 배수가 잘되는 마사땅에 삽수를 꽂아놓는 아주 간단한 방법으로 삽목을 하고 있고, 여름에도 마찬가지입니다. 이 시기에는 꽃이 진 수국, 순자르기하고 남은 국화, 아스타, 라벤더, 장미 등을 삽목하곤 합니다. 땅에 꽂아두는 것만으로도 삽목이 잘되는 시기이기에 다년생 식물들을 늘리고 싶다면 초봄뿐만 아니라 이 장마철 또한 잘 이용해보시기 바랍니다.

✽ 장마철 대비 및 배수로 점검

본격적인 여름이 오기 전 우리나라에는 장마철이 찾아옵니다. 장마철은 정원에 찾아오는 대대적인 고난의 시기이며 많은 식물들이 과습으로 피해를 받게 되는 시기입니다. 장마철이 지나고 나면 많은 식물들이 아름답지 못한 상태가 되어버립니다. 쓰러지고, 넘어지고, 병에 걸리는 모습 등으로 말이지요. 하지만 이 또한 피해갈 수 없는 자연의 시간이기에, 받아들일 것은 받아들이되 식물들이 장마철을 잘 견딜 수 있도록 돕는 일에 집중하도록 합니다.

장마철에 물빠짐이 좋지 않은 곳에 심은 식물들은 뿌리가 물에 잠겨 호흡을 할 수 없게 되고 결국 많은 수가 고사합니다. 일반적으로 뿌리가 일주일 이상 물에 잠기면 식물이 위험해집니다. 따라서 장마철이 시작되기 전에 물빠짐이 좋지 못한 곳에 심은 식물들을 옮겨 심는 방법, 땅을 복토하여 식물을 지면보다 높이 올려 심는 방법, 장마철 기간에는 배수가 잘 되지 않는 땅을 비워두는 방법 등을 활용하여 장맛비에 의한 과습 피해를 예방하도록 합니다.

또한 떨어지는 빗물로 바닥에서 흙이 튀고, 흙 속 균들이 식물 잎의 기공을 통해 침입하여 병을 일으키기도 합니다. 장마가 오기 전에 식물 뿌리 부근을 멀칭해주면 빗물에 의해 흙이 튀는 것을 방지해줍니다. 우수관 혹은 배수로의 막힌 부분이 없는지도 잘 살펴보고 낙엽 등으로 막혀 있다면 미리 정리해서 물빠짐이 원활할 수 있도록 합니다. 키가 큰 식물들은 지주대 등을 미리 설치하여 강한 비에 쓰러지지 않도록 해줍니다.

또한 채종해야 할 씨앗이 있다면 장마가 오기 전에 부지런히 씨앗을 받아두도록 합니다. 장마철에 많은 씨앗들이 썩어버리거나 곰팡이에 감염되어 채종하기 힘들어질 수 있기 때문입니다. 습기가 많은 토양을 힘들어하는 화분에 심은 라벤더, 제라늄 같은 식물들은 비를 맞지 않는 곳으로 이동시켜 과습으로 인한 피해를 받지 않도록 조치해줍니다.

✾ 시든 꽃 제거하기

6월 중순이 되면 봄꽃들이 대부분 져가기 시작합니다. 시들어가는 식물은 제거하도록 하며, 통풍에 방해되는 잎들도 정리해서 여름철 병충해 발생을 예방하도록 합니다.

✽ 정원의 작은 화분들 관리에 주의하기

봄 기간 동안 크기가 작은 화분에 식물들을 심고 즐겨왔다면, 여름에 가까워질수록 화분 관리에 더욱 주의를 기울여야 합니다. 작은 크기의 화분은 햇빛에 쉽게 과열되어 식물 뿌리가 스트레스를 받게 됩니다. 화분 안의 수분 또한 금세 증발합니다. 크기가 작은 화분에 물을 좋아하는 수국 등의 식물을 심었을 경우 특히 관리에 주의를 기울여야 하며, 더운 여름이 오기 전에 작은 화분에서 빼내어 큰 화분으로 옮겨주거나 정원 땅에 심어주는 것이 더욱 안전하게 식물을 관리할 수 있는 방법이 될 것입니다.

✽ 정원의 관수 시스템 정비

한여름의 고온 건조한 날씨에 토양 수분은 순식간에 말라버립니다. 식물들을 위해 물을 주러 정원으로 나가는 것 또한 고역이 될 수 있습니다.

따라서 최대한 토양 수분이 증발되지 않도록 식물 뿌리 부근에 멀칭을 추가하고, 정원의 물공급 시설을 점검해두어야 합니다. 호스가 짧아서 물을 매번 통에 담아 직접 날라야 하는 화단이 있었다면, 정원 호스 길이를 연장하고, 흩어져 있는 화분들을 한곳에 모아 물이 급격하게 필요해지는 여름철에 식물들에게 쉽고 간편하게 물을 줄 수 있도록 정비해둡니다.

✽ 그늘막 치기

그늘은 잎사귀를 직사광선으로부터 보호하며, 그늘진 부분은 그늘이 없는 부분보다 온도가 더 낮을 수 있습니다. 또한 식물에 그늘을 제공하면 증산(식물 잎에서 물이 증발하는 것)을 통한 수분 손실 양을 줄일 수 있습니다. 정원에 그늘을 추가하는 방법에는 여러 가지가 있습니다.

해바라기를 심는 것은 필요한 곳에 자연 그늘을 제공하는 훌륭한 방법입니다. 정원 서쪽에 해바라기를 심으면 강한 오후 햇빛을 가려주고 다른 식물들에게 그늘을 제공할 수 있습니다. 해바라기 그늘을 원한다면 줄기가 여러 개가 생겨서 여러 개의 꽃을 피우는 품종을 선택하여 심도록 합니다.

또한 필요한 곳에는 그늘을 위한 차양막을 설치하기도 합니다. 차양막의 빛 투과율은 제품마다 다양합니다. 그늘을 위한 차양막의 대부분은 여름에는 40~60%의 빛 투과율 제품을 사용합니다.

✖ 여름 가지치기하기

여름철 가지치기는 주로 6~7월에 시행합니다. 잎과 가지가 왕성하게 자라는 시기이기 때문에 복잡하게 자란 가지를 잘라주도록 합니다. 여름 가지치기는 복잡하게 얽힌 가지 사이의 통풍과 채광을 좋게 하여 질병을 예방하고 광합성을 증진시킵니다. 한 가지 주의할 점은 라일락처럼 꽃을 관상하는 나무는 꽃눈이 만들어지는 시기가 대부분 7~8월이기 때문에 6월 중에 전정을 마무리해야 한다는 것입니다. 꽃눈이 만들어진 후 가지치기를 하는 경우 꽃눈이 모두 잘려나가 이듬해에 꽃을 보지 못할 수 있기 때문입니다.

또한 6월 중순쯤 되는 시기는 장미의 봄 개화가 끝나는 시기입니다. 반복적으로 꽃피는 능력이 좋은 장미 품종들의 경우, 만개가 끝난 후 가볍게 가지치기를 해줌으로써 7월 여름 개화를 유도할 수 있습니다. 봄 동안 자란 가지 중에 안쪽을 향해 있어서 광합성 효율은 좋지 않으면서 통풍에 방해가 되거나 병이 든 가지, 손상된 가지 등은 가볍게 가지치기를 해줍니다. 또한 꽃을 피운 후 열매를 맺는 데 에너지를 쏟지 않도록 데드헤딩은 꾸준히 시속하도록 합니다.

여름이 왔을 때 하는 가드닝

✽ 정원에 물 공급하기

여름은 정원에 인위적인 물 공급이 반드시 필요한 계절입니다. 7월에서 8월 중순까지는 매일 물을 주어야 할 수도 있습니다. 물을 가장 효과적으로 주는 방법은 앞서 설명한 바와 같이 광합성이 시작되는 이른 아침에, 식물 위에서 물을 뿌리는 방법이 아닌 가급적 토양에 직접, 물이 뿌리까지 전달되도록 충분히 주는 것입니다. 아침 시간을 이용할 수 없다면 저녁에 물을 줄 수도 있으나 저녁에 물을 주는 것은 잎에 묻은 수분이 증발될 시간이 부족해서 곰팡이나 각종 세균에 의한 병을 유발시킬 수 있으니 주의하도록 합니다.

✽ 멀칭 추가하기

멀칭은 토양을 시원하고 촉촉하게 유지하고 잡초를 빛으로부터 차단함으로써 식물에 이로움을 줍니다. 특히 유기농 멀칭은 귀뚜라미와 딱정벌레를 유인하고, 이 딱정벌레는 수천 개의 잡초 씨앗을 찾아 먹어치웁니다.

봄에 사용했던 유기질 멀칭재들이 서서히 분해되어 얇아져 있을 확률 또한 높습니다. 멀칭재를 약 2인치 높이로 유지하려면 필요에 따라 보충해야 합니다.

얇아진 멀칭을 좀 더 추가하여 보완해줌으로써 토양 수분이 증발되는 것을 막고 고온으로부터 식물들 뿌리를 보호해주도록 합니다. 멀칭은 나무조각, 나무껍질, 깎은 잔디 등과 같은 유기질 성분이 시간이 지남에 따라 천천히 분해되어 토양에 영양소를 추가해줌으로써 토양을 비옥하게 합니다.

✽ 가드너 스스로의 건강 돌보기

여름날 가드닝은 즐겁지만은 않은 것 같습니다. 식물뿐만 아니라 가드너 또한 무더위와 각종 벌레들과의 사투를 벌여야 하는 시기이기 때문입니다. 특히 오전 10시에서 오후 4시까지의 뙤약볕은 식물을 돌보는 정원사의 건강을 위협합니다. 따라서 이 시간대에는 야외에서 정원 일을 하는 것을 되도록 피하도록 합니다. 굳이 정원 일을 해야 한다면 긴팔 옷, 챙이 긴 모자, 선글라스, 자외선 차단제 등을 사용하여 강한 자외선으로부터 피부를 보호하고, 정원 일을 하면서는 물을 자주 마시도록 합니다.

뜨거운 낮을 피해 조금 선선해진 저녁시간에 정원 일을 하려다 보면 이번에는 모기떼가 극성을 부립니다. 긴팔과 긴바지를 착용한 후 옷에 모기 기피제를 뿌리는 것만으로도 많은 도움이 되니, 이를 적극적으로 사용하도록 합니다.

✽ 물주기 전 토양 확인하기

한낮의 뜨거운 태양빛 아래 식물들 잎이 시들어 보인다고 물을 바로 필요로 하는 것은 아닙니다. 잎사귀가 처지는 것은 일반적으로 식물에게 물이 필요하다는 신호이지만 여름에는 그렇지 않은 경우도 있습니다. 여름철에 식물이 때때로 시드는 것은 토양이 건조하기 때문이 아닙니다. 태양 열기로 잎사귀 수분이 일부 증발했을 경우, 토양 수분과 관계없이 시들어 보이는 모습을 보이곤 합니다.

이 경우 식물은 일반적으로 서늘한 아침시간과 오후 저녁시간이 되면 잎의 모양이 본래 상태로 돌아가곤 합니다. 이런 현상은 햇빛이 뜨겁고 온도가 상승할 때 자주 발생합니다. 따라서 물을 주기 전에 항상 토양에 수분이 있는지 확인하는 것이 좋습니다. 여름철에 식물이 시들어 보인다는 이유만으로 물을 주면 식물 뿌리가 뜨겁고 축축한 상태가 지속되어 뿌리 썩음과 그로 인한 고사를 초래할 수 있습니다.

✽ 잔디 깎기

넓게 펼쳐진 초록색 잔디밭은 우리에게 또 다른 개방감과 행복을 선사합니다. 사람은 본능적으로 드넓게 펼쳐진 초록색 공간에 이끌리는 경향이 있는데 이를 '사바나 증후군(Savanna syndrome)'이라고 부릅니다. 인류 문명 초기 수천 년 동안 우리가 아프리카 사바나 초원에서 경험했던 기억이 유전자 속에 각인되어 그것과 닮은 풍경에 쉽게 이끌린다는 뜻이지요.

여름에 아름답게 펼쳐진 초록색 잔디밭은 바라보는 것만으로도 평화로움과 청량감을 느끼게 해줍니다. 하지만 정원사가 마냥 아름다움을 감상만 하고 있을 수는 없겠지요. 아름다운 잔디밭을 유지하기 위해 잔디 깎기를 시작해야 할 때입니다. 여름철에는 잔디 길이의 3분의 1 정도를 자르도록 합니다. 너무 짧게 깎아 땅이 드러나는 짧은 잔디는 잡초를 방지하기 어려울 수 있습

니다. 더 긴 잔디는 더 깊은 뿌리 성장을 촉진하여 가뭄에 강한 잔디를 만들고 수분 증발을 줄일 수 있습니다. 질소가 풍부한 깎은 잔디의 부산물은 화단 멀칭용으로도 사용할 수 있습니다. 건조하고 비가 오지 않는 날씨에는 잔디밭에 물을 공급해주도록 합니다. 또한 잔디전용 비료를 사용하여 잔디에도 영양분을 공급해주면 푸르고 건강한 잔디밭을 즐길 수 있습니다.

✖ 화단경계 정리하기

정원을 즉각적으로 빛나게 하는 가장 간단한 방법 중 하나는 잔디와 화단 사이에 깨끗한 선을 만드는 것입니다. 잔디가 화단 안으로 침범하는 것을 막기 위해 잔디 엣지를 이용하도록 합니다.

✖ 여름휴가 떠날 경우 대비하기

짧은 여행을 다녀오는 경우에는 정원 식물들이 크게 영향받지 않지만, 다소 긴 기간 휴가를 떠날 경우에는 정원에 대비를 충분히 한 후 떠나야 합니다. 아무 준비 없이 여행을 긴 기간 다녀왔다면 말라 죽은 식물들로 가득 찬 정원을 만나게 되겠지요.

가장 좋은 방법은 이웃에게 부탁하는 것이지만 한여름에 정원에 물 공급을 부탁하는 것은 쉽지 않을 수 있습니다. 휴가를 가기 전 토양을 멀칭하고 액체 비료를 공급해서 식물들 컨디션을 좋은 상태로 만들어놓습니다. 필요시 자동 급수 시스템 연결 또는 그늘막을 제공하고, 화분은 그늘진 곳으로 이동시켜놓도록 합니다. 화분 받침대에 물을 담아서 화분을 올려둠으로써 화분 식물이 말라죽는 것을 예방하도록 합니다.

특별히 소중한 식물이 있다면 플라스틱 양동이나 페트병 밑바닥에 작은 구멍을 뚫고 식물 뿌리 부근에 올려둡니다. 작은 구멍을 통해 물이 식물 뿌리 부근으로 천천히 떨어질 것입니다. 끝으로 떠나기 직전 물을 땅에 가득 스며들도록 충분히 주는 것을 잊지 않도록 해야겠지요.

✖ 여름 가지치기 및 식물들 다듬기

여름에 과도하게 자란 식물을 가볍게 정리하여 여름철 동안 정원이 정글로 변하는 것을 방지하도록 합니다. 메리골드, 아게라텀처럼 늦가을까지 꽃을 지속적으로 만들어내는 식물들의 줄기를 반원의 돔 형태로 잘라서 보다 낮고 예쁜 모양으로 다시 꽃피우도록 가지치기를 합니다.

목수국 또한 시들어가는 꽃을 잘라주면 9월 즈음 재개화가 이루어지니 데드헤딩을 비롯한 가지치기를 가볍게 해주도록 합니다. 삐죽삐죽하게 너무 길게 자란 관목 가지들도 다듬어줍니다. 가지치기 전 도구를 소독하는 것도 잊지 마시기 바랍니다.

또한 반복적으로 개화하는 장미 품종의 경우, 여름 전정은 초봄의 전정만큼이나 중요합니다. 우리나라의 가을은 가장 아름다운 장미꽃을 만들어낼 수 있는 낮과 밤의 온도를 가지고 있기 때문입니다. 이를 위해서는 광합성을 통해 영양분을 많이 만들어낼 수 있는 건강한 잎이 많이 필요합니다. 많은 로자리안들이 여름철 각종 병충해로부터 건강하게 장미 잎들을 관리하기 위해 땀을 흘리는 이유이기도 합니다. 시기를 잘 맞추어 가지치기를 진행한다면

봄의 장미꽃보다 더욱 깊은 색감과 아름다운 화형을 지닌 가을 장미를 만나실 수 있습니다.

우리나라에서는 대체로 8월 중순에 여름 가지치기를 시행합니다. 지역에 따라 시기는 조금 이를 수도, 늦을 수도 있습니다. 가지치기 후 약 한 달 반이 지나면 가을 장미꽃을 피우게 됩니다.

✽ 태풍 대비

늦여름부터 초가을 사이에는 또 다른 불청객이 종종 찾아오곤 합니다. 바로 태풍이지요. 태풍은 다소 갑작스럽게 찾아오기에 태풍이 온다는 소식을 들으면 정원사들은 매우 분주해집니다. 정원 식물들과 시설물들에 대한 사전 점검과 대비를 하기 위해서지요.

☑ 태풍이 오기 전 해야 하는 준비

● 화분에서 키우는 식물 실내로 가져오기

바람이 심하게 불면 화분 자체가 날아가거나 뒹굴어 깨질 위험이 있습니다. 따라서 화분에 심은 식물들을 실내나 바람을 피할 수 있는 창고 등으로 옮기도록 합니다. 화분을 옮기기 마땅치 않다면, 최대한 비바람을 피할 수 있는 집 외벽 등에 가까이 붙이고 함께 모아두도록 합니다. 공중에 매달아놓고 쓰던 화분이 있다면 모두 땅으로 내려 바람에 날려가지 않도록 주의합니다.

● 적절한 가지치기

가지가 너무 많아서 부러질 염려가 있는 식물들의 손상된 가지나 죽은 가지 등을 가볍게 정리하여 바람 저항을 줄여 완전히 꺾여버리는 것을 방지합니다.

● 식물들 고정하기

최근에 심은 나무, 뿌리가 아직 단단하게 땅에 내리지 못한 상태의 키 큰 식물들, 혹은 잎이 많아서 태풍에 영향을 받을 것 같은 식물들은 미리 지주대를 해주도록 합니다. 특히 가을 개화를 앞둔 장미의 경우 지주대, 오벨리스크, 아치 등에 잘 고정해서 강한 바람에 뿌리가 흔들려 손상되는 것을 방지하도록 합니다.

● 정원용 테이블, 의자 등 고정하기

정원용으로 사용하던 테이블, 의자 등을 실내로 가져올 수 없는 경우에는 울타리, 나무 아래 또는 울타리 안에 쌓아놓고 함께 묶어 고정하도록 합니다. 의자를 거꾸로 뒤집어놓고 그 위에 테이블을 쌓고 묶어두는 방법도 있습니다. 어린이들이 사용하던 간이 미끄럼틀, 자동차 등 놀이기구들도 고정하도록 합니다.

● 창고의 모든 문과 창문, 온실 문 닫기

창고와 온실 문을 모두 닫아서 바람으로 인한 손상을 줄이도록 합니다.

● 마지막으로 정원 돌아보며 확인하기

바람에 날아가 피해를 입힐 수 있는 물건 등이 남아 있는지 정원을 한 바퀴 거닐며 확인하고, 태풍이 지나가는 상황에서는 안전을 위해 집안에 머물도록 합니다.

03 색다른 풍요, 가을

가을은 예쁘게 옵니다. 봄과 여름이 꽃과 벌들을 향한 생존의, 청춘의 아름다움이라면, 가을은 치열한 삶을 뒤로하고 자신의 본 모습을 찾아 처연한 모습으로 늘어져가는 햇살과 바람을 받아들여 자신만의 빛깔과 속도로 예뻐지는 시기입니다. 사라져가는 초록을 아쉬워하는가 하면 일찍 순응하여 잎을 떨구고 겨울눈을 준비하기도 합니다.

가을은 특히 노을이 아름다우며 바람도 예쁩니다. 여름비가 잎을 적셔 만들어지는 소리는 청량하고 시원하지만, 가을바람이 잎을 스치며 지나가는 흔적은 아스라하고 긴 여운을 남깁니다. 하늘에 고추잠자리 떼가 뜨면 모기는 사라집니다. 여름철 펄쩍이며 아내를 놀라게 한 큰 개구리들은 흔적도 없이 사라집니다. 메뚜기 색은 짙어지고 곱등이와 여치는 긴 수염으로 아내를 또 놀래고 거미줄은 질겨집니다.

생명의 순환은 신비롭고 모든 사라져가는 것들과 곧 숨어들 모든 것들이 아쉽습니다. 햇살 이야기를 모으고 꽃 이야기를 모으고 가드너가 흘렸던 땀방울 이야기를 모으듯 곶감용 감을 깎으며 모든 추억들에 대한 대화로 부부는 재잘거립니다. 모이가 풍성한 참새처럼 추억들로 배부른 나날들이 가을의 나날입니다.

앗! 사실상 가드너의 가드닝은 가을에 시작합니다. 추억은 잠시 제쳐두고 아내가 이리저리 바쁩니다. 땅을 파고 무언가를 심습니다. 그리고 매년 봄마다 이야기합니다. '어디다 심었더라?' 기억이 가물가물한 가을입니다.

가을이 오기 전에 하는 가드닝

✿ 여름 화단 정리하고 가을꽃 심기

여름을 지나오는 동안 장마, 무더위, 가뭄, 태풍, 병충해에 시달린 정원은 아주 피곤해 보입니다. 어수선한 잎사귀, 무게를 이기지 못하고 쓰러진 꽃들, 시든 꽃, 그리고 각종 병충해를 입은 모습들….

또다시 정원사의 손길이 바빠지는 계절입니다. 병든 식물은 병원균의 숙주 역할을 하기 때문에 제거합니다. 병든 식물들이나 잎은 퇴비 재료로 사용하지 말고 쓰레기통에 버리도록 합니다. 퇴비화되면서 열이 발생하지만 병원균을 없앨 만큼 충분하지 않을 수 있습니다. 이 시기는 아침저녁으로 선선해진 날씨에 정원 일을 하기가 보다 수월합니다. 여름을 지나온 화단을 정리하고 빈 공간에 국화, 팬지 등 추위에 강한 식물들로 교체해서 심어 가을 화단을 준비합니다.

✖ 가을 파종하기

8월 말~9월 초는 여름에 파종하여 키운 어린 다년생 식물들을 땅에 정식해주면서 동시에 본격적인 '가을 파종'을 시작할 때입니다. 우리는 보통 씨앗을 파종하는 계절을 봄이라고 생각하지만, 가을에 파종할 수 있는 식물들도 굉장히 많습니다. 가을에는 추위에 강하고 비교적 낮은 온도에서 발아하는 식물들 중심으로 파종하도록 합니다.

대표적인 예로 델피니움이나 락스퍼는 발아 온도가 낮아(15도 전후) 24도가 넘는 온도에서는 발아가 잘 되지 않습니다. 여름철에 파종해도 새싹을 볼 가능성이 낮음을 의미하지요. 선선해지기 시작하는 9월 초에 파종하면 가을로 접어들수록 기온이 서서히 내려가고 그와 동시에 발아에 필요한 기간(약 2~3주) 또한 함께 흐르게 됩니다. 그렇게 시간이 흘러 발아 시점이 되면 발아에 필요한 온도가 자연스럽게 맞춰지고 싹을 틔우게 되는 것이지요.

단밍이네가 9월 파종했던 월동 가능한 꽃들
델피니움, 락스퍼, 루피너스, 비올라, 디기탈리스, 수레국화, 꽃양귀비, 사포나리아, 니겔라, 샤스타데이지, 올라야, 클라리 세이지

☑ 가을 파종 시 주의사항

봄뿐만 아니라 9월은 파종하기에 무척 적절한 시기입니다. 여름처럼 햇빛이 강하지도 않고, 물이 마르는 속도도 더뎌지기 때문입니다. 가을 파종 시에는 다년생 식물과 추위에 강한 일년생 식물을 파종하도록 합니다. 수레국화나 꽃양귀비 같은 추위에 강한 일년생 초화류 경우는 봄에 파종해도 꽃을 피우지만, 가을에 파종하고 겨울을 나게 할 경우 2주 정도 꽃이 빨리 피기 시작하고 더욱 풍성하게 꽃을 피운다는 장점이 있습니다.

샤스타데이지, 루피너스 등 많은 수의 다년생 식물들은 모종 상태에서 어느 정도 추위를 겪어야 꽃눈이 만들어지는 특성이 있기 때문에 다음해 꽃을 보기 원한다면 가을 파종을 하는 것이 좋습니다.

✽ 사진을 찍거나 기록하기

이번 해의 정원에서 잘 자랐거나 그렇지 않은 식물들을 기록하는 것은 내년도 정원을 계획하기 위한 좋은 출발점이 됩니다. 특별히 아름답게 조성되었던 화단, 색감의 조합이 훌륭했던 꽃들처럼 특히 아름다웠던 공간을 사진으로 찍어 기록하면 내년에도 비슷한 느낌의 화단을 만드는 데 도움이 될 수 있습니다.

또한 과도하게 번져버린 다년생 식물들, 너무 빽빽하게 자라 식물들끼리 과도하게 경쟁한 장소, 식물들이 병충해에 유난히 잘 걸린 화단, 장마철에 배수가 잘 되지 않아서 피해를 받았던 곳 등도 간편하게 사진으로 찍어놓거나 기록을 해두도록 합니다. 이러한 작은 기록들이 차곡차곡 모여서 데이터가 되고 앞으로 더욱 아름다운 정원을 가꾸는 데 많은 도움이 될 것입니다.

✖ 잔디밭 청소

5월부터 열심히 깎았을 잔디 부스러기들이 잘 보이지는 않지만 지금쯤 잔디밭 사이사이에 많은 양이 쌓여 있을 것입니다. 이것들은 통풍을 방해하고 병해충에 노출될 위험을 증가시킵니다. 갈고리를 이용해서 잔디밭을 전체적으로 긁어주도록 합니다.

✖ 질소 비료 주지 않기

8월 중순 이후로는 다년생 식물과 나무들에게 질소 비료 주는 것을 피하도록 합니다. 질소는 식물들에게 새로운 성장을 유도함으로써 가을 동안 서서히 휴면에 들어갈 준비를 하는 것을 방해하며 추위에 대한 저항을 낮춥니다.

가을이 왔을 때 하는 가드닝

가을은 정원사에게 가장 중요한 시기입니다. 올해의 정원을 정리하고 내년 정원을 계획하고 설계해야 하는 시기이기 때문입니다. 게다가 시간 또한 촉박합니다. 10월 말 서리가 내린 후부터 땅이 본격적으로 얼기 시작하는 12월 초까지의 짧은 기간 동안 많은 일들을 해야 합니다. 정원사의 계절은 가을-겨울-봄-여름이라는 말이 있습니다. 정원에서 가을이라는 계절이 그만큼 중요한 계절이라는 의미겠지요.

가을에 해야 하는 가드닝에는 어떤 것들이 있는지 살펴보도록 하겠습니다.

✿ 씨앗 채종

내년에도 키우고 싶은 꽃이 있다면 서리가 오기 전 부지런하게 씨앗을 채종해야 합니다. 서리가 오고 나면 내한성이 없는 여름꽃들은 단 하루 만에 모두 시들어버립니다. 뒤늦게 채종을 위해 정원에 나서보지만, 모두 갈색으로 시들어버린 모습만 보입니다. 어떤 씨앗이 잘 익은 씨앗이었는지, 덜 익은 씨앗인지 분간하기 어려워집니다.

씨앗이 생긴 후 완전히 익을 때까지는 시간이 걸리기 때문에 가을에는 부지런히 채종을 하도록 합니다. 채종한 씨앗은 충분히 건조시키도록 합니다. 수분이 남아 있는 상태로 보관하면 보관 도중 곰팡이가 생기기 때문입니다.

씨앗은 서늘하고 건조한 곳에 보관하는 것이 좋습니다. 종이봉투에 씨앗을 담은 후 밀폐용기나 지퍼백으로 2중 포장하여 냉장고 야채칸에 보관해두면 간편하게 씨앗을 보관할 수 있습니다.

✖ 허브나 채소 수확하고 저장하기

많은 양의 채소 또는 과일로 잼을 만들거나 말리거나 냉동시키는 방식 등으로 수확의 기쁨을 누려보세요. 또한 바질, 로즈마리, 가든세이지 같은 허브 종류들은 잎이나 꽃을 수확하여 건조시킨 후 냉동실에 넣어두면 일 년 내내 요리에 사용할 수 있습니다.

✖ 포기 나누기

다년생 식물의 포기 나누기 방법은 가을에도 할 수 있습니다. 추위가 본격적으로 찾아오기 전인 초가을 무렵이 좋습니다. 이번 해에 관찰했던 다년생 식물 중 성장이 저조했거나, 식물의 중심 부위가 구멍 난 것처럼 헐렁한 모습이었거나, 꽃이 작년에 비해 더욱 적어진 것을 관찰했다면 포기 나누기를 해주어 식물이 새 뿌리를 왕성하게 내릴 수 있도록 도와줍니다.

✽나무 심기

휴면에 들어가서 나무들이 잎을 모두 떨어트리는 가을은 나무를 옮겨심기에 적당한 계절입니다. 봄과 같은 방법으로 나무를 옮겨 심되, 뿌리 부근에 두터운 멀칭을 해주어 다가올 추위로부터 보호하도록 합니다.

✽가을 파종했던 추위에 강한 식물들 땅에 심어주기

9월에 파종했던 대부분의 식물들이 발아 후 한 달 정도가 지난 시점이 되면 본잎이 3~4장 정도 올라오는 상태가 됩니다. 이때 가급적 빠른 시일 내로 땅에 정식해주는 것이 좋습니다. 앞서 언급했던 것과 마찬가지로 겨울이 오기 전에 뿌리를 충분히 땅 밑으로 뻗어 내려야 뿌리가 얼지 않고 월동을 해낼 수 있기 때문입니다.

땅속 온도는 지상과 약 6개월이라는 차이를 두고 변화하기 때문에 여름철에는 지상보다 시원하고 반대로 겨울철에는 보다 따듯합니다. 땅속으로 최대한 깊게 뿌리가 내려갈수록 식물은 더욱 안전해집니다. 땅에 모종들을 식재한 후에는 충분히 물을 주도록 합니다.

땅에 심어놓은 작고 어린 모종들을 보고 있노라면 과연 이 작은 아이들이 겨울을 이겨낼 수 있을까 하는 걱정이 생기기도 합니다. 가을에 파종하여 실외에서 월동시키는 방법의 원리는 식물들이 가진 능력 중 하나인 '경화(Hardening)'를 이용하는 것입니다. 경화란 기본적으로 월동이 가능한 식물에게 기온이 내려감에 따라 추위를 이겨내는 내동성이 증가하는 것을 말합니다.

월동식물이 5도 이하 저온에서 계속 지내면 추위를 버티는 능력은 점차 증가됩니다. 예를 들면 감귤류의 경우 11월에는 −3도까지 추위를 버틸 수 있고, 12월에는 −6도까지, 그리고 가장 추운 1월부터 2월까지는 −7.5도까지 추위를 이겨낼 수 있으며, 점차 기온이 올라가는 3월에는 −4도 정도를 견뎌낼 수 있습니다. 한겨울로 접어들수록 추위에 강해지고, 봄으로 갈수록 추위에 다소 약해집니다. 내동성은 계절에 따라 변해간다는 것을 알 수 있습니다. 이러한 원리로, 작고 어린 식물들이 가을부터 추위에 서서히 적응해간다면 한겨울 추위를 이겨낼 수 있는 것입니다.

✖ 춘식 구근 캐서 보관하기

다알리아, 칸나, 글라디올러스 같은 봄에 심는 춘식 구근은 우리나라의 추운 겨울을 견디기 어려워합니다. 늦가을 몇 번의 서리가 내린 후 맑은 날이 이어지는 날 캐내어 보관하도록 합니다. 춘식 구근을 보관하는 장소는 영하로 내려가지 않는 선선한 장소가 좋습니다. 대략 4~10도가 유지되는 장소가 좋습니다. 보관하는 동안 빛은 필요하지 않습니다.

☑ 춘식 구근 보관하는 방법

가드너마다 구근을 보관하는 방법은 모두 다릅니다. 단밍이네에서 직접 해보았던 방법 중 겨울 동안 구근이 마르지 않고 잘 보관되었던 방법 위주로 소개합니다.

- 구근에 흙이 묻은 상태에서 신문지에 싼 후 비닐에 넣어 보관하는 방법
- 박스에 상토를 채운 후 구근을 넣고 상토가 너무 마르지 않도록 겨울 동안 가끔 위에만 분무기로 물을 뿌려주는 방법
- 구근에 묻은 흙을 모두 깨끗이 물로 씻어낸 후 그대로 비닐봉지에 넣어 보관하는 방법
- 구근에 묻은 흙을 모두 깨끗이 물로 씻어낸 후 락스 5% 희석액을 만들어 담근 이후, 시원한 곳에 펼쳐놓고 1~2일 건조시킨 후 상자 안에 톱밥 등을 넣어 보관하거나 봉지에 담아서 보관하는 방법

✽ 온실다년생 식물 화분에 옮겨 심어 실내로 들이기

다년생 식물 중 추위에 약해서 우리나라 겨울을 견디지 못하는 식물이 있습니다. 아끼고 좋아하는 식물이라면 캐내어서 화분에 옮겨 심은 후 실내로 들여서 겨울을 나는 방법을 이용하는 것이 좋습니다. 겨울이 지난 후 정원에 다시 옮겨심기를 해주는 방식으로 말이지요.

특히 식물 중 겨울 휴면에 들어가는 식물(예를 들면 수국)이라면, 캐내어서 화분에 옮겨 심은 후 5도 내외 온도가 유지되는 곳에 겨울 동안 옮겨둘 수 있습니다. 휴면중이기 때문에 빛은 필요하지 않으나, 물은 한 달에 한 번 정도는 주어 뿌리가 마르지 않도록 합니다. 너무 따듯한 곳에 보관할 경우 휴면에서 깨어날 수 있으므로, 관리 편리성을 위해 서늘한 온도가 유지되는 장소를 찾아 보관하도록 합니다.

✽ 서늘한 기온에서 싹을 틔우는 내한성 식물들 파종하기

니겔라, 사포나리아, 락스퍼, 수레국화, 양귀비 등 다소 서늘한 기온에서

싹을 틔우고 겨울을 이겨내는 식물의 경우 정원에 직파하는 것이 가능합니다. 씨앗을 뿌려둔 후 기억이 잘 나지 않는 경우가 많기 때문에 파종해둔 곳에 이름표로 꼭 표시해두도록 합니다.

✖ 추식 구근 심기

얼었던 땅이 녹고 그 땅을 힘차게 뚫고 올라오는 이른 봄의 초록잎, 그 잎을 보며 자연의 경이로움을 느끼게 되는 식물들은 바로 구근식물들일 것입니다. 다가올 봄을 알리고 초봄 화단을 아름답게 수놓을 수선화, 튤립, 알리움, 무스카리, 크로커스 등의 구근식물은 가을에 심지 못하면 기회가 없습니다. 지역에 따라 다르겠지만 12월 초가 되면 땅이 얼기 시작하기 때문입니다.

☑ 추식 구근 심는 방법

① 구근 높이의 2~3배 되는 깊이로 심도록 합니다. 너무 얕게 심으면 구근이 추위에 얼어버릴 수 있고, 너무 깊게 심으면 싹이 터서 올라오기 어렵습니다.

② 물빠짐이 좋은 땅을 파낸 후 완전 부숙된 퇴비와 골분비료 등 인산이 주요 성분인 비료를 넣은 후 구근이 퇴비에 닿지 않도록 흙으로 조금 덮어줍니다.

③ 구근을 나란히 배치하되 튤립은 모아 심는 것이 꽃이 피었을 때 보기에 좋고, 수선화나 무스카리 등은 해마다 번식이 잘되는 구근이기에 조금 떨어트려서 심도록 합니다.

④ 심고 나서 물을 충분히 한 번 줍니다.

⑤ 심은 자리를 이름표로 표기해두도록 합니다.

⑥ 보온을 위해 구근 심은 윗부분을 낙엽이나 짚 등으로 덮어주면 더욱 좋습니다.

⑦ 화분에 구근을 심을 경우 화분에 심은 후 화분째로 땅속에 묻었다가 봄이 되어 땅이 녹으면 캐내어 꽃을 가까이 두고 즐길 수도 있습니다.

✽ 낙엽 퇴비 만들기

하늘에서 떨어지는 낙엽으로 퇴비를 만들 수 있다는 사실 알고 계셨나요? 낙엽을 한데 모아 잔디깎기로 잘게 부수어준 다음, 일반 퇴비를 만들 때와 비슷한 방법으로 수분과 질소 성분 퇴비 등을 추가로 섞어주면 1~2년 후 양질의 천연퇴비가 됩니다. 이 시기에는 아파트나 관공서 등에서 처치 곤란한 낙엽 등을 포대에 담아 무료로 배부하기 때문에 낙엽을 쉽게 구할 수 있습니다.

겨울은 분주하게 옵니다. 매일 최저기온을 확인합니다. 썬룸에 둔 파종판을 거실로 옮겨야 할지, 그냥 두어도 될지 판단해야 합니다. 장미를 감싼 녹화마대가 바람에 펄럭여 찬바람에 해를 입진 않는지 살펴주어야 합니다. 눈이 내리면 그나마 안심입니다. 따뜻한 이불이 되어주리라 여기기 때문입니다. 햇살 한 줌 반갑고 눈이 고마운 나날이 계속됩니다.

4개월 넘게 이어지는 겨울은 춥지만 분주하고 봄을 향한 설렘으로 분주함을 이겨냅니다. 매일 나가 돌보아야 할 정원 식물은 많지 않지만 자주 들춰보

고 살펴줘야 합니다. 겨울의 엄혹함은 식물과 가드너에겐 긴장되는 시간이지만, 또한 모든 것이 자연의 순리 앞에 침묵하고 고개 숙여야만 하는 무기력한 계절이기도 합니다. 할 수 없어 무기력한 것이 아니라 하지 않아야 할 시기이기에 하지 않음이 좋은 계절입니다. 인간이 손을 놓고 있는 사이 땅속에서는 뿌리가 공간을 찾고 꿈틀대는 많은 토양 동물들이 흙을 헤집고 공기를 통하게 하며 삼키고 뱉어 토양을 풍요롭게 합니다. 가만히 살펴보면 인간이 살피는 곳곳에 겨우내 그들이 있습니다.

봄, 여름, 가을, 겨울을 거치며 계절에 따라 자연이 이루어가는 모든 과정은 경이롭습니다. 자세히 살필수록 그 경이로움은 더해지고, 나의 손길은 그저 식물에게 필요한 햇빛과 바람과 땅의 넓이를 넉넉히 하는 것에 있음을 알아가게 됩니다. 인간의 지극하고 적극적인 개입은 알맞게 심고 심긴 곳인 땅의 상태를 살피고 온도를 체크해 식물들이 혹한이나 혹서로 힘들어하는지를 살피고 창궐하는 벌레를 걷어내려 노력하는 일에 불과하다는 것을 깨닫습니다. 그 과정이 일 년 일 년 더해지며 매해 새로운 지혜를 조금씩 쌓아갈 뿐입니다.

겨울이 오기 전에 하는 가드닝

✖ 병든 식물, 죽어가는 식물 뽑기

해충이나 질병으로 인한 문제가 있는 식물을 정리합니다. 이러한 식물들은 다음해의 정원에 해충알, 번데기, 월동한 해충 성체와 바이러스, 곰팡이, 세균 등의 월동 장소가 됩니다. 그리고 내년도 정원에도 관련 문제를 지속적으로 일으킬 수 있습니다. 병든 식물은 퇴비 재료로 사용하지 않고 쓰레기봉

투 등에 담거나 소각하도록 합니다.

✖ 씨앗이나 마른 잎 형태가 아름다운 식물 남겨두기

부지런한 정원사들은 겨울이 오기 전에 모든 정원의 식물들을 정리해놓곤 합니다. 미리 정리해두는 것은 다음해의 정원 일을 줄이는 일이 되지만, 아름다운 겨울 풍경을 놓치는 원인이 되기도 합니다. 씨앗 형태나 마른 잎, 마른 꽃이 아름다운 식물은 정리하지 말고 정원에 남겨두면 겨울 정원 또한 충분히 아름답고 매력적임을 발견할 수 있는 요소로 작용합니다.

해바라기, 에키네시아, 엉겅퀴, 에린지움, 각종 그라스류 등 씨방이 특이하거나 잎이 매력적인 식물은 남겨두시기 바랍니다. 겨울 햇살 아래에서 아름

다우며, 눈이 오면 눈이 쌓인 모습 또한 매력적입니다. 남겨둔 씨앗들은 새들의 먹이가 되어 굶주린 새들이 겨울을 나는 데 도움이 될 수 있습니다.

✖ 퇴비로 덮기

정원에 1~6인치 퇴비 또는 퇴비화된 거름을 뿌려두어 토양에 영양분이 풍부해지고 고갈되지 않도록 합니다. 퇴비는 일 년 내내 잘라낸 정원 식물들, 낙엽, 부엌에서 나오는 양념하지 않은 식물성 쓰레기 및 거름을 포함하여 많은 것으로 만들 수 있습니다. 가을에 덮어두는 퇴비는 식물들이 겨울을 나는 데 훌륭한 멀칭재로서 도움이 되기도 합니다.

✖ 장비, 도구 및 정원용품 정리하기

그동안 정원에서 사용하던 모든 장비, 도구 및 기타 용품을 걷거나 미리 정리해두는 것이 좋습니다. 겨울 날씨로 손상될 수 있기 때문입니다. 스프링클러 시스템, 호스, 각종 원예용 도구, 또는 플라스틱 줄, 덮개 등을 깨끗하게 정리하여 내년에 사용될 수 있도록 관리합니다.

특히 야외에서 사용하던 정원 호스와 스프링클러 등의 경우, 창고에 넣기 전 호스 안의 물을 빼내어 모든 물이 비워졌는지 확인합니다. 겨울 동안 물이 얼거나 해동으로 인한 피해가 없도록 하기 위해서입니다.

✖ 화단 새로 만들기

첫 서리가 내리고 정원을 정리하는 시기는 반대로 새롭게 화단을 만들기에도 적절한 시기입니다. 원하는 공간에 화단을 만들고, 흙에 퇴비를 추가하고 잘 섞어서 미리 흙을 준비해두면, 내년 봄 훌륭하게 확장된 화단에 식물들을 심을 수 있을 것입니다.

✽ 정식한 모종들 보온해주기

11월이 되면 본격적으로 추위가 찾아오기 시작합니다. 월동이 가능한 식물들도 한겨울 추위에는 잎, 줄기 등 지상부의 손상이 생깁니다. 몇 해에 걸쳐 관찰해본 결과, 영하 7도 이하로 떨어질 경우 대부분 월동 식물들 잎에 손상이 생기기 시작하는 것을 확인할 수 있었습니다.

정성을 들여 파종하고 땅에 심어둔 어린 식물들이 겨울 동안 서서히 잎이 손상되고 죽어가는 듯한 모습을 지켜보는 것은 가슴 아픈 일입니다. 하지만 기억하시기 바랍니다. 뿌리는 땅 밑에서 열심히 올해를 위한 꽃들을 준비하고 있다는 사실을 말이지요.

한겨울에 간간이 내리는 눈은 매서운 바람과 추위로부터 식물들 뿌리를 보호해주는 푹신한 솜이불 역할을 합니다. 식물들이 목마르지 않도록 수분을 공급해주면서 말이지요. 그러니 눈 속에 파묻혀 있는 모습이 불쌍해 보여도 화단 눈을 치우는 일은 하지 않는 것이 좋습니다.

그리고 본격적인 추위가 찾아오기 전에 땅에 심어둔 어린 식물들 뿌리를 보온해주어 겨울을 나는 데 도움을 주도록 합니다. 이때 사용이 가능한 보온 재료로는 왕겨와 낙엽, 짚 등이 있습니다. 이 재료들은 통기성이 좋고 물에 잘 젖지 않기 때문에 어린 식물들 뿌리를 보호해주는 데 효과적입니다. 이 재료들을 사용하여 뿌리 부근을 도톰하게 덮어주도록 하며, 매우 추운 지역일 경우 비닐 등을 이용하여 겨울 동안 임시로 작은 비닐하우스, 비닐터널 등을 설치해주는 방법도 있습니다.

✽ 추위에 약한 식물들 보온하기

우리나라 겨울은 매우 춥고 건조하며 바람이 강하게 붑니다. 많은 식물들

이 이 혹독한 계절에 살아남기 위해 겨울잠에 빠지는 '휴면'에 들어가는 계절이기도 합니다. 매우 낮은 기온은 식물에게 상당히 위협적이고, 식물이 버틸 수 있는 한계치에 다다르면 더 이상 추위를 이겨내지 못하고 얼어 죽고 맙니다. 차갑고 매서운 바람 또한 내년도 꽃과 잎을 품은 가지들을 마르게 하고 손상시켜버립니다.

수국처럼 가지에 내년 꽃눈을 이미 만들어서 가지고 있는 경우, 추위에 가지가 마르거나 얼어서 손상되면 꽃이 피지 않을 가능성이 큽니다. 잎만 보는 일명 '깻잎 수국'이 되는 것이지요. 물론 품종이 많이 개량됨에 따라 당해 연도에서 자란 새 가지에서도 꽃을 피우는 품종이 있기도 합니다. 이 품종들 또한 전년도 가지에는 이미 꽃눈을 만들어놓은 상태이기 때문에 안전하게 보온을 해줄 경우 내년도에 더욱 많은 수국 꽃을 감상할 수 있게 됩니다. 또한 장미 같은 경우도 줄기마다 수많은 '눈'을 가지고 있으니 겨울 동안 안전하게 가지들이 보호된다면 다음해 5월, 장미꽃들이 정원에 아름다운 수를 놓을 것입니다.

이러한 겨울 보온 경우에는 지역적 특성을 반영하는 것이 좋습니다. 겨울이 상대적으로 따듯한 남부지역에서는 따로 보온조치를 하지 않아도 식물들이 월동을 잘 해낼 수 있기 때문입니다. 다만 남부지역에서도 어린 식물인 경우 보온조치를 해주는 것이 안전합니다.

식물 보온하는 시기
11월 중순~12월 전까지 할 경우 안전합니다. 마지막 서리가 내린 후 보온 재료들을 모두 제거하면 안전합니다. 중부지역에서는 4월 초쯤이 될 수 있습니다.

☑ 식물 보온하는 방법

● 식물 전체를 감싸는 방법

다양한 보온 재료로 식물 전체를 뒤집어 씌워주거나 굵은 가지 등을 감아주는 방법입니다. 사용 가능한 재료들은 물기가 빨리 마르고 통풍이 잘되는 재료를 선택하도록 합니다. 잠복소, 농사용 흰색부직포 볏집, 녹화마대 등 재료는 다양합니다. 다만 비닐은 통풍이 되지 않고 내부 물이 얼어 식물에게 손

상을 줄 수 있기에 되도록 사용을 피합니다. 특히 검은 비닐은 낮 동안 햇빛으로 인해 비닐 안 온도를 높여서 겨울잠을 유지하는 식물호르몬에 영향을 줄 수 있습니다.

식물 전체를 감고 녹화끈 등으로 잘 묶은 후 바람에 흔들리지 않도록 잘 고정해줍니다. 가지에 꽃눈이 만들어져 있거나, 내년도 개화와 관련 있는 식물이라면 식물 전체를 감싸고 낙엽 등의 보온재를 추가해주는 방법도 있습니다. 대표적인 식물로는 수국을 들 수 있습니다.

● **뿌리 주변을 덮어주는 방법**

뿌리 주변을 다양한 재료로 덮어주어 토양 수분의 손실을 막고 낮은 기온으로부터 식물의 뿌리 부분을 보호하는 방법입니다. 이 시기에 쉽게 구할 수 있는 왕겨, 낙엽 등은 훌륭한 뿌리 보온 재료이며, 화단에 영양분을 제공하는 유기질 멀칭으로도 사용이 가능합니다. 하지만 낙엽의 경우 바람에 잘 날아가기에 주변을 어지럽히는 원인이 되기도 합니다.

이를 방지하기 위해 낙엽을 잔디깎기 기계로 잘게 부수어 사용할 경우 바람에 쉽게 날아가지 않습니다. 뿐만 아니라 단순히 주변 흙을 한 삽씩 뿌리 부근에 덮어주는 것만으로도 보온 효과가 있습니다.

● **방풍벽을 세워 바람을 막는 방법**

겨울의 낮은 기온도 식물에게는 위협적이지만, 매서운 겨울바람 또한 가지를 손상시키는 주범이 됩니다. 같은 수종이라 할지라도 바람이 많이 부는 곳에 있는 식물과 그렇지 않은 곳에서 겨울을 난 식물 상태는 초봄에 완전히 다른 모습임을 관찰할 수 있습니다. 바람이 많이 부는 곳이라면 방풍벽을 세워주면 바람에 의한 피해를 막을 수 있습니다. 겨울철 도로 옆 화단에 설치된 방풍벽이 대표적인 예입니다.

● **간이 비닐하우스를 만들어주는 방법**

어린 식물이나 초본류의 경우, 낙엽이나 왕겨 등으로 식물의 뿌리 부근을 덮고 간이 비닐하우스를 만들어 보온해주는 방법을 이용해볼 수도 있습니다. 하지만 비닐을 이용한 하우스의 경우 주의해야 하는 것이 있습니다. 겨울철에도 한낮 햇빛으로 인해 비닐 안 온도가 빠르게 올라갈 수 있다는 것입니다. 이때 비닐하우스 크기가 작을수록 기온이 빠르게 높아질 수 있습니다. 또한 눈 등으로 자연적인 수분 공급을 받을 수 없다는 점도 유의해야 합니다.

● **화분에 심은 식물을 땅에 묻는 방법**

월동이 가능한 식물이나 화분에 심은 식물 경우라면 땅에 심은 식물보다 겨울 추위에 더욱 약해집니다. 흙으로 인해 낮은 온도가 완충되는 것이 어렵기 때문입니다. 따라서 기본적으로 월동이 가능한 식물이나 화분에 심은 식물을 안전한 곳으로 옮길 만한 장소가 없다면 땅에 화분째로 묻어두는 방법을 써볼 수도 있습니다. 땅 밑으로 들어간 화분 속 뿌리 부분이 흙으로 인해 보호될 것입니다.

겨울이 왔을 때 하는 가드닝

✽ 이번 해의 정원 평가, 내년도 키울 식물 목록 정리해보기

정원 식물들이 고요하게 겨울잠에 들어간 시기에는 정원사도 휴식 기간을 갖습니다. 평화롭고 느긋한 겨울 일상 속에서 올해 마련해둔 정원 기록과 사진들을 보며 한 해 동안 잘 해냈던 일, 어려웠던 일, 특별히 멋있었던 식물들, 좋았던 풍경들을 떠올리며 이번해의 정원을 평가하고, 내년도 정원을 위한 나만의 데이터를 만들어보는 시간을 갖도록 합니다.

또한 겨울은 시간적으로 여유가 있으니 내년도에 키워보고 싶은 식물들 정보를 미리 정리해보는 시간을 갖기에도 적당합니다. 가드닝은 전 세계 사람들의 공통 취미 10위 안에 들어가는 인류 보편의 취미 활동이기도 합니다. 따라서 가드닝과 관련된 정보는 인터넷에 무궁무진합니다. 다만 영어로 적혀 있는 글들이 다소 불편하게 느껴지기도 합니다. 그래서 우리는 주로 우리나라 검색 사이트를 통해 한정된 정보만을 받아들이지만, 영어를 잘 못해도 세계인과 소통하며 광범위한 정보를 얻을 수 있는 간단한 방법이 있습니다.

☑ 다양한 식물 정보를 알아보는 방법

① 네이버 혹은 다음 포털 사이트에서 'Chrome'을 검색합니다.

② '구글 크롬' 사이트에 접속하여 'Chrome 다운로드'를 클릭하여 다운 및 설치합니다.

③ Chrome에 접속합니다.

④ 첫 화면 Gloogle에 알아보고 싶은 식물 이름을 적고 검색을 시작합니다. 이때 정확한 품종명이나 학명을 영이로 작성하면 관련된 방대한 자료들이 검색됩니다.

⑤ 검색된 화면 아무 곳에나 마우스 커서를 옮긴 후 마우스 우측 버튼을 클릭합니다.

⑥ 새롭게 만들어지는 창에 '한국어로 번역'을 클릭하면 화면의 모든 영어가 한글로 자동 번역됩니다.

⑦ 위 방법을 응용하여 번역기로 한국어 질문을 작성하고 영어로 자동 번역한 후, 해당 내용을 통해 검색하는 방법도 있습니다.

☑ 식물의 월동 가능 온도와 여름더위 견디는 능력 알아보는 방법

위 방식으로 Google 사이트에서 검색하다 보면 'Hardiness Zone'과 'Heat Zone'이라는 단어를 자주 만날 수 있습니다. 이 두 가지 정보를 얻는 것만으로도 내가 사는 지역에서 내가 원하는 식물이 월동을 해낼 수 있는지, 여름더위를 이겨낼 수 있는지를 알 수 있습니다.

● USDA Hardiness Zone이란?

미국농무부(USDA: United States Department of Agriculuture)가 연최저기온평균을 10°F(5.6℃) 단위로 해서 미국을 13개 지역(Zone)으로 나눈 지리적 영역입니다. 식물의 월동 한계 지역을 표시한 지도이며 월동이 가능한 온도를 범위로 지정했습니다. 가장 추운 '1a' 지역부터 열대지방의 '13b'까지로 구역이 나누어져 있으며, 숫자가 적을수록 낮은 기온을 잘 버텨내는 내한성이 강한 식물입니다.

예를 들면 델피니움 매직 파운틴 품종은 Hardiness Zone 3~7 정도인데, 이는 식물 컨디션 및 주변 환경에 따라서 최저기온 －40도에서 －12.2도 정도까지는 월동을 해낼 수 있다는 뜻으로 해석할 수 있습니다.

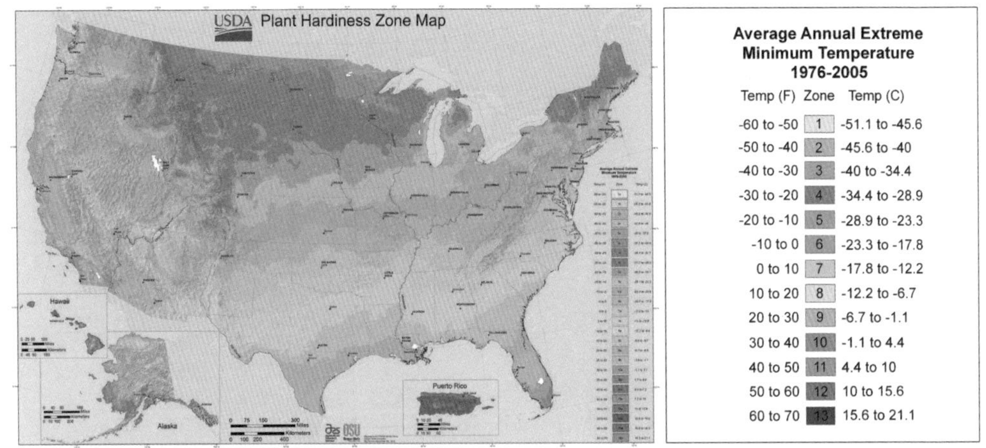

● USDA Hardiness Zone

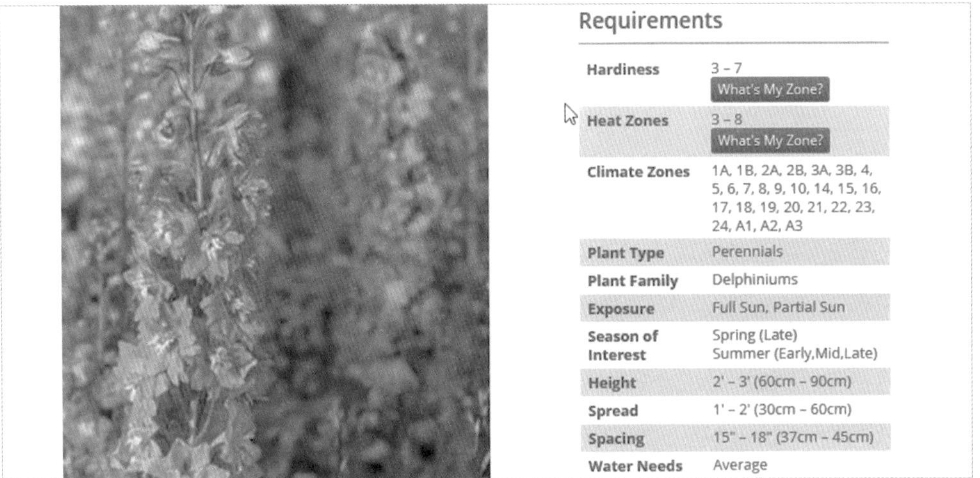

● 델피니움 매직 파운틴 품종

우리나라에도 대한민국 시, 군별 식물 내한성 지도를 농업진흥청에서 제작하여 제공하고 있습니다. 이 내한성 지도를 이용하는 방법은 다음과 같습니다. 먼저 자신이 살고 있는 지역의 내한성 구역이 어느 구역에 해당하는가

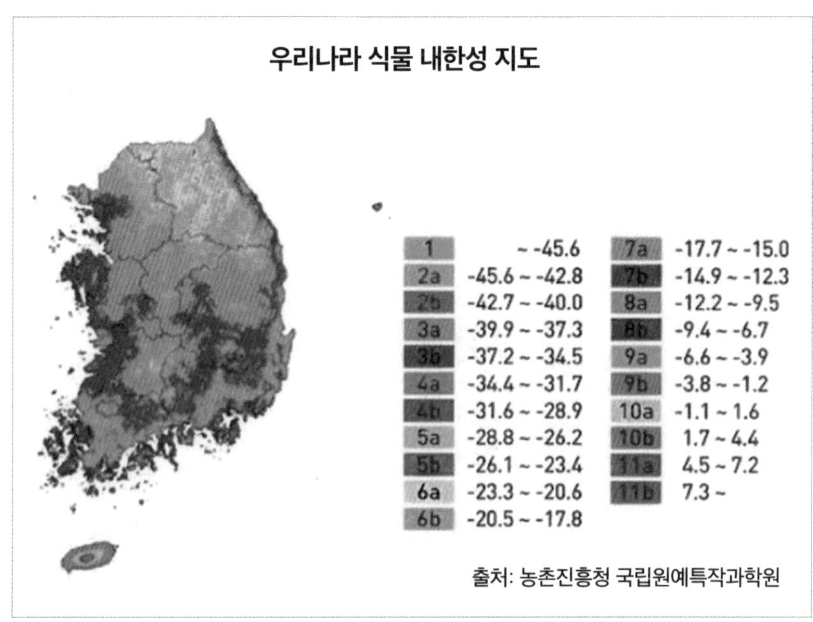

를 알아봅니다. 그다음 내가 키울 식물이 이 구역에서 월동이 가능한지 구글 검색 및 한국어 번역 기능을 통해 살펴보도록 합니다.

표에 따르면 우리나라는 6a~9b 정도에 포함되므로, 위에서 설명한 델피니움 매직 파운틴의 경우 우리나라 겨울을 잘 견뎌낼 것으로 예측할 수 있습니다.

- **AHS Heat Zone이란?**

AHS(미국 원예 협회) Heat Zone은 USDA Hardiness Zone과는 반대의 의미일 수 있습니다. USDA Zone이 식물이 견딜 수 있는 추위를 측정하는 데 도움이 되는 반면, AHS Heat Zone은 식물의 '내열성'을 측정하는 데 도움이 됩니다. 얼마만큼의 더위를 이겨낼 수 있는지를 알 수 있는 것이지요. 이때 사

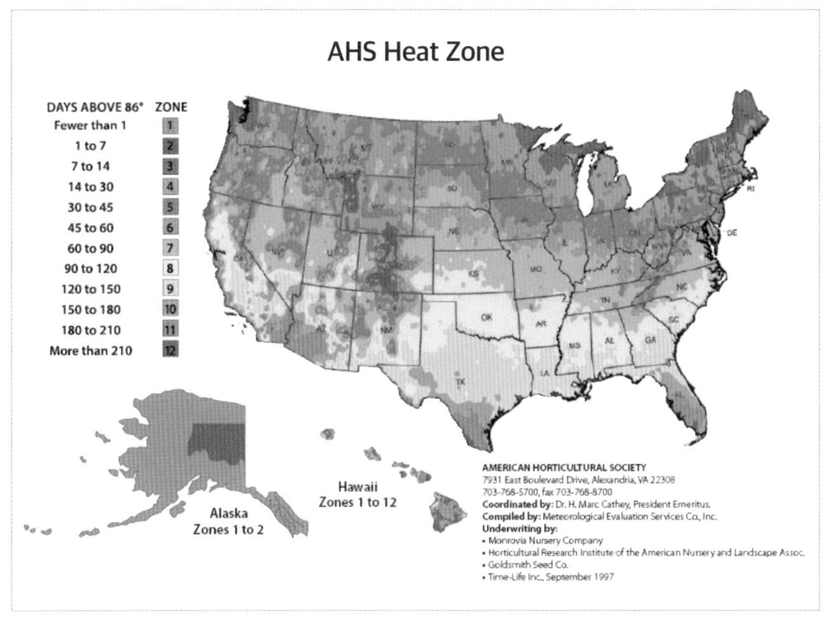

용되는 수치는 온도 자체보다는 더위가 지속되는 날의 수입니다.

Heat Zone은 12개 구역으로 나누어져 있습니다. 각 구역은 30℃(86℉) 이상의 평균 연간 일수를 나타냅니다. 이 30℃라는 임계값은 식물이 열로 고통받기 시작하는 시점을 나타냅니다. 이러한 열 구역 범위는 1일 미만(구역 1)에서 210일 이상(구역 12)입니다.

Hardiness Zone과 Heat Zone을 참고하여 예를 들어보겠습니다. 튤립의 경우는 Hardiness Zone 3~8, Heat Zone은 8~1까지이고, Hardiness Zone 7구역 및 Heat Zone 7구역에 거주하는 경우 일 년 내내 야외 정원에서 튤립을 키울 수 있음을 의미합니다.

이 Heat Zone은 지구가 온난화되어감에 따라 5월 말부터 낮 기온이 30도 이상으로 올라가는 우리나라 날씨에 Hardiness Zone 못지않게 정원을 가꾸는 데 유용한 정보로 이용될 수 있습니다. 다만 Hardiness Zone 및 Heat Zone 수치는 어디까지나 참고 자료이며, 더위에 약한 식물을 오후에 그늘이 지는 곳에 심어주거나, 추위에 약한 식물을 보온 처리해주는 등의 가드너의 노력에 따라 어느 정도는 보완될 수 있음을 기억하는 것이 좋습니다.

✖ 크리스마스 리스 및 오너먼트 만들기

정원 식물들로 겨울을 장식할 리스나 오너먼트를 만드는 시간을 갖도록 합니다. 상록수 잎들과 남천의 빨간 열매, 단풍이 든 예쁜 잎 등으로 겨울을 장식할 리스를 만들거나, 포근하고 따듯한 질감의 잎사귀인 램스이어 등을 이용해서 귀여운 소품을 만들어 장식해볼 수도 있습니다.

☑ 램스이어 잎을 이용한 크리스마스 오너먼트 만들기 방법

● 재료: 다양한 사이즈의 스티로폼 볼, 램스이어 잎, 글루건

① 깨끗하고 하얗고 털이 보송한 램스이어 잎을 준비합니다.

② 원하는 사이즈의 스티로폼 볼에 아랫부분부터 램스이어 잎을 글루건으로 붙여나갑니다.

③ 차곡차곡 위쪽을 향해 겹치도록 붙입니다.

④ 맨 위에는 트리에 걸 수 있는 고정용 끈을 붙여줍니다.

⑤ 완성한 오너먼트를 크리스마스 트리에 걸어 장식합니다.

✖ 실내에서 구근식물 키우기

길고 무료한 겨울철 동안 실내에서 할 수 있는 매우 간단하지만 큰 만족감을 주는 가드닝이 있습니다. 바로 구근식물 키우는 일입니다. 겨울철 집안에

●램스이어 잎 준비

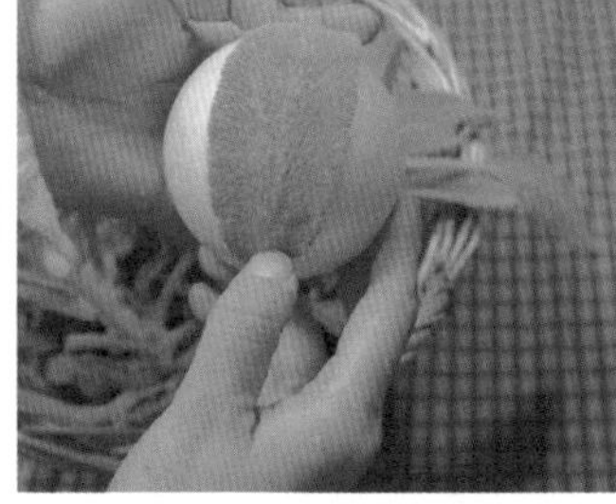

● 스트로폼 볼에 글루건으로 잎 붙이기

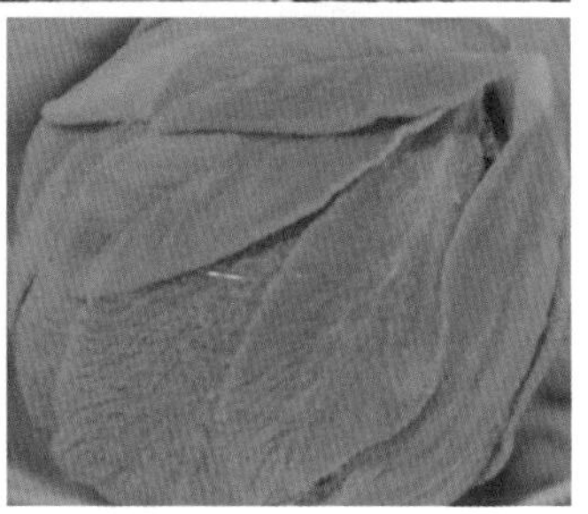

● 위쪽을 향해 겹치게 붙이기

● 상단에 고정용 끈 붙이기

● 완성된 오너먼트를 트리에 장식하기

서 아름답게 감상할 수 있는 구근식물에는 히아신스와 튤립, 무스카리, 수선화 등이 있는데, 이들은 저온처리가 된 구근에서 꽃이 피어오릅니다.

대부분의 구근식물들은 수입 과정에서 저온처리된 상태로 들어오기 때문에 따로 저온처리를 하지 않아도 꽃이 피는 경우가 많습니다. 다만 국내에서 생산된 구근은 저온처리가 되지 않은 것이 있기에 저온처리가 선행되어야 꽃이 피는 경우가 있으니 참고하도록 합니다.

실내에서 구근식물들을 키울 때는 화분에 직접 심어도 되고, 수경재배도 가능합니다. 다만 수경재배로 꽃 피운 구근식물은 꽃을 피운 후 구근 에너지가 모두 소진되어 구근 크기가 줄어듦으로써 다음해에는 꽃을 피우지 못하게 될 가능성이 있습니다.

☑ 구근식물을 수경재배하는 방법

① 용기는 아무것이나 사용해도 되지만 수경재배용 용기를 사용하면 간단합니다. 유리컵 등에 분재철사를 나선형 모양으로 구부린 다음에 구근을 올려 키워볼 수도 있습니다.

② 12월경 구근을 구입하여 구근 뿌리 부분이 수면에 살짝 닿게 배치해둡니다.

③ 뿌리가 서서히 나기 시작하면 뿌리부는 물에 닿도록, 구근 자체는 물에 닿지 않도록 물높이를 조절해줍니다.

④ 물이 뿌옇게 변하면 자주 갈아주도록 합니다.

⑤ 뿌리가 많이 자라서 잎이 나기 시작하면 광합성이 가능하므로 밝은 곳으로 옮겨줍니다.

⑥ 꽃이 핀 후에 선선한 곳에 보관하면 꽃과 향기를 오래 즐길 수 있습니다.

⑦ 꽃이 진 후에는 꽃대를 자르고, 흙이 담긴 화분에 심어주도록 합니다.

⑧ 봄철 땅이 녹으면 화분에서 키우던 구근을 땅으로 옮겨주도록 합니다.

✖ 겨울정원에서 새들에게 먹이주기

겨울은 봄부터 가을까지 나의 정원 주변에서 아름다운 노래를 들려주고 해충을 잡아준 새들에게 고마움을 표현할 수 있는 계절입니다. 굶주린 새들에게 먹이 주는 방법은 생각보다 어렵지 않습니다.

☑ 새들에게 먹이 주는 방법

● 열매를 맺고 피난처가 되는 식물을 정원에 식재하기

겨울에 새들을 지원하기 위한 첫 번째 단계는 정원에 새들이 좋아하는 종류의 나무와 관목을 심어서 일 년 내내 잘 먹을 수 있도록 하는 것입니다. 자연적으로 음식과 피난처를 제공할 몇 그루의 나무와 관목을 심습니다. 이 식물들은 우리 지역 조류 공동체와 함께 진화했고 선호하는 열매를 제공하기 때문에 토종 식물을 심는 것이 훨씬 좋습니다. 새들에게 열매를 제공하는 나무에는 남천, 주목, 가문비나무, 회양목, 소나무 등이 있습니다.

● 많은 다년생 식물 열매를 그대로 두기

야생동물 친화적인 가을 정원 청소의 일환으로 가능한 한 많은 다년생 식물과 풀을 그대로 둘 수 있습니다. 에키네시아, 루드베키아 등과 같은 식물 종자는 새들에게 고마운 겨울 음식이 됩니다.

● 물 공급하기

새들이 겨울에 자연에서 물을 구하는 것은 정말 어려운 일입니다. 깨지지 않는 그릇을 이용하여 물을 공급해주도록 합니다.

● 새 모이통 달아주기

버드피더라고 부르는 새 모이통을 달아주도록 합니다. 특히 땅콩, 해바라기 씨앗, 부순 옥수수처럼 지방이 많고 고소한 먹이는 좋아하는 새들이 많습니다. 새 모이통을 덤불이나 고양이 등이 매복할 수 있는 장소에서 가급적 멀리 달아주시길 바랍니다. 또한 새들이 필요할 경우 빠르게 도망칠 수 있도록 피난처로 사용되는 나무에 충분히 가깝게 배치합니다.

집 유리창 가까이에서 날아드는 새를 보고 싶겠지만 안타깝게도 새들이 먹이를 먹기 위해 날아오다가 빛이 반사되는 유리창에 충돌하는 경우가 종종 있습니다. 사고를 막기 위해 유리창과도 최대한 멀리 떨어트려 배치하도록 합니다. 모이통은 눈이나 습기로부터 먹이가 보호될 수 있는 형태로 된 것이 좋습니다.

✖ 늦겨울 실내 파종의 시작

맹추위가 점차 사라지는 1월 말~2월부터는 실내에서 추위에 강한 봄꽃 위주로 파종을 시작할 수 있습니다. 많은 수의 봄꽃들은 선선한 기온을 좋아하고 더운 날씨를 힘들어합니다. 따라서 봄에 피우는 꽃들을 봄에 파종할 경

우 날이 더워지는 초여름 즈음 꽃이 피기 시작하며, 더운 날씨에 힘들어하는 특성상 꽃을 풍성하게 피워보지도 못한 채 시름시름 앓다가 고사하는 경우가 많습니다.

오랜 기간 봄꽃을 아름다운 모습으로 지켜보고 싶다면, 봄이 아닌 늦겨울에 실내에서 파종하여 모종을 미리 준비하도록 합니다. 이때 파종하는 식물들은 어느 정도 영하의 추위를 견딜 수 있는 봄꽃들로 파종하도록 합니다. 단밍이네 지역은 4월 초까지 영하로 떨어지는 날씨가 간혹 있기 때문에 겨울철 실내 파종 시에는 가벼운 서리까지는 견디는 꽃들 위주로 파종을 하고 있습니다.

단밍이네가 1월 말 ~ 2월 실내에서 파종했던 꽃들
델피니움, 모스버베나, 플록스, 블루세이지, 클라리세이지, 레이스플라워, 스토크, 네모필라, 잉글리시데이지, 마가렛, 금어초, 펜스테몬, 라벤더, 캣닙, 버지니아 꽃무, 종이꽃, 비스카리아, 네페타, 스타티스, 골든볼, 백묘국, 스위트피, 리빙스턴데이지, 리나리아, 버들마편초, 안츄사, 블루스블루데이지, 올라야 등

✽ 겨울철 실내 파종 시 주의사항

저는 2월 실내 파종 시에 많은 양의 씨앗을 파종합니다. 씨앗을 많이 파종하다 보니 실내 공간을 많이 차지하게 됩니다. 그래서 실내 공간 차지를 최소

화하기 위해 화분 한 개에 10~20개 정도의 씨앗을 뿌리는 방법을 이용하고 있습니다. 이 방법은 실내 공간 차지를 최소화할 수 있으나 옮겨심기를 해야 한다는 단점이 있습니다.

옮겨심기(모종 만들기) 과정을 마치고 나면 실내 공간을 많이 차지하게 됩니다. 따라서 이 옮겨 심는 시기를 미리 예상하고 고려하는 것이 실내 파종의 핵심이라고 할 수 있습니다. 겨울철 실내에서 파종을 시작할 때 고려해야 하는 사항들은 아래와 같습니다.

☑ 파종 시기를 잘 맞추는 방법

실내 파종의 성공 여부는 시기를 적절히 잘 맞추었는가에 달려 있습니다. 파종 시기를 언제로 하느냐에 따라 실내 파종이 성공할 수도, 성공하지 못할 수도 있습니다. 파종을 언제쯤 해야 하는지 잘 모르는 상황일 때는 아래 사항을 참고하면 도움이 될 것입니다.

☑ 파종 시기를 정하는 간단한 팁

● 내가 파종하고자 하는 식물이 견딜 수 있는 최저온도가 몇 도인지 확인하세요

천일홍, 백일홍, 다알리아 등의 여름꽃들은 기온이 0도 이하로 내려가는 순간 동사합니다. 따라서 파종하기 전에 내가 파종하고자 하는 식물이 견딜 수 있는 온도를 먼저 확인합니다.

● 본잎이 3~4장 나오는 시기를 예상하세요

대부분의 어린 식물들은 발아 후 한 달 즈음이 지나면 본잎이 3~4장 나오게 됩니다. 본잎이 3~4장 나오는 시점은 작은 화분에 어린 식물들을 하나씩 옮겨 심어 '모종 만들기'를 해주어야 하는 시기입니다.

● 모종을 만든 후 모종들을 보관할 장소를 떠올려보세요

어린 식물들을 화분에 1개씩 옮겨 심어 모종을 만들고 난 후부터는 차지하는 공간이 많아집니다. 따라서 이 모종들을 보관할 수 있는 넉넉한 장소가 준비되어 있는지 확인이 필요합니다.

● 모종을 키울 장소가 식물이 자라기 적절한 조건인지 확인해보세요

정원에 정식하기 전에 모종들을 기르는 장소는 대개 실내, 온실, 베란다, 썬룸, 야외일 것입니다. 내가 모종을 기를 장소가 빛이 잘 들어와서 식물들이 광합성을 원활하게 할 수 있는 곳인지, 빛이 잘 들지 않는다면 인공 빛을 제공할 수 있는 곳인지에 대한 확인이 필요합니다.

온도도 매우 중요합니다. 이 장소가 내가 파종한 식물이 견딜 수 있는 최저온도 이하로는 떨어지지 않는 장소인지도 생각해봅니다. 이 빛과 온도 두 가지 조건이 충족되는 곳이어야 어린 식물들을 키우기 어렵거나, 식물들이 건강하게 자라지 않는 등의 난감한 상황을 피할 수 있습니다.

☑ 화분흙에 곰팡이가 생기는 경우와 대처법

통풍이 잘 되지 않는 실내에서 파종을 하다 보면 화분흙에 곰팡이가 피어 있는 것을 종종 목격하게 됩니다. 곰팡이는 소독하지 않은 흙이나 화분 등을 이용했거나, 공기 중에 떠다니는 곰팡이 포자로 인해 발생합니다. 곰팡이는 따듯하고 축축하고 어두운 곳을 좋아하기에 실내 파종 화분흙은 곰팡이 집으로는 안성맞춤인 셈이지요.

어린 새싹들은 곰팡이 균에 저항성이 낮아 쉽게 감염되고, 이어 금세 시들어버립니다. 곰팡이는 포자로 번식하기에 한 화분에서 곰팡이가 발생할 경우 옆 화분으로 빠르게 전파됩니다. 따라서 곰팡이가 핀 화분을 발견했다면 정성들여 키운 새싹들을 잃기 전에 빠른 조치를 해주어야 합니다.

먼저 곰팡이를 발견한 화분을 다른 화분들과 격리시킵니다. 약국에서 구하기 쉬운 과산화수소수를 이용해서 물 500ml당 3티스푼 정도 희석시켜줍니다. 분무기에 과산화수소수 희석액을 넣은 후 곰팡이가 핀 화분흙이 촉촉하게 젖도록 골고루 뿌려줍니다. 매일 1회 화분흙에 뿌려주면 대개 2~3일 정도 지나면 곰팡이가 사라집니다.

☑ 빛 부족으로 인한 웃자람과 대처법

새싹들이 온전한 모습으로 자라기 위해서는 빛이 필수적인데, 빛에 의해 온전한 모습을 갖춰나가는 것을 '광 형태 형성(photomorphogenesis)'이라고 합니다. 빛 중에서 파장이 짧은 자외선 등의 빛은 식물의 웃자람을 방지합니다.

하지만 실내에서의 파종과 육묘는 아무래도 빛이 부족할 가능성이 크기 때문에 새싹들이 웃자라게 될 가능성이 큽니다.

새싹들이 웃자라버리면 힘없이 늘어나버린 줄기로 인해 작은 충격에도 줄기가 꺾여버리거나, 식물이 스스로 지탱하는 힘이 약해서 휘어져버릴 가능성이 큽니다. 발아 초기 새싹은 빛이 부족할 경우 반나절 만에도 웃자라서 허약해질 수 있으니 식물등을 적절히 이용하는 것을 추천드립니다.

식물등을 쬐어주면 웃자람을 방지할 수 있고 실내에서의 부족한 빛을 보충해줄 수 있습니다. 어린 식물들은 초기에는 낮과 밤을 인지하는 능력이 미미하기 때문에 저녁과 밤 동안 식물등만 쬐어주어도 빛과 관련된 생리적 문제를 일으키지 않습니다.

☑ 영양부족과 대처법

새싹들을 원예용 상토에 파종하여 한 달가량 키우면 영양부족으로 인한 증상들이 관찰되기 시작합니다. 원예용 상토는 씨앗을 발아시키고 초기의 어린 새싹들을 키우는 데 최적화된 흙이기 때문에 새싹들이 커가면서 필요로 하는 영양분이 충분하게 들어 있지 않습니다. 따라서 어린 식물들이 자람에 따라 영양분을 추가로 공급해주는 것이 좋습니다.

본잎이 나오고 나서부터는 일주일~열흘 정도 간격으로 수용성 비료를 물에 녹여 공급합니다. 처음에는 2000배 정도로 아주 연하게 희석시켜서 사용합니다. 새싹들이 이 농도의 비료를 견뎌내는지 확인한 후 농도를 점차 서서히 진하게 하여 1000배 정도로 희석하여 공급합니다.

☑ 뿌리파리 피해 예방과 대처법

파종 화분은 따듯하고 항상 촉촉해서 실내 파종의 불청객인 작은 뿌리파리를 불러들이는 환경이 됩니다. 파종한 화분 주변에 검은색의 작은 날파리 같은 곤충이 보이기 시작한다면 주의해야 합니다. 촉촉한 흙 위를 빠르게 기어 다니고 낮게 날아다니는 경우, 날파리가 아니라 작은 뿌리파리일 가능성이 크기 때문입니다.

작은 뿌리파리 성충 자체는 식물에게 피해를 입히지는 않으나, 촉촉한 흙에 알을 낳아 번식하고, 그 알에서 깨어난 애벌레들이 흙 속 유기물과 식물 뿌리를 갉아먹어 피해를 입힙니다. 새싹들이 자라는 화분에 뿌리파리 유충이 살게 되면 매우 치명적입니다. 어린 새싹들이 작은 뿌리파리 유충에게 갉아 먹히면 새싹들은 힘없이 쓰러집니다. 따라서 매일 유심히 작은 뿌리파리 성충이 보이는지 관찰하도록 하며, 관찰되는 즉시 끈끈이 트랩 등을 설치하여 작은 뿌리파리가 흙에 알을 낳아 번식하는 것을 방지하도록 합니다.

제가 간단하게 사용하는 방법이 있습니다. 저는 작은 뿌리파리가 관찰되는 날 수용성 파리모기 살충제(에○○○)를 매일 같은 시간에 모종화분 근처 공기 중으로 1회 뿌려주고 환기시키는 방법을 사용하고 있습니다. 식물에게 자주 사용하면 분명 좋은 영향은 주지 못할 것입니다만, 작은 뿌리파리로부터 새싹들을 지키기 위한 목적으로 단기간 사용 시에는 매우 효과적이었습니다.

Part 6

단밍이네 정원의 꽃들

단밍이네 어린정원

비올라, 팬지

Viola, Pancy, 일년생

비올라와 팬지는 영하 10도 기온에도 꽃을 피워 올리는 추위에 아주 강한 일이년생 꽃입니다. 초봄에 관공서 조경용으로 널리 이용되고 있기에 우리에게 흔하게 알려진 꽃이며, 그로 인해 그 아름다움에 대해서는 다소 낮게 평가되는 꽃이기도 합니다. 최근에는 매우 아름다운 색과 형태의 비올라와 팬지가 개발되어 씨앗 형태로 수입되고 있습니다. 비올라와 팬지는 전년도 9월경 파종하면 실외에서 월동을 해내고 초봄부터 많은 꽃들을 피워냅니다. 이 꽃들의 무리는 한여름 전까지 계속됩니다. 또한 가을철 파종하여 빛이 잘 드는 아파트 베란다에서 비올라와 팬지를 키운다면 한겨울 내내 베란다에서 활짝 핀 꽃들을 감상하실 수도 있습니다.

단밍이네 어린정원

수선화

Daffodil, 다년생

2월 말경이 되면 겨울의 맹추위를 뚫고 땅 위로 푸릇한 싹이 올라옵니다. 그 모습을 우연히 발견하는 정원사는 한껏 고조되는 마음과 함께 반가움, 기쁨으로 가득 찬 미소를 짓게 되곤 합니다. 이 근사한 기분을 선물해주는 꽃이 바로 수선화입니다.

수선화는 대단히 매력적인 꽃으로 꽃 크기가 작은 것, 큰 것, 겹꽃, 하얀색, 노란색, 여러 색이 섞인 것, 향기가 있는 것 등 종류가 매우 다양합니다. 번식속도도 빠른 편으로 정원에 몇 개의 수선화 구근을 심어두면 2~3년만 지나면 꽃이 매우 많이 늘어난 것을 확인할 수 있습니다. 화단이 생겼다면 수선화는 꼭! 구입하셔서 먼저 심기를 추천드립니다.

단밍이네 어린정원

무스카리

Muscari, 다년생

조롱조롱 예쁜 파란색 종 같기도 하며, 잘 익은 포도 같기도 한 이 푸른색 꽃은 무스카리입니다. 포도를 닮은 모양에 향기가 달콤하여 '포도 히아신스'라고도 불립니다. 꽃은 작은 편이나 향기가 매우 좋은 식물이며 추위에 매우 강합니다. 무스카리는 수선화와 같이 쉽게 자연번식이 가능한 구근식물입니다.

무스카리는 꿀벌을 포함한 다양한 수분 매개 곤충들을 끌어들이고 굶주린 그들에게 이른 봄 꽃가루와 꿀을 제공해줍니다. 보통의 구근식물을 키우는 방법과 마찬가지로 개화 후 씨앗으로 영양분이 소모되는 것을 방지하기 위해 꽃이 진 꽃대를 잘라내도록 합니다.

단밍이네 어린정원

히아신스

Hyacinth, 다년생

히아신스는 대부분의 정원이 이제 막 겨울잠에서 깨어났을 무렵, 파스텔 색상으로 정원을 가득 채우는 아주 향기로운 꽃입니다. 연노란색, 파란색, 살구색, 분홍색, 라벤더색, 흰색, 진한 자주색, 자홍색 등 색상이 무척 다양하며 그 향기는 '자연의 향수'라고도 불립니다. 대부분의 다년생 구근과 마찬가지로 키우기 어렵지 않은 식물입니다. 겨울철 실내에서 먼저 싹을 틔운 후 실내에서 수경재배로 키우면서 향을 즐길 수도 있고, 늦가을 화단에 심어두어 봄에 꽃을 피우게 할 수도 있습니다. 두 가지 방법을 모두 이용할 경우 12월부터 5월 초까지 향기로운 히아신스 향과 늘 함께하게 될 것입니다.

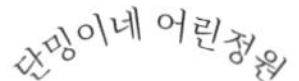

튤립

Tulip, 다년생

봄 정원은 전년도 가을에 튤립을 심은 집과 튤립을 심지 않은 집으로 나누어진다는 우스갯소리가 있을 정도로 이른 봄 정원에서의 화려함을 자랑하는 꽃입니다. 튤립은 색상이 매우 다양하며 품종 또한 다양합니다. 여러 종류의 튤립을 가을에 구근으로 심으면 다음해 시간 차이를 두고 꽃이 피어남으로써 튤립을 좀 더 오랜 기간 즐길 수 있습니다.

튤립은 크게 원예종 튤립과 원종 튤립으로 나누어집니다. 원예종 튤립은 크고 화려한 꽃을 피우지만 매해 구근의 크기가 줄어들어 2~3년이 지날 경우 꽃을 피워낼 힘이 부족해지는 '소모성 구근'입니다. 반면, 원종 튤립은 원예종 튤립보다 화려함에서는 다소 부족하다는 단점은 있으나 매년 꽃을 피워 올린다는 큰 장점이 있습니다.

단밍이네 어린정원

네모필라

Nemophila, 일년생

고운 하늘빛 꽃잎은 중앙으로 갈수록 순수한 흰색으로 변해갑니다. 네모필라는 가을에 파종 후 실외에서 월동을 시켜 쉽게 키울 수 있는 꽃 중 하나입니다. 가을 혹은 늦겨울에 파종한 네모필라는 이른 봄부터 꽃을 피우기 시작하며, 5월경 최고의 아름다움을 선사합니다.

네모필라는 약간 늘어지는 형태로 자라는 식물이기에 걸이 화분에서도 잘 어울립니다. 네모필라를 가장 아름답게 키울 수 있는 방법 중 하나는 정원에 조밀하게 모아심기를 하는 방법입니다. 약 15cm 간격을 두고 모아 심은 네모필라들은 5월, 정원사에게 찬란한 푸른 바다를 선물해줄 것입니다.

단밍이네 어린정원

금어초

Snapdragon, 일년생

금어초는 꽃이 헤엄치는 금붕어 모습과 닮았다 하여 붙여진 이름입니다. 해외에서는 'Snapdragon'으로 불립니다. 금어초는 정원에서 만날 수 있는 아주 재미있는 꽃입니다. 꽃받침 주변을 양 손가락으로 살짝 눌러보세요. 아주 재미있는 일이 일어날 것입니다. 특히 이 꽃의 가장 재미있는 부분은 바로 씨방이라고 생각합니다. 씨방은 작은 해골 무리들을 연상시킵니다. 코는 어찌나 뾰족하게 서 있는지! 데드헤딩을 모두 하지 마시고 몇 개의 꽃대는 남겨서 씨방을 꼭 구경해보기 바랍니다.

금어초는 부드러운 생김새와는 달리 추위에 강하며 키가 큰 것, 작은 것, 겹꽃, 홑꽃 등 다양한 품종이 있어 화단의 앞쪽이나 뒤쪽 등 원하는 곳에 식재가 가능한 꽃입니다. 선선한 날씨를 좋아하기에 한여름에는 꽃을 잘 피우지 않으나, 가을이 되면 다시 꽃을 피워 올립니다.

금어초는 순집기 작업을 통해 더욱 많은 꽃을 유도할 수 있기도 한 꽃입니다. 많은 꽃을 얻고 싶다면 본잎이 5쌍 정도 났을 때 줄기의 맨 끝 윗부분을 살짝 잘라주세요. 많은 곁가지가 발생하여 곁가지마다 꽃을 올릴 것입니다.

단밍이네 어린정원

메리골드

Marigold, 일년생

메리골드는 아주 강인하고 주변 식물들에게 도움을 주는 유익한 식물로 널리 알려져 있습니다. 메리골드 씨앗은 단 며칠 만에 빠르게 발아하여 약 8주 만이면 첫 개화가 이루어집니다. 메리골드는 나비, 꿀벌, 무당벌레 및 기타 유익한 곤충을 불러들일 뿐만 아니라 포식자와 해충으로부터 식물을 보호하는 데 도움을 주는 꽃으로, 이를 이용하기 위해 채소밭 사이사이에 메리골드를 의도적으로 심기도 합니다.

메리골드는 주로 노란색, 주황색, 붉은색 등의 따듯한 계열 색상을 지닙니다. 늦봄부터 서리가 내릴 때까지 지속적으로 꽃을 피우는 개화기간 또한 매우 긴 꽃입니다. 눈에 좋은 루테인 성분이 많아 꽃차로도 즐기는 메리골드는 정원의 필수 식물일지도 모른다는 생각이 듭니다.

리나리아

Linaria, 일년생

꽃 형태가 금어초와 닮았다고 하여 '애기금어초'라고도 불리는 꽃이지만, 사실 금어초와는 다른 꽃입니다. 꼿꼿하게 일직선으로 서는 형태로 자라며, 연약해 보이는 줄기는 생각보다 강하기에 따로 지주대가 필요하지 않습니다. 절화로 이용해도 탄탄한 줄기와 하늘거리는 꽃의 느낌이 참 예쁜 꽃입니다.

단밍이네 어린정원

매발톱꽃

Aquilegia, 다년생

매의 발톱을 닮았다 하여 매발톱으로 불리는 이 꽃은 추위에 매우 강하며 관리가 수월한 다년생 꽃입니다. 그늘을 잘 견디는 특성으로 그늘진 곳에 심어도 꽃을 잘 피워 올립니다. 꽃대 길이가 긴 것, 짧은 것, 다양한 색상, 겹꽃 등 품종이 아주 다양합니다. 꽃을 피우는 기간이 짧은 편이기는 하나 그 특이한 모양으로 인해 충분히 키울 만한 가치가 있는 꽃입니다.

단밍이네 어린정원

사포나리아

Saponaria, 일년생

저는 매년 늦봄에 사포나리아가 만개한 모습을 보면 커다란 안개꽃 한 다발을 선물받은 것 같은 기분이 듭니다. 무수히 많은 꽃들이 하늘거리며 피어오르는 모습은 마치 분홍 혹은 하얀색 뭉게구름을 연상시키기도 합니다. 사포나리아는 추위에 매우 강한 꽃으로 가을철에 씨앗을 직파할 경우, 그대로 야외에서 월동 후 5월 중하순부터 많은 꽃을 피워 올립니다. 키가 다소 큰 편이기에 간단한 지주대가 필요할 수도 있습니다.

비록 일년생 꽃이지만 자연 발아도 잘되는 편이기에 한번 파종하여 키우면 매해 같은 자리에서 사포나리아를 만날 수 있습니다.

단밍이네 어린정원

네페타

Nepeta, 다년생

고양이가 좋아하는 식물 중 하나로 알려진 네페타는 캣민트라고도 불립니다. 연보라색, 혹은 하얀색 구름이 피어오른 것 같은 착각을 불러일으키는 부드러운 형태의 꽃입니다. 네페타는 허브의 일종으로 해충이 싫어하는 향을 내뿜으면서 다른 식물들을 보호하는 효과도 지니고 있습니다. 특히 장미 화단과 형태적으로나 기능면에서나 모두 잘 어울리는 식물로, 해외에서는 널리 이용되고 있습니다. 반려묘를 키우신다면 정원 한켠에 이 식물을 심고, 지속적으로 수확해서 고양이에게 선물해주세요. 무척 좋아할 것입니다.

단밍이네 어린정원

마가렛

Chrysanthemum, 일년생

우리나라에서 시중에 판매되는 마가렛은 줄기가 목질화되는 다년생 마가렛과 그렇지 않은 일년생 마가렛으로 구분되어 있습니다. 단밍이네 정원의 마가렛은 일년생 마가렛입니다. 초봄부터 꽃을 피워 올리는데 하나의 씨앗에서 이토록 풍성하게 꽃을 피워내는 것을 보면 놀랍기도 합니다. 한 포기당 크게는 40cm가량의 너비로 넓게 그리고 크게 자라는 식물이기에 간격을 넉넉하게 여유를 주어 식재하실 것을 추천드립니다.

마가렛은 초봄에 화원을 방문해보면 트레이 한판 단위로 저렴하게 판매하고 있어 파종을 하지 않더라도 쉽게 구할 수 있는 꽃이기도 합니다.

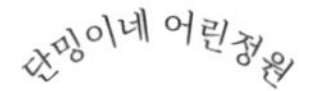

잉글리시데이지

***English Daisy*, 일년생**

중앙에 노란색 원반이 있고 흰색, 분홍색 또는 빨간색의 섬세한 꽃잎으로 둘러싸여 있는 꽃입니다. 작고 사랑스러운 잉글리시데이지는 그 자체로도 앙증맞고 예쁘지만 다른 식물들과 함께했을 때 더욱 아름다워집니다. 무스카리 혹은 보라색 비올라와 함께 잉글리시데이지를 식재하면 푸른색과 핑크색 등이 어우러진 사랑스러운 풍경을 감상할 수 있습니다.

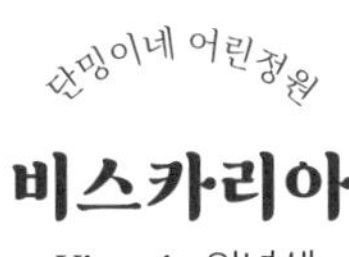

비스카리아

Viscaria, 일년생

바람이 살랑이며 불어올 때 비스카리아는 그들만의 섬세한 춤을 보여줍니다. 비스카리아는 씨앗을 파종하여 키우기가 쉬운 꽃입니다. 이른 봄에 씨앗을 파종하면 약 8주 정도 후에 첫 꽃을 피워 올리게 됩니다.

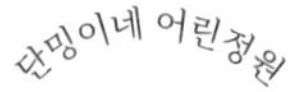

샤스타데이지

Shasta daisy, 다년생

샤스타데이지는 추위에 매우 강하며 빠르게 번식해가는 식물입니다. 주변으로 왕성하게 뻗어 나아가며 씨앗뿐만 아니라 분주법을 이용해도 손쉽게 번식이 가능합니다. 저는 이 점을 이용하여 잡초와의 경쟁이 필요한 곳에 샤스타데이지 씨앗을 뿌려두곤 합니다. 성장력이 좋은 샤스타데이지는 잡초와의 경쟁에서 승리하기 때문입니다. 샤스타데이지를 최상의 상태로 유지하려면 초봄(꽃이 피기 전)이나 초가을(꽃이 지고 난 후)에 2~3년에 한 번씩 뿌리를 나누어주는 것이 좋습니다.

단밍이네 어린정원

블루스 블루데이지

The blues blue daisy, 일년생

블루스 블루데이지는 놀라운 푸른색의 투톤을 지닌 꽃으로 무리 지어 심을 경우 깊은 인상을 남길 것입니다. 이 데이지는 씨앗에서 빠르고 쉽게 자라며 다양한 토양 조건에 매우 잘 견디는 특성을 지니고 있습니다.

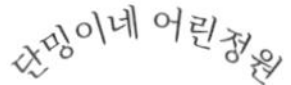

디기탈리스

Digitalis, 이년생, 짧은 다년생

키가 크고 위풍당당한 디기탈리스는 정원에 수직적인 요소를 추가하고 싶을 때 선택할 수 있는 사랑스러운 꽃입니다. 높이 솟아오른 촛대 같은 모양의 꽃으로 특히 장미와 함께 잘 어울리는 식물 중 하나입니다. 추위에 강해 월동을 잘 해내며, 파종 후 당해 연도에도 개화가 이루어지기도 하지만, 전년도에서 자란 포기에서 더욱 큰 꽃을 피워냅니다. 한 가지 주의해야 할 점은, 이 꽃은 매우 강한 독성을 지닌 식물이라는 것입니다. 따라서 반려동물을 키우신다면 반려동물이 먹지 못하게 주의가 필요합니다.

단밍이네 어린정원

세이지, 샐비어

Sage, *Salvia*, 품종에 따라 다름

육류 요리에 이용되기도 하는 허브의 한 종류입니다. 세이지 혹은 샐비어는 형태와 색상, 월동 온도 등이 다른 매우 다양한 품종이 있습니다. 월동이 가능한 대표적인 품종으로는 은빛 줄기와 잎사귀가 멋진 '러시안 세이지'가 있습니다. 봄의 개화를 즐긴 후, 데드헤딩을 통해 늦가을까지 지속적으로 꽃을 피우도록 유도할 수 있는 식물입니다. 단밍이네 정원의 샐비어는 숙근 샐비어로 월동이 가능한 샐비어의 한 종류입니다. 샐비어 또한 추위에 강한 품종과 추위에 다소 약한 샐비어가 있으니 월동 온도 확인 후 식재하는 것을 추천합니다.

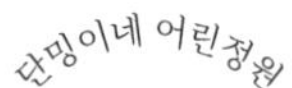

플록스

phlox, 품종에 따라 다름

코티지 정원의 주축인 플록스는 무성한 꽃구름과 다양한 색상으로 지속적인 인기를 누리고 있습니다. 플록스는 크게 일년생 플록스와 다년생 플록스, 그리고 이른 봄에 꽃이 피기 시작하는 품종과 여름에 피어 가을의 첫 번째 서리까지 개화하는 품종으로 나누어집니다. 여름꽃으로 알려진 플록스 품종은 한여름 정원에 꽃이 적어질 무렵에 아름답게 피어납니다. 저는 일년생 플록스 중에서도 보라색 꽃을 많이 피워 올리는 '무디블루' 품종을 좋아합니다. 별을 닮은 고운 보라색 꽃들은 장미 화단의 배경 식물로 손색이 없기 때문입니다.

단밍이네 어린정원

스토크

Stock, 일년생

스토크는 향기 나는 꽃을 좋아하는 저에게는 매년 정원에 꼭 심어야 하는 꽃 중 하나입니다. 스토크는 저녁부터 밤까지 향기가 더욱 강해지는 특성이 있는데, 이는 밤에 활동하는 곤충들을 수분 매개자로 선택하여 스스로 진화한 까닭입니다. 스토크를 창가에 심어보세요. 창문을 열었을 때 스토크의 달콤한 향기가 실내로 은은하게 퍼져 들어올 것입니다. 스토크는 파종 후 각각 50% 확률로 겹꽃 혹은 홑꽃으로 피어납니다. 겹꽃은 씨앗을 맺지 않는 반면 꽃의 개화기간이 길면서 화려하고, 홑꽃은 겹꽃에 비해 화려함은 덜하지만 씨앗을 맺는다는 각각의 장단점이 있습니다.

단밍이네 어린정원

올라야

Orlaya grandiflora, 일년생

올라야는 튼튼하고 우아하며 유지 관리가 거의 필요하지 않은 일년생 식물입니다. 무성하고 아름다운 회녹색의 양치류 잎 위로 산형 모양으로 자라는 섬세한 순백색 꽃을 풍부하게 피워 올립니다. 이 꽃은 특히 우단동자 등 은빛잎을 지닌 식물과 함께 심었을 경우 그 아름다움이 배가 됩니다. 꽃이 만발한 모양이 레이스 디자인과 비슷하다고 하여 '화이트 레이스 플라워'라는 명칭으로도 불립니다.

흰 레이스의 꽃은 데드헤딩을 통해 초여름부터 첫 서리가 내릴 때까지 지속적으로 개화시킬 수 있습니다. 조밀하고 덤불 같은 형태로 자라나며 가뭄에 강한 꽃으로 꿀벌, 나비 및 기타 수분 매개 곤충이 이 우아한 식물에 자주 찾아오는 모습을 관찰할 수 있습니다.

씨앗은 가을에 파종할 경우 봄에 싹이 트고 새싹이 돋아날 수 있습니다. 화이트 레이스 플라워는 65~70일 안에 꽃이 피는 식물로 자라날 것입니다.

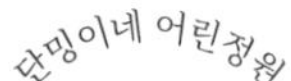

램스이어

Stachys Byzantina, Lamb's ear, 다년생

잎 모양이 어린 양의 귀와 닮았다 하여 붙여진 이름입니다. 램스이어는 벨벳 같은 창백한 은빛 회색, 녹색 잎을 가진 키우기 쉬운 다년생 식물입니다. 잎의 모든 부분에 부드러운 털이 있어 촉감이 매우 부드러우며, 잎에서 은은하게 퍼지는 향기 또한 매력적입니다. 주로 타원형 잎의 색과 부드러운 질감 때문에 화단 앞쪽에 정원사들이 즐겨 심고 있습니다. 초여름에 분홍빛이 도는 자주색 또는 흰색 음영으로 털이 나 있는 촛불 같은 형태의 꽃을 피웁니다. 일부 정원사는 꽃이 매력적이라고 생각하는 반면 다른 정원사는 잎사귀에 영양을 집중시키기 위해 꽃을 잘라내기도 합니다.

단밍이네 어린정원

스위트피

Sweet pea, 일년생

스위트피는 그 이름에서 짐작할 수 있듯이 매우 달콤한 향기를 지닌 콩과 식물입니다. 스위트피의 달콤한 향기를 실내에서 즐기기 위해 절화로도 많이 이용되곤 합니다. 이것은 단 몇 송이만으로도 방안 전체를 달콤한 향으로 가득 채울 정도로 향기가 진합니다. 스위트피는 격자 구조물 등 지주대가 필요한 덩굴식물입니다. 덩굴이 잘 감고 올라갈 수 있도록 지주대를 미리 준비해주시기 바랍니다.

단밍이네 어린정원

니겔라

Nigella, 일년생

지중해와 북아프리카가 원산지인 예쁘고 기르기 쉬운 일년생 꽃입니다. 씨앗에서 빠르고 쉽게 자라며 여름에 깃털 같은 녹색 잎으로 덮인 가늘고 곧게 선 줄기 끝에 꽃을 피워 올립니다. 씨방 또한 매우 매력적인 모양으로 건조시켜서 꽃꽂이에 이용되기도 합니다.

단밍이네 어린정원

알케밀라

Alchemilla, 다년생

'Lady's mantle'이라고도 불리는 알케밀라는 해외 정원에서는 유명한 식물이지만 우리나라에서는 아직까지는 잘 알려진 식물이 아닙니다. 반그늘 장소에서 더욱 잘 자라는 알케밀라는 비가 오면 물방울이 맺히는 아름다운 잎을 이용하여 정원의 각이 진 경계를 부드럽게 풀어주는 역할로 많이 이용됩니다. 또한 늦봄 라임색의 꽃구름은 정원에서 모든 이의 시선을 단번에 사로잡습니다.

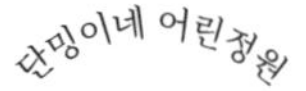

클레마티스

***Clematis*, 다년생**

클레마티스는 추위에 강한 덩굴식물로 연약한 줄기와는 달리 매우 큰 꽃을 피워 올리는 아주 매력적인 식물입니다. 꽃 형태는 너비가 5~6인치인 6개 또는 7개의 꽃잎이 있는 큰 꽃이 대부분이나 작은 꽃, 이중 꽃, 아름다운 종 모양의 꽃이 있는 품종도 있습니다. 색상은 흰색에서 와인 레드, 라벤더에서 짙은 자주색, 보라색 등이며 심지어 약간의 노란색인 품종도 있습니다. 클레마티스는 전년도에 자란 줄기에서만 꽃이 피는 품종(대표적인 품종: 몬타나), 새로 나는 줄기에서 꽃이 피는 품종, 양쪽 모두에서 꽃이 피는 품종으로 나뉩니다. 따라서 클레마티스는 꽃을 피우는 시기에 따라 가지치기 방법이 다소 달라질 수 있는 식물입니다.

클레마티스는 성숙하고 활발하게 꽃을 피우기 시작하려면 몇 년이 걸릴 수 있습니다. 기다림의 시간을 단축하고자 한다면 2년 이상 된 식물을 구입하는 것이 가장 좋습니다.

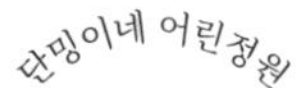

루피너스

Lupinus, 다년생

루피너스는 땅을 비옥하게 만들어주는 콩과 식물에 속하는, 늦은 봄 정원에서 가장 눈에 띄는 식물 중 하나입니다. 오랜 동안 정원사들에게 사랑받아온 루피너스는 추위에 매우 강하나 높은 온도와 습기에 약해 우리나라 장마철을 견디기 힘들어하는 식물 중 하나입니다. 층층이 피어 높이 솟아오른 우아한 꽃에서는 달콤한 향기도 즐길 수 있습니다.

단밍이네 어린정원

장미

Rose, 다년생

꽃의 여왕이라 불리는 장미에 대해서는 인터넷에 조금만 검색을 해보아도 수많은 정보가 쏟아져 나옵니다. 정보의 양만큼이나 많은 사람들에게 사랑받는 식물입니다. 장미는 받는 사랑만큼이나 종류와 모양, 향기가 다양하며 최근에는 병충해에 강한 품종, 추위에 강한 품종, 향기가 더욱 강한 품종, 꽃의 아름다움에 특화된 품종 등 다양한 품종의 장미들이 새롭게 육종되어 판매되고 있습니다. 장미를 키울 마음이 드셨다면, 덩굴장미 한 그루 정도는 꼭 함께 키우기를 권해드립니다. 초여름 정원에서 덩굴장미 한 그루의 존재감은 대단하기 때문입니다. 품종과 가지치기 방법에 따라 봄, 여름, 가을에 걸쳐 재개화를 유도할 수 있기에 장미를 키운다면 가지치기 방법에 대해서는 꼭 공부해볼 것을 추천드립니다.

단밍이네 어린정원

델피니움

Delphinium, 다년생

단밍이네 정원의 상징적인 존재가 되어버린 꽃입니다. 저는 델피니움을 정말 사랑합니다. 저뿐만 아니라 이 웅장한 푸른 꽃을 보고도 그냥 지나칠 수 있는 정원사가 있을까요? 델피니움은 5월 중하순부터 피어올라 장미의 만개 시점과 겹치게 됩니다. 장미에게 없는 푸른색을 지님으로써 장미와 함께 심을 경우 매우 아름다운 광경을 연출하게 됩니다. 오죽했으면 '장미의 기사'라는 말이 있을 정도일까요?

델피니움은 추위에 매우 강한 다년생 식물이지만, 덥고 습한 날씨를 견뎌내기 힘들어합니다. 물빠짐이 좋은 땅에 식재하고 차광막 등의 조치를 취해준다면 다음해에도 살아남아 더욱 크고 웅장한 푸른 꽃으로 보답할 것입니다.

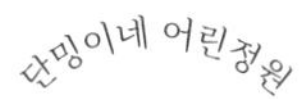

제라늄

Pelargonium, 다년생

아파트 베란다에서도 많이 키우는 제라늄은 우리에게 익숙한 식물입니다. 잎에서 나는 특유의 향으로 해충을 쫓는 기능이 있어 유럽 주택들의 창가를 장식하고 있는 풍경 사진을 많이 접할 수 있습니다. 그런데 안타깝게도 이 제라늄은 야외 월동이 불가능합니다. 따라서 겨울철에는 집안 창가에서 키우는 것이 좋으며, 늦겨울 혹은 초봄의 과감한 가지치기를 통해 한꺼번에 많은 양의 꽃을 피우도록 유도할 수도 있습니다.

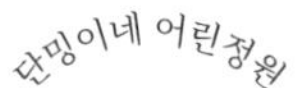

숙근 제라늄

Geranium, 다년생

정원용 제라늄인 숙근 제라늄은 일반 제라늄과는 달리 야외에서 월동이 가능한 식물입니다. 일반 제라늄과 마찬가지로 잎에서 특유의 향기가 나는데, 이 점이 다른 식물들에게 도움을 줄 수 있습니다. 특히 숙근 제라늄 중 보라색 꽃을 피우는 품종은 장미의 동반식물로 손색이 없습니다.

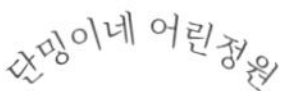

종이꽃, 헬리크리섬

Helichrysum, 일년생

밀짚모자를 연상시키는 바스락거리는 종이 질감이 신기한 꽃입니다. 이 꽃은 잘 건조시켜 드라이플라워로 사용할 수 있으며, 그 색상이 매우 오래 지속된다는 특징이 있습니다.

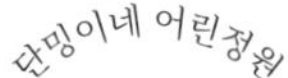

우단동자

Lychnis, 다년생

우단동자는 은색의 줄기와 잎, 그리고 그와 대조되는 강렬한 핑크색 꽃이 굉장히 매력적인 꽃입니다. 추위에 강해 우리나라에서 쉽게 월동이 가능합니다. 은빛의 기다란 꽃대가 무척 아름다우며 장미와 잘 어울려서 장미의 동반식물로 많이 이용되는 식물입니다.

백합

Lilly, 다년생

여름에 피는 모든 꽃들 중에서 백합만큼 진한 향기를 가진 꽃이 또 있을까요? 저는 초여름 정원의 여왕은 백합이라고 생각합니다. 우리가 잘 알고 있는 흰색부터 분홍색, 빨간색, 노란색, 주황색, 무늬가 있는 것·없는 것, 꽃이 위를 향한 것·아래를 향한 것 등 품종이 매우 다양하며 향기가 진한 것·약한 것 등 향기의 정도도 모두 다릅니다.

다양한 품종을 정원에 심게 되면 시간차를 두고 개화하면서 초여름부터 약 한 달간 백합향을 즐길 수 있습니다. 백합은 추위에 강하며 따로 관리하지 않아도 매우 잘 자랍니다. 다만 반려묘를 키운다면 고양이가 백합을 섭취했을 경우 독성이 강하므로 주의해야 합니다.

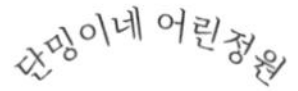

버들마편초

Verbena bonariensis, 다년생

키 큰 버베나(Tall Verbena)라고도 불리는 버들마편초는 아주 매력적인 꽃입니다. 키가 1m 이상으로 매우 큰 편이며 보라색 꽃송이를 받치는 꽃대는 무척 길고 가는 편이기에 멀리서 보면 작은 보라색 공이 둥실둥실 떠 있는 모습으로 보이게 됩니다. 이를 활용하여 꽃들이 서로 잘 어우러질 수 있도록 경계를 부드럽게 풀어주고 이어주는 용도로 많이 식재되고 있습니다. 버들마편초는 나비가 무척 좋아하는 꽃으로, 이 꽃을 정원에 심으면 늘 나비들이 날아다니는 '나비정원'을 만들 수 있습니다. 버들마편초는 우리나라 남쪽 지역 정도에서는 월동이 가능하여 다년생으로 키울 수 있으나, 중부지역에서는 월동이 다소 어렵습니다.

단밍이네 어린정원

백일홍

Zinnia, 일년생

백일홍은 여름의 대표적인 꽃으로 알려져 있습니다. 봄에 씨앗을 심으면 초여름부터 꽃을 피워 서리가 내릴 때까지 꽃을 피웁니다. 최근에는 절화용으로 알려진 아름다운 형태의 백일홍들이 인기를 끌고 있습니다. 저는 특히 '퀸 시리즈' 품종을 아주 좋아합니다. 다양한 백일홍의 세계에 어서 오세요!

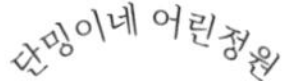

야로우

Yarrow, 다년생

잎사귀 모양이 톱과 비슷하다 하여 '톱풀'이라고도 부르는 야로우는 다양한 색상의 작은 꽃들이 모여 다소 납작한 모양의 꽃 덩이를 만드는 식물입니다. 번식력이 매우 강하여 주변으로 금세 퍼져나가고 추위에도 강한 꽃입니다. 톱 모양의 잎은 지면을 빠르게 덮어주기에 지피식물로 활용해도 좋은 식물입니다.

단밍이네 어린정원

아게라텀

Ageratum, 일년생

'풀솜꽃'이라는 예쁜 이름으로 불리기도 하는 꽃입니다. 아게라텀은 흰색, 분홍색, 라벤더 및 빨간색을 띠지만 대부분 파란색 음영으로 나타나며 복슬복슬한 폼폰 모양의 부드러운 꽃을 피웁니다. 비록 일년생이지만 자연 발아가 매우 잘되는 꽃으로 아게라텀을 키운 화단에서는 씨앗을 따로 파종하지 않더라도 매해 아게라텀을 발견할 수 있을 것입니다.

단밍이네 어린정원

다알리아

Dahlia, 다년생

다알리아는 기르기 쉽고 색상과 모양이 매우 다양하며 많은 꽃을 피우기에 마니아층이 두터운 꽃입니다. 여름부터 서리가 내릴 때까지 지속적으로 꽃을 피워 올리며 가을에 접어들수록 더욱 아름다운 색상의 꽃을 피웁니다. 다알리아는 키가 큰 품종이 많기 때문에 한여름에는 지주대를 준비해주어야 합니다. 햇빛을 좋아하며 추위에 약한 식물이기에 서리가 내린 후에는 구근을 캐서 영하로 떨어지지 않는 서늘한 곳에서 보관 후 구근을 나누어서 번식합니다. 그리고 다음해에 많이 늘어난 구근을 다른 정원사들과 교환하거나 나누기도 하고 나의 정원에도 다시 심을 수 있는 매력적인 꽃입니다.

단밍이네 어린정원

루드베키아

Rudbeckia, 다년생

추위에 강하며 더위에도 끄떡없는 아주 건강한 꽃입니다. 또한 관리에 필요한 노력도 별로 들지 않는, 정원에서 그저 묵묵히 자리를 지켜주는 고마운 꽃이기도 합니다. 초여름부터 서리가 내릴 때까지 꽃을 피워 올리며 씨앗으로도 번식이 잘되는 꽃입니다. 꽃이 드물어지는 가을에 루드베키아는 밝은 노란색으로 정원사의 눈길을 사로잡는 무척 반가운 존재가 될 것입니다.

단밍이네 어린정원

에키네시아

Echinacea, 다년생

보통 루드베키아와 에키네시아를 같은 종으로 알고 있는 경우가 많은데, 이 두 꽃은 다른 꽃입니다. 루드베키아는 잔털이 있어 만져보면 부드러운 느낌이 들지만, 에키네시아는 거친 털을 가지고 있어 잎이나 줄기가 거칠고 억세다는 느낌을 받을 수 있습니다.

에키네시아 또한 루드베키아와 비슷한 특성을 가지고 있습니다. 더위와 가뭄에 강하며 해충 피해도 쉽게 찾아볼 수 없는 꽃입니다. 다만 에키네시아는 배수가 좋지 못한 땅에서 많이 힘들어하는 모습을 보입니다. 배수가 잘 이루어지지 않는 토양에서는 뿌리 썩음 현상이 발생하여 여름철에 고사하는 경우가 있으므로 주의가 필요합니다.

단밍이네 어린정원

해바라기

Sun flower, 일년생

우리에게 친숙하면서도 사실 친숙하지 않기도 한 꽃입니다. 큰 덩치로 인해 도심의 화분이나 화단에서 밀려나 이제는 쉽게 찾아볼 수 없는 꽃이 되어버린 탓이기도 합니다.

해바라기는 전 세계적으로 널리 기르는 식물로, 특히 절화로 많이 애용되는 식물이기도 합니다. 색상이 매우 다양하며, 자라면서 자연스럽게 줄기가 나뉘어 많은 꽃을 피워 올리는 품종과 곧게 자란 하나의 줄기 끝에 꽃을 피우는 품종으로 나누어집니다. 공간에 여유가 있다면 정원 서쪽 구역에 해바라기를 무리 지어 심어보세요. 한여름 뜨거운 오후의 태양 빛으로부터 다른 식물들에게 그늘을 제공해주는 고마운 존재가 될 것입니다.

단밍이네 어린정원

락스퍼

Larkspur, 일년생

정원에서 귀한 청보라색을 포함하여 흰색, 분홍색 등의 색을 지닌 일년생 식물입니다. 높이는 1m가량으로 키가 크기 때문에 정원에서 눈에 띄는 식물입니다. 다년생 델피니움과 비슷한 모습을 하고 있어 일년생 델피니움으로 불리기도 합니다. 최근에는 아름다운 색감 덕분에 절화로 이용되기 위해 많이 길러지고 있습니다.

락스퍼는 추위에 매우 강한 식물입니다. 15도 전후의 낮은 기온에서 발아가 잘되는 편이니 가을에 씨앗을 직파해두면 추위 속에서 싹을 틔우고, 겨울을 견뎌내어 다음 해 초여름에 아름답게 꽃을 피워 올릴 것입니다.

단밍이네 어린정원

은쑥

Artemisia, 다년생

향기가 쑥과 비슷하다 하여 은쑥으로 불리는 이 식물은 국화과 다년초로, 잎이 부드러운 털처럼 잘게 나뉘고 향기가 매우 강한 은빛 식물입니다. 이 향기는 해충을 쫓는 데 많은 도움을 줍니다. 늦여름에 약간 노란빛이 도는 꽃을 피우는 은쑥은 국화와 마찬가지로 해가 갈수록 중앙 부분이 텅 비어버린 듯한 모습을 보이기에, 이런 모습을 관찰했다면 분주법을 이용해 뿌리를 나누어 심어주도록 합니다.

단밍이네 어린정원

페튜니아

Petunia, 다년생

봄철 도로변을 장식하는 화려한 꽃으로 많이 알려진 페튜니아 또한 품종이 매우 다양합니다. 아래로 늘어지며 크는 품종, 일자로 선 상태로 자라는 품종 등. 그리고 색상 또한 매우 다양합니다.

페튜니아는 하루 종일 해가 드는 장소에서 가장 많은 꽃을 피웁니다. 여름 장마철 즈음이 되면 예쁜 모습이었던 페튜니아가 길게 늘어지며 꽃은 별로 피우지 않는 모습이 됩니다. 이때 지면 위에서 10cm 정도를 남기고 강하게 전정을 해주면 장마철 동안 열심히 다시 자라나 빛이 풍부해지는 여름에 다시금 아름다운 모습으로 꽃을 피웁니다. 자른 가지로는 삽목을 해보기 바랍니다.

삽목이 매우 잘되는 식물 중 하나이며 화분에 심어 곳곳을 장식하기에 손색이 없습니다. 페튜니아는 의외로 추위에 강해서 베란다 등에서 월동 또한 가능하나, 씨앗으로부터 쉽게 키울 수 있기 때문에 많은 정원사들은 매년 씨앗을 다시 파종하는 방법으로 페튜니아를 즐기고 있습니다.

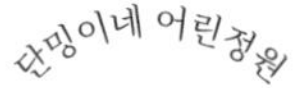

황금 조팝나무

Spirea Japonica, 다년생

황금빛의 빽빽하고 조밀한 잎이 나는 다년생 관목입니다. 특유의 황금빛 잎은 봄철에 가장 밝은 색을 지니고, 여름철로 갈수록 색이 짙어졌다가 가을이 되면 곱게 단풍이 듭니다. 늦봄에서 초여름 사이에는 많은 양의 분홍색 꽃을 피웁니다. 1차 개화를 즐긴 후 일괄적인 가지치기를 통해 2차 개화를 유도할 수 있습니다. 작은 포트에 심긴 아주 작은 묘목을 구입했더라도 3년 정도만 지나면 풍성한 관목으로 자라납니다. 삽목도 잘되는 편으로 번식도 손쉽습니다.

단밍이네 어린정원

아나벨 목수국

Annabelle Hydrangea, 다년생

많은 정원사들이 좋아하는 '아나벨' 목수국은 꽃이 피는 뛰어난 관목입니다. 초여름에 아주 커다란 둥근 꽃송이를 만들어내어 그늘진 곳을 밝게 하고 정원에 생기를 가득 불어넣습니다. 1차 개화가 끝난 후 바로 일괄적인 데드헤딩과 추가 시비를 통해 2차 개화를 유도할 수 있습니다. 2차 개화는 9월 즈음 이루어지며, 이때 초여름보다는 다소 작지만 여전히 아름다운 꽃을 피웁니다.

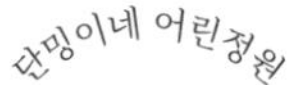

캄파눌라

Campanula, 다년생

추위에 강한 식물이며, 우아한 종 모양의 꽃을 피워 올리는 식물입니다. 품종에 따라 키가 큰 것과 작은 것, 홑꽃, 겹꽃 등 다양한 모양을 지닙니다. 정원에서 높게 솟아올라 곱게 핀 종 모양의 캄파눌라는 장미처럼 둥근 모양의 꽃을 피우는 식물과 무척 잘 어울립니다.

단밍이네 어린정원

패랭이꽃

Dianthus, 다년생

패랭이꽃은 키우기가 무척 쉬운 추위에 강한 식물입니다. 꽃 모양이 마치 대나무를 가늘게 쪼개어 엮은 모자인 '패랭이'를 닮았다 하여 붙여진 이름입니다. 여러 종류의 패랭이꽃들 중 저는 특히 '은청패랭이'라고 불리는 은빛 잎을 가진 패랭이꽃을 좋아합니다. 꽃이 진 후에도 은빛 잎은 그대로 남아 정원에 반짝이는 은빛 색감을 선사하기 때문입니다. 지면을 덮으면서 낮게 자라는 '사계 패랭이'꽃은 향기도 좋으며 구입하기도 어렵지 않아 지피식물로도 훌륭한 역할을 해내곤 합니다.

단밍이네 어린정원

수국

Hydrangea, 다년생

단밍이네의 추운 겨울을 견뎌내는 수국 품종은 'Endless Summer'라는 품종입니다. 수국을 처음 키운다면 저는 이 품종을 추천해드리고 싶습니다. 이름에서부터 예상되듯 이 수국은 새로운 가지에서 지속적으로 꽃을 만들어 피워 올리기 때문입니다. 보통 원예용 수국들은 전년도에 만들어진 가지 끝에 꽃눈을 만들고 여름 한 차례 꽃을 피웁니다. 그리고 안타깝게도 추운 지역에서는 이 꽃눈이 동해를 입어 꽃을 볼 수 없는 일이 비일비재하게 일어납니다. 따라서 새롭게 성장하는 가지에서도 꽃을 만들어 피우는 품종의 수국을 식재함으로써 전년도에 만들어진 꽃눈이 얼더라도 새로 만들어진 가지에서 꽃을 감상할 수 있습니다.

수국은 영양분이 풍부한 땅을 좋아하며, 영양분이 풍부할수록 크고 탐스러운 꽃을 피우니, 수국을 키운다면 초봄에 유기질 영양제를 꼭 시비해주시기 바랍니다. 일부 품종을 제외한 보통의 수국은 토양 pH에 따라 꽃 색상이 변하곤 합니다. 산성인 땅에서는 파란색, 중성인 땅에서는 보라색, 알칼리성에 가까운 땅에서는 붉은색으로 피우는 특징이 있습니다. 파란 수국을 원한다면 '입제 유황'이라는 유기농 농업제재를 종이컵 한 컵 정도 양으로 뿌리 주변에 뿌려두면 토양 pH가 서서히 낮아져 몇 개월 후면 파란색 꽃을 얻을 수 있습니다.

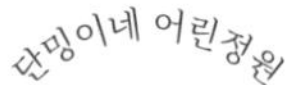

휴케라

Heuchera, 다년생

다양한 색의 잎을 지니는 휴케라는 꽃보다는 아름다운 잎을 감상하기 위해 심는 식물입니다. 그늘에 강하여 그늘에서도 잘 자라며, 계절에 따라 미묘하게 변화하는 잎을 감상하는 것이 무척 즐거운 일이 됩니다. 휴케라의 넓은 잎은 지면을 덮고 잡초 발생을 방지해줍니다. 초여름에는 작은 꽃들이 달린 긴 꽃대를 올립니다.

단밍이네 어린정원

은사초

Blue Festuca, 다년생

은사초는 은빛이 나는 섬세한 푸른 잎이 매우 매력적인 식물로 추위에 강하며 가뭄에도 강해 관리가 거의 필요없는 식물입니다. 관상용 그라스로 재배되는 다른 식물들과 달리 은사초는 매우 빠르게 성장하여 식재 후 2년만 경과해도 정원에서 눈에 띄는 존재로 자라납니다.

단밍이네 어린정원

로벨리아

***Lobelia*, 일년생**

푸른색의 작고 귀여운 꽃을 수없이 많이 피워냄으로써 단밍이네에서 사랑받는 식물입니다. 직립형으로 자라는 품종도 있지만 늘어지며 자라는 품종도 있기에 섞어서 식재한다면 더욱 풍성하게 로벨리아를 감상할 수 있습니다. 색상도 다양해서 흰색, 분홍색, 빨간색 및 파란색 등을 지니고 있습니다. 로벨리아는 특히 매달아놓는 화분에서 그 아름다움이 배가 되는 식물입니다. 여름 장마철을 견뎌내기 힘들어하므로, 화분을 비 맞지 않는 곳으로 들인 후 줄기들을 지면 위에서 10cm 정도 남긴 후 잘라주세요. 장마철을 지나 더욱 아름다운 모습으로 서리가 내릴 때까지 푸른 꽃을 피워 올릴 것입니다. 로벨리아는 씨앗이 매우 작지만 파종으로도 쉽게 키울 수 있는 식물인 만큼 푸른색 꽃을 좋아한다면 로벨리아는 꼭 키워보셨으면 합니다.

단밍이네 어린정원

펜스테몬

Penstemon, 다년생

북아메리카가 원산지인 펜스테몬은 추위에 강한 다년생 식물로 정원에서 빼놓을 수 없는 식물입니다. 품종 또한 다양하여 식재 위치를 자유롭게 선택할 수 있습니다. 어떤 종류의 펜스테몬을 심든 모두 영양이 다소 부족한 토양에서 잘 자라며 비옥한 토양에서는 줄기와 잎이 너무 연하게 자라는 경향이 있습니다.

단밍이네 어린정원

가우라

Gaura, 다년생

하늘하늘 바람에 흔들리는 모습이 나비와 닮았다 하여 '나비 바늘꽃'으로도 불리는 가우라는 키가 크고 추위에 잘 견디는 다년생 식물입니다. 가우라는 키가 크기 때문에 지주대를 해주지 않을 경우 땅을 향해 엎드리기도 합니다. 이 점 때문에 지속적으로 가지를 다듬어주는 정원사도 있습니다. 저는 이런 특성을 이용해서 언덕에 가우라를 심었습니다. 자연스럽게 땅으로 흘러내리는 듯한 꽃은 핑크색 폭포를 보는 듯 매우 아름답습니다.

단밍이네 어린정원

안젤로니아

Angelonia, 일년생

시원한 날씨를 좋아하는 봄꽃들이 여름 더위 동안 휴식을 취할 즈음이면 안젤로니아는 그때서야 성장하기 위한 속도를 내기 시작합니다. 작은 금어초를 닮은 이 꽃은 늦봄부터 서리가 내릴 때까지 쉬지 않고 꽃을 피웁니다. 안젤로니아는 가장 따뜻한 기후를 제외한 대부분의 지역에서는 겨울을 견디지 못하는 일년생 식물로 취급됩니다. 하지만 온실이나 베란다로 옮겨진 안젤로니아는 다년생으로 자랍니다.

안젤로니아의 가장 큰 매력은 우리나라의 덥고 습한 장마철 날씨에도 잘 자란다는 것입니다. 화단 앞쪽에서 쉬지 않고 열심히 일하는 이 꽃을 그냥 지나치지 마시기 바랍니다.

단밍이네 어린정원

에린지움

Eryngium, 다년생

에린지움은 'Sea holly'라고도 알려져 있습니다. 염분이 많은 해안 지역에서도 잘 자라며 회색에서 강렬한 코발트블루까지 다양한 색상을 지닌 식물입니다. 에린지움은 꽃이 만발할 때 다소 특이한 향기를 내는 것으로 알려져 있습니다. 향은 그다지 좋지 못한데, 이 향에 이끌려 파리를 포함한 각종 벌레들이 꽃에 달려드는 모습을 볼 수 있습니다. 충분한 햇빛과 배수가 잘되는 토양이 필요한 에린지움은 건조에 강하고 척박한 토양을 견딜 수 있는 멋진 식물입니다.

단밍이네 어린정원

베로니카

Veronica, 다년생

'Speedwell'이라고도 하는 베로니카는 자주색, 파란색, 분홍색 또는 흰색의 작은 꽃들이 긴 촛대 모양으로 솟아오르는, 관리가 거의 필요 없이 자라기 쉬운 다년생 식물입니다. 베로니카는 다양한 토양 조건을 견딜 수 있으며 가뭄에 강하지만, 그늘에 심을 경우 꽃을 적게 피우는 경향이 있습니다.

단밍이네 어린정원

알리움

Allium, 다년생

늦봄 따사로운 햇살을 받으며 커다란 보라색 공이 정원 위에 둥둥 떠 있습니다. 동화 속에 들어온 것만 같은 환상적인 풍경을 만들어내는 이 식물은 알리움이라고 합니다. 알리움은 튤립과 마찬가지로 늦가을 심어두면 봄에 싹을 올리고 꽃을 피우는 구근식물입니다. 동그란 구체 모양의 꽃은 수백 개의 조밀하게 피어난 작은 꽃으로 구성됩니다. 알리움은 꽃을 피우기 전부터 잎이 시드는 경향이 있으므로, 시들어가는 알리움의 잎을 가릴 수 있는 풍성한 초화류를 함께 식재해주면 더욱 좋습니다. 관리는 일반 구근식물들과 동일하게 해주면 되는데, 튤립과 마찬가지로 알리움 또한 갈수록 구근 크기가 작아져가는 소모성 구근에 가깝습니다.

단밍이네 어린정원

리빙스턴 데이지

Livingstone daisy, 일년생

리빙스턴 데이지는 반짝거리는 보석을 닮은 꽃을 피우는 다육성 식물입니다. 다육식물처럼 잎에 수분을 저장하고 있어서 건조에 강하므로, 다육식물처럼 물을 너무 자주 주면 시들어버립니다. 겉흙이 마르면 그때 충분히 물을 주도록 합니다. 지면을 낮게 기면서 자라고, 높이는 5cm 정도로 매우 낮은 편입니다.

꽃은 5~6월에 피는데 채도가 굉장히 높은 밝은색 꽃들을 피워 시선을 사로잡습니다. 꽃 중심부는 흰색이며 가장자리는 짙거나 또는 연분홍색, 오렌지색, 노란색으로 해가 있을 때 꽃을 피우며, 흐리거나 해가 지면 꽃잎을 접습니다. 꽃 지름은 약 4~5cm 정도이고, 꽃잎에 반짝이는 광택이 있는 꽃입니다. 햇빛이 잘 드는 곳에 심을수록 꽃 색상이 진해집니다.

단밍이네 어린정원

아스타

Aster, 다년생

아스타는 국화와 함께 가을을 대표하는 꽃이기도 합니다. 국화보다는 조금 일찍, 초가을부터 꽃이 피는 식물입니다. 다양한 색상과 모양의 아스타가 있으며, 작은 모종으로 심을 경우에도 금세 크기가 커지기 때문에 자리를 넉넉하게 준 후 식재하는 것이 좋습니다.

국화와 마찬가지로 2~3년에 한 번씩 분주법으로 뿌리를 나누어 심어주면 아스타를 더욱 건강하게 기를 수 있습니다. 여름에 충해가 다소 자주 발생하므로, 이에 친환경 방제법 등을 이용한 적절한 예방 조치가 필요합니다.

'사랑'의 향연이 펼쳐지는 단밍이네 정원

제자리에서 간절히 부르는 모습이 애절해 보인 탓일까요? 사람은 그 모습을 곁에 두고 싶어 꺾고 자르거나 무릎을 낮춰 향기를 맡고 속을 살피며 연신 감탄해 마지않습니다. 자세히 보아야 예쁘고 자신에게로 와 의미가 되는 것이 세상에 한둘일까만, 성장을 알되 예상하기 어려운 씨앗을 파종하고 새순의 신비로움을 겪은 사람이 발견한 봉오리는 감격스럽고, 망울이 터져 이슬을 머금은 꽃잎은 황홀합니다. 어찌 기쁨이지 않을까요?

수많은 꽃은 각자의 색과 빛깔로 자신의 존재를 빛내며 자연에게 부여받은 숙명에 따라 계절을 알기에 시와 때를 따라 피고 집니다. 고유한 빛깔은 초록 사이에서 존재감을 빛내고 자신의 향은 인간과 자연의 곤충과 동물들에게 유익하거나 때론 자신에게 이롭습니다. 다양함은 끝이 없고 신비함은 깊이의 가늠이 어려우며 아름다움은 사진을 보는 것만으로도 설레게 합니다. 이는 꽃이 가진 매력입니다.

단밍이네 정원에서는 많은 다양한 꽃들을 만날 수 있습니다. 이른 봄 비올라들의 해를 따라 움직이는 병정놀이는 귀엽게 흐드러지고, 수선화의 청초함이 곳곳에서 피어오르며, 겨우내 땅속에서 인내한 튤립의 굳건함은 놀랍습니다. 휘어지는 페튜니아의 풍성함은 아직 채워지지 않은 정원의 빈자리를 덮고, 포기번식이 놀라운 마가렛은 생명의 신비를 느끼게 합니다. 노지의 한기를 이겨낸 겨울 파종이들이 보이지 않는 뿌리의 힘으로 봄 땅을 딛고 오릅니다. 언제 그렇게 뿌리가 길어졌는지 알 수는 없지만, 그의 단단함은 줄기의 성장으로 잎의 싱그러움으로 능히 짐작할 만합니다. 성숙을 위해 준비하고 애쓴 노력은 그 결실이 건강하고 과정이 풍성하며 단단하고 굳습니다.

지면을 덮어 푸른 바다를 이루는 네모필라는 잎 하나하나의 빛깔이 곱고 고와 한복의 여리한 옷깃처럼 수줍기 그지없으나 큰 무리를 이루어 일렁이면 크고 두터운 질량감으로 정원의 한 부분을 추켜세웁니다. 수많은 장미의 동반 식물들이 그 피어날 때를 알아 성장을 시작하고 정원지기의 취향에 따라 그 색과 조화로움은 이미 계획되어 있으나 열과 성을 다해 그 본연의 색을 위해 노력합니다. 그렇게 피어난 존재의 가치는 짐짓 화려하며 바람과 햇살이 더해져 늦봄과 초여름의 정원은 파스텔톤으로 아름답고 우아합니다.

우리가 흔히 들꽃이라 부르는 꽃들은 신의 부름으로 이 땅에 존재해왔고 그들 중 인간에게 아름다움으로 선택된 꽃들은 다양한 방법으로 변화를 거듭해왔습니다. 연약한 줄기에서 꽃이 피어 한해를 살다 생을 마감하기도 하고, 오랜 세월을 사는 거친 줄기를 가진 나무의 가지 끝에서 꽃을 피우고 열매를 맺으며 오랜 세월을 살다 스러지기도 합니다. 겨울을 견뎌내는 올곧고 억센 나무의 거친 결도 좋고, 그 끝 어디에, 어느샌가 만들어져 도톰해져 귀여운 겨울눈은 사랑스럽습니다. 물이 녹고 바람이 부드러워지는 봄이 되어 겨울눈이 더 부풀어오르고 잎눈에는 초록빛이 감돌고 꽃눈에는 연한 붉은 빛이 감돌면 매일 매일이 경이롭고 행복합니다.

그것들을 들여다보며 기다릴 수밖에 없는 무력감에 오히려 신비로움이 더하고 기다려지는 기쁨에 행복을 느낍니다. 그 사이 땅에서 새롭게 솟아오르거나 이미 그 자람을 다해 꽃봉오리를 맺어 바람이 더 따사로워지길 기다리는 수많은 어여쁨들은 자세를 낮추게 하고 거니는 발걸음을 더디게 합니다. 하나가 터져 피어오르고 허물을 벗은 나비의 날개처럼 짖은 몸을 말려 하늘거리기 시작하면 정원은 온통 그 꽃으로 향기롭고 그 빛깔로 물들어갑니다.

먼저 핀 아이는 먼저 지고 나중에 맺힌 봉오리는 그의 때를 기다립니다. 먼저와 나중의 구별 없이 모두를 위해 생명의 힘을 전달하는 줄기와 뿌리는 터질 듯 팽창하고 그 순환을 돕는 정원사의 가위와 삽은 분주해집니다. 겨울을 이긴 봉오리는 혹독한 추위만큼 기특하고 좁은 포트에서 가녀린 몸을 일으킨 파종이들은 그 가냘픔만큼이나 대견합니다. 삽목이들은 줄기의 거무튀튀함만큼이나 기대가 빈약하였기에 날것의 희망 그대로 뿌듯하고 신비롭습니다.

꽃을 키운다는 것은 오랜 준비와 과정이 필요한 일입니다. 자연의 시와 때를 알아야 하기에 겸손하고 지혜로워야 하며, 한곳에 머물러야 하기에 땅을 알고 그 속의 알맞음을 준비해야 합니다. 한해를 살다 저버리는 것에 대해 아쉽지 않아야 하며, 내년에 또 필 것이라는 희망 이전에 또 피우기 위해 애쓰는 뿌리와 줄기의 노고를 이해하고 보듬어야 합니다. 이것이 준비입니다. 파종이라는 것은 단순히 경제적인 이유를 차치하고라도 생명의 잠듦과 깨어남을 함께하기에 숭고하고, 삽목은 생명력에 대한 경외를 동반하기에 신비롭기까지 합니다. 꽃을 피우는 식물은 말없이 강건하다가도 여러 가지 이유로 힘없이 그의 때를 다하는 경우가 많습니다. 오랜 비에 녹고 서리에 고꾸라지며 거센 바람에 누워서도 생명을 보존하려 애씁니다. 이에 북돋우고 미리 준비하며 일으켜 빛을 향해 세우는 돌봄이 필요합니다. 이것을 일러 과정이라 합니다.

세상의 꽃들은 각기 다른 모양과 빛깔과 크기를 가지고 있습니다. 더불어 생육에 알맞은 온도와 개화 시기와 지속 기간을 지니고 있습니다. 정원사는 이러한 꽃의 특징을 잘 이해해야 합니다. 그러하기에 정원사를 대지의 화가라고 하지 않을까요? 자신이 추구하는 정원의 모습을 디자인해서 주를 이루는 색과 톤을 결정하고, 개화시기에 따라 먼저 피어오르고 나중에 모습을 드러내어 먼저 진 이의 허물을 숨겨주고 나중에 솟아오를 키 큰 이를 돋보이게 해주며 또 누군가는 뽐내는 그 모든 꽃들의 일련의 과정을 머릿속에 그립니다.

어떤 꽃은 작은 몸집을 3배나 부풀려 화단의 경계를 하얀 꽃으로 채워주어 이른 봄 정원을 싱그럽게 했던 튤립이 지고 난 잎의 절망을 가려줍니다. 푸른 바다를 이루던 한복의 깃처럼 어여쁜 꽃들은 솟아오르는 푸르고 아름다운 꽃방망이들의 화려함을 받쳐주다 때를 따라 사라지고, 고추잠자리와 나비의 날갯짓에 어울리는 어느 풀의 하늘거림은 가을다움을 더하기도 합니다. 어느 구조물의 색은 어떠해서 어떤 색의 장미가 강렬하며, 어느 나무의 나뭇잎은 그 작고 여림이 봄과 같아 연한 분홍의 꽃잎이 녹음 짙은 여름에도 봄의 정취를 느끼게 하겠구나를 생각하곤 합니다. 때론 지면에서 솟구치는 열을 식혀줄 그늘을 고민하기도 하고 벌레를 쫓을 향기를 생각하기도 합니다. 한정된 지표면에 늘 있어야 할 여러 해 사는 꽃들의 위치는 옮기기 어렵고, 어울릴 많은 꽃들은 새롭지만 땅과 날씨에 어울리기 위해서는 여러 노력이 필요하므로, 정원사는 늘 꽃에 대해 공부하고 가능성을 탐구하며 조화를 위해 노력해야 합니다.

어여쁘지 않은 꽃이 있을 리 만무하지만 자신의 정원에 어울릴 꽃은 있을 수 있으므로 찾고 연구하는 노력을 게을리할 수는 없을 것입니다. 많고 적음이, 다양하고 그렇지 않음이 정원의 아름다움을 결정하는 것은 아닐 것입니다. 조화롭고 풍성하며 모두가 행복한 정원은 오로지 그곳에 뿌리를 내리게 한 정원사의 기꺼운 선택과 노력 덕분입니다.

단밍이네 정원의 아름다움은 조화로움에 있습니다. 톤은 파스텔톤이며 푸른색과 보라색이 주류를 이루고 있습니다. 정원사 개인의 취향이지만 알록달록하지 않아 가장 가까운 곁에서 지켜보는 이도 지지와 격려를 아끼지 않는답니다. 단밍이네 정원의 풍성함은 입체감에 있습니다. 키의 높낮음과 꽃의 잔잔함과 당당함을 함께 담습니다. 아치를 휘감고 건물 벽을 타며 하늘을 향한 기둥을 오르는 꽃들은 시선의 다양함을 유도하도록 배치됩니다. 단밍이네 정원의 변화는 지속성에 있습니다. 피고 지는 일이 숙명인 꽃과 식물들의 특성에 대한 이해로 아쉬움과 기대감을 번갈아 전하며, 어느 한순간도 자연이 하는 일이 인간의 일과 관련 없지 않도록 계절의 순환과 더불어 함께합니다.

정원의 일은 봄과 여름에만 있지 않습니다. 가을에도 있으며 겨울에도 꽃과 움틈은 있습니다. 다만 그곳이 대지의 한가운데일 수도 있고 포트 안일 수도 있으며 토분 안일 수도, 호미 길이만큼의 땅속일 수도 있는 차이는 있습니다.

꽃은 사람을 풍요롭게 합니다. 아직 밤에는 롱패딩의 포근함이 필요한 이른 봄날 어느 저녁, 서부해당화의 흐드러진 꽃잎이 봄밤 마당 맥주 한잔을 부르고, 벼르고 별러 드디어 만개한 장미 한 송이는 그날 낮 야외 테이블에서의 식사를 준비하게 합니다. 향기로운 그윽함들은 밤 정원을 거닐게 하고 하늘거리는 꽃잎은 햇살 가득하지 않아도 손가락을 펼쳐 쓰다듬게 합니다. 애쓰지 않아도 자세히 보게 되고 그 사랑스런 모습에 미소짓게 됩니다. 누군가 키워놓은 거리의 꽃들을 어떤 이가 그리 세심하게 쓰다듬겠는지요? 잘라 만든 꽃다발의 꽃을 누가 이름 말곤 무엇이라도 궁금해하겠는지요? 씨를 뿌려 자라게 하고 수많은 호미질로 땅을 일구고, 오랜 시간 물을 주어 촉촉하게 해주었기에, 그러했기에 피어난 꽃에 우리는 감동하고 겨워하게 됩니다. 어여쁨으로 주변을 환하게 밝혀 많은 이들의 사랑과 감탄을 자아내지만 나고 자라 솟아오르는 일련의 과정에서도 무한한 경외와 행복을 주는 꽃들은 사랑 그 자체입니다.

수천 년간 해마다 새로움으로 인간에게 미소와 행복을 전한 것이 어디 그리 흔하겠는지요? 주변에 흐드러졌으나 다가와 손을 내밀어야 은밀한 이야기와 황홀한 아름다움을 선사하는 꽃들의 향연은 언제나 어여쁘고 행복합니다. 곧 정원사의 기쁨입니다.

용어 설명

● **선태식물** / 지구 생성 초기에 육상에 나타난 최초의 식물군. 물과 양분이 이동할 수 있는 통로인 유관속이 발달하지 않은 하등식물

● **양치식물** / 고생대 말엽에 크게 번성한 식물. 유관속이 발달한 식물

● **유관속** / 식물에 있는 조직의 한 부분. 뿌리, 줄기, 잎 속에 있으며 양분의 통로인 체관과 물의 통로인 물관으로 이루어져 있음

● **나자식물(겉씨식물)** / 씨앗을 감싸고 있는 씨방이 없어서 씨앗이 겉으로 드러나 있는 식물

● **피자식물(속씨식물)** / 완전한 꽃이 피는 식물로 씨앗이 씨방에 싸여 있고, 열매를 맺는 식물

● **일년초** / 씨앗을 파종한 후 일 년 이내 개화 및 씨앗을 맺으며 씨앗을 맺으면 생을 마감하는 식물

● **춘파일년초** / 봄에 씨앗을 파종하는 일년초

● **추파일년초** / 가을에 씨앗을 파종하는 일년초

● **숙근초** / 겨울이 되면 줄기나 잎 등 지상부는 말라죽지만 지하의 뿌리는 계속 남아 생육을 계속하는 초본성 식물

● **노지 숙근초** / 내한성이 강한 식물들로 노지에서도 뿌리나 줄기의 일부가 살아남아 월동한 후 이듬해 봄에 싹을 틔우는 숙근초

● **반노지 숙근초** / 온대 원산으로 내한성이 약해 겨울에 짚이나 낙엽 등으로 보온을 해주어야 겨울을 나는 식물

● **온실 숙근초** / 열대 및 아열대 지방 원산으로 내한성이 약해 겨울에는 온실이나 실내로 들여야 하는 식물

● **구근식물** / 숙근초 일종으로 알뿌리를 형성하는 식물

● **춘식구근** / 봄에 심는 구근

● **추식구근** / 주로 늦가을에 심는 구근

● **온실구근** / 노지에서 월동이 불가능하여 주로 온실이나 실내에서 키우는 구근

● **관엽식물** / 잎의 모양, 색깔, 형태, 무늬 등을 주로 감상하는 식물

● **다육식물** / 두꺼운 잎과 줄기에 수분을 저장하는 특징을 지니는 식물

● **화목** / 꽃이 피는 목본식물

● **관상수** / 관상용 목본 식물 중 화목류를 제외한 나무들

● **기부** / 줄기와 뿌리의 경계 부분 중 땅 표면과 맞닿는 부분

● **말단부** / 줄기와 뿌리의 끝부분

● **생장점** / 식물의 줄기와 뿌리 끝부분에 있으며, 계속해서 줄기와 뿌리를 자라게 하는 곳

● **정아** / 줄기의 생장점을 어린잎이 감싸고 있는 부분

● **정아 우세 현상** / 정아에서 생성된 '옥신'이라는 식물 호르몬이 정아 생장은 촉진하고 아래쪽 측아의 발달은 억제하는 현상

● **측아** / 줄기 옆쪽에 생기는 눈

● **순집기** / 나무의 가지나 풀의 줄기에서 새로 돋아 나온 연한 싹을 손가락으로 살짝 제거해주는 방법

● **슈트** / 어린 가지와 새싹을 의미

● **슈트계** / 줄기와 그 위에 나 있는 잎, 눈, 꽃과 과실 등 모두를 포함

● **근관(뿌리골무)** / 식물 뿌리 끝부분에 있는 모자 모양의 조직. 생장점을 보호하는 작용을 함

● **영양기관** / 식물의 영양을 관장하고 개체 유지에 관계하는 기관. 식물의 줄기와 잎, 뿌리가 이에 속함

● **생식기관** / 식물 생식에 관여하는 기관. 꽃, 종자, 열매가 이에 속함

● **증산작용** / 식물체 안의 수분이 수증기가 되어 공기 중으로 나오는 현상

● **광합성** / 녹색식물이 빛 에너지를 이용하여 이산화탄소와 수분으로 유기물을 합성하는 과정

● **엽록소** / 광합성에 가장 중요한 요소로,

빛에서 에너지를 흡수하며 이산화탄소를 탄수화물로 전환시키는 식물의 녹색 색소

● **엽록체** / 식물 잎의 세포 안에 함유된 둥근 모양 또는 타원형의 작은 구조물. 엽록소를 함유하여 녹색을 띰

● **기공** / 식물의 잎이나 줄기 겉껍질에 있는, 숨쉬기와 증산 작용을 하는 구멍

● **수공** / 잎 끝에 있는 구멍으로 식물체 내의 수분을 배출하는 구멍

● **일액 현상** / 증산작용이 부족하여 뿌리로부터 흡수한 수분이 식물체 내에 많아지면 잎 끝에 있는 수공이라는 구멍을 통해 수분을 배출하는 현상

● **T/R율**(top/root ratio) / 지하부 뿌리의 부피에 대한 지상부 부피의 비율

● **갖춘꽃** / 꽃받침, 꽃잎, 암술, 수술로 구성되어 있는 꽃

● **안갖춘꽃** / 꽃받침, 꽃잎, 암술, 수술 중 한 가지라도 갖추지 못한 꽃

● **수분매개자** / 종자식물에서 수술의 꽃가루가 암술머리에 옮겨 붙는 일을 돕는 것들. 바람, 곤충, 새 등이 포함

● **씨방** / 속씨식물의 암술대 밑에 붙은 통통한 주머니 모양의 부분. 그 속에 밑씨가 들어 있음

● **밑씨** / 수정된 뒤에 자라서 씨가 되는 것

● **배** / 식물이 될 싹

● **배유**(배젖) / 배에게 영양분을 공급하는 역할을 함

● **떡잎** / 씨앗에서 움이 트면서 최초로 나오는 잎. 보통의 잎과 형태가 다르고 양분을 저장한 것이 있음

● **호흡** / 광합성을 통해 만들어진 당과 산소를 이용하여 물과 이산화탄소, 그리고 생장하기 위한 에너지를 만들어내는 과정

● **기생식물** / 변형된 뿌리를 이용해서 다른 식물에 기생하여 살아가는 식물. 기생하면서 광합성도 하는 반기생(半寄生) 식물과 엽록소가 없어 전혀 광합성을 하지 않는 전기생(全寄生) 식물로 분류됨

● **무기양분** / 식물체 성장에서 양분으로 사용될 수 있는 물질 중 탄소를 포함하지 않은 성분

● **필수 원소** / 식물 생육에 꼭 필요한 원소

● **미량 원소** / 체내 함량이 낮고 식물 생육에 적은 양이 요구되는 원소들

● **수용성 비료** / 물에 녹여 사용하는 비료

● **영양 생장** / 잎, 줄기, 뿌리 등 영양 기관이 자라는 현상

● **생식 생장** / 식물의 꽃, 과실, 종자 등의 생식 기관을 분화해서 발육시키는 과정

● **분화** / 생물체나 세포의 구조와 기능 따위가 특수화되는 현상

● **내한성** / 추위를 견디어내는 성질, 또는 그런 능력

● **내열성** / 열을 견디어내는 성질, 또는 그런 능력

● **내건조성** / 건조함을 견디는 성질, 또는 그런 능력

● **안토시아닌 색소** / 식물의 꽃, 잎, 열매 따위의 세포액 속에 들어 있어서 빨강, 파랑, 초록, 자주 따위의 빛깔을 나타내는 색소

● **엽맥** / 잎살 안에 분포되어 있는 관다발과 그것을 둘러싼 부분

● **잎살** / 잎의 기본 조직인 표피와 잎맥 이외의 조직

● **표피** / 고등 식물체의 표면을 덮고 있는 조직

● **형성층** / 쌍떡잎식물이나 겉씨식물, 일부 외떡잎식물과 양치식물의 줄기나 뿌리의 물관부와 체관부 사이에 있는 분열 조직

● **시비** / 식물에게 필요한 영양분을 비료 형태로 공급해주는 것

● **무기질 비료**(화학비료) / 화학적으로 만들어 뿌리나 잎에 주는 비료

● **유기질 비료** / 동 · 식물로 만들어져 유기 화합물이 들어 있는 비료

● **염류집적 현상** / 토양에 화학 비료와 농약 분해물들이 축적되는 현상

● **퇴비화** / 풀이나 짚, 낙엽, 똥 따위가 한데 썩어서 거름이 됨

● **토양 미생물** / 흙 속에 있는 미생물. 토양 생성이나 고등 식물 생육에 큰 영향을 줌

● **정식** / 화분이나 화단 흙에 식물을 완전하게 심는 것

● **가식** / 정식하기 전에 임시로 흙에 심어 두는 것

● **통기성** / 토양에 공기가 통할 수 있는 성질이나 정도

● **보수성** / 토양이 수분을 보유하는 성질

● **보비성** / 토양이 비료 성분을 보유하는

성질

● **밑거름** / 식물을 심기 전, 흙이나 화분 흙에 뿌려 미리 섞는 지효성 비료(거름)

● **웃거름** / 식물이 성장해가면서 보충해 주는 거름

● **엽면 시비** / 수용성 비료를 물에 희석하여 식물의 잎, 줄기 등 지상부에 뿌려주는 것

● **휴면** / 일시적으로 생장 활동이 멈추는 생리현상

● **발아** / 배가 생장하여 어린뿌리와 싹이 씨앗 껍질을 뚫고 나오는 현상

● **맹아** / 겨울눈에서 잎이나 꽃을 피워 올리는 현상

● **아브시스산** / 식물이 만들어내는 호르몬 일종으로 겨울 동안 식물의 휴면 유지 등에 관여

● **지베렐린** / 식물이 만들어내는 호르몬 일종으로 식물들이 휴면에서 깨어나게 하는 호르몬

● **성숙** / 꽃과 열매를 만들어낼 수 있는 상태

● **최소엽수** / 꽃을 만들어낼 수 있는 상태 직전까지 만들어진 식물의 잎 수

● **식물의 유년성** / 영양 생장이 어느 정도 이루어진 후에야 생식 생장으로의 전환이 가능하게 되는 성질

● **개화** / 꽃받침과 꽃잎이 벌어져 수정을 하고 열매를 맺을 준비를 하는 상태

● **일장** / 해가 떠 있는 하루 낮의 길이

● **광주성** / 일장이 개화에 영향을 미치는 효과

● **춘화** / 개화를 위해 생육의 일정한 시기에 저온 시기를 거쳐야 하는 생리적 현상

● **최적온도** / 식물이 가장 활발하고 건강하게 잘 자라는 온도

● **최저온도** / 식물들이 버텨낼 수 있는 최저 한계온도

● **최고온도** / 식물들이 버텨낼 수 있는 최고 한계온도

● **하고 현상** / 식물들이 여름철을 지낼 때 생장이 현저히 쇠퇴하거나 정지하고 고사하는 현상

● **냉해** / 물의 조직 즉 줄기나 뿌리, 잎 등이 얼지 않는 범위에서 식물이 받게 되는 피해

- **동해** / 물이 월동하는 도중 겨울 추위로 인해 받게 되는 피해
- **광합성 유효광** / 광합성에 사용되는 빛의 범위
- **광보상점** / 광합성을 위해 흡수하는 이산화탄소 양과 호흡을 통해 배출하는 이산화탄소 양이 같아지는 지점
- **광포화점** / 합성속도가 증가하지 않는 빛의 세기
- **한계일장** / 식물들이 꽃을 피우는 혹은 피우지 않는 기준이 되는 빛의 길이
- **장일식물** / 한계일장보다 긴 일장 조건이 주어지면 개화하는 식물
- **단일식물** / 한계일장보다 짧은 일장 조건에서 개화하는 식물
- **중성식물** / 일장 조건에 관계없이 개화하는 식물
- **표토** / 부드러워 갈고 맬 수 있는 땅 표면의 흙
- **떼알구조**(입단구조) / 토양의 단일한 입자가 모이고 모여 입단(粒團)을 구성하는 상태
- **홑알구조**(단립구조) / 토양의 알갱이들이 서로 결합하지 않고 개개의 알갱이들로 흩어져 있는 토양 구조. 떼알구조와는 달리 토양의 물리적 조건이 나쁨
- **EM액** / 유익 미생물들을 액체화한 것
- **부식** / 흙 속에서 식물이 썩으면서 만들어지는 유기물 혼합물
- **유효 토심** / 뿌리를 수월하게 내릴 수 있는 땅의 깊이
- **경반층** / 단단하게 다져져 물과 공기가 잘 통하지 않는 토양층
- **팽압** / 식물 세포를 물 또는 삼투압이 세포액보다 낮은 용액 속에 넣었을 때, 막압(膜壓)과 평형을 유지하기 위해 세포 내부로부터 밖을 향하여 작용하는 막압과 같은 크기의 압력
- **질소고정균** / 공기 가운데 질소를 흡수하여 균체(菌體) 성분을 구성하는 균
- **질소고정** / 공중의 질소를 질소고정균의 도움으로 암모니아로 토양에 고정시키는 현상
- **미기후** / 어떤 공간에서 부분적으로 형성되어 있는 미세한 기후
- **성토** / 흙을 쌓음

● **질소기아** / 생볏짚과 같이 탄질률이 높은 유기물을 비료로 사용했을 때 토양에 들어 있는 미생물과의 질소 경합으로 식물이 이용할 수 있는 질소가 부족해지는 현상

● **멀칭** / 흙이 드러나지 않게 무엇인가로 흙을 덮는 것

● **초목회** / 풀과 나무를 태운 재

● **경화** / 기본적으로 월동이 가능한 식물이 기온이 내려감에 따라 추위를 이겨내는 내동성이 증가하는 것

정원에서 사용하는 원예도구

정원에서 사용하는 원예도구는 가드닝의 효율성을 높이기 위해 꼭 필요합니다. 없으면 없는 대로 다른 용품으로 대체할 수 있으나, 있으면 가드닝의 불편함을 줄여주고 즐거움을 높여줍니다. 소독되지 않은 전지가위로 인해 식물이 고사하고 예쁜 장미의 가시에 찔려 짜증이 밀려온다면 그건 식물의 잘못이 아니라 준비하지 못한 사람의 탓이 더 큽니다. 따라서 가능하면 원예도구를 갖추는 것이 중요합니다. 가드닝으로 오랫동안 행복해야 하니까요.

● **분무기** / 다양한 영양제 살포와 건강한 성장을 돕는 여러 액체 살포를 위해 분무기는 필수입니다. 전동식으로 어깨에 메는 배낭 형태와 한 손으로 들고 사용하는 핸디형 두 가지가 있습니다.

● **괭이와 호미** / 땅을 일구고 잡초를 뿌리부터 제거하는 일은 반드시 필요하며 적절한 도구를 사용하는 지혜가 필요합니다. 매번 비가 온 다음날에 맞춰 잡초를 손으로 제거할 수는 없으니까요.

● **꽃가위** / 가위 사용은 손목 통증을 줄이고 가지 굵기가 다양해도 활용할 수 있다

는 장점이 있습니다. 다만 다용도 가위는 식물 줄기를 오염시킬 수 있습니다. 용도에 알맞은 가위 사용이 필요합니다.

● **정원수레** / 외바퀴 수레와 양바퀴 수레 두 종류가 있으며, 숙련자는 외바퀴를, 초보자는 양바퀴를 선호하지만 일반적이지는 않습니다. 한꺼번에 다양한 도구를 담아 이동하기에 좋은 수레는 전지한 가지, 퇴비, 비료 등 옮겨야 할 것들이 많은 정원에서는 꼭 필요합니다.

● **장갑** / 목장갑은 손을 보호하고 용접용 장갑(팔뚝까지 감싸는 길이)은 장미 전지할 때나 거친 바늘을 가진 잡초를 제거할 때 몸을 보호합니다.

● **잔디깎기** / 전기의 힘으로 모터를 돌려 날로 잔디를 깎는 전동식과 사람이 밀고 다니며 잔디를 깎는 수동식이 있습니다. 좁은 면적이라면 수동식도 훌륭하지만 전동식이 더 효율성이 좋습니다. 큰 잔디깎기로 깎을 수 있는 굴곡진 곳이나 모서리 화단 경계 같은 곳은 충전식 예초기를 사용하면 깨끗한 정원 상태를 유지하는 데 효과적입니다.

● **전지가위** / 약한 가지를 자르거나 시든 꽃의 데드헤딩을 할 때 꼭 필요한 것이 전지가위이며 단단한 가지를 자를 때도 요긴하게 사용됩니다. 사용하고 난 뒤에는 소독용 알코올로 깨끗하게 한 다음 안전하게 보관하는 것이 중요합니다.

● **삽** / 흙을 일구고 작물을 옮기고, 식물 포기를 나누고 옮기는 많은 일에 삽이 사용됩니다. 요즘은 삽자루가 철로 된 제품이 많이 출시되는데, 자루가 부러져 삽을 사용하지 못하는 경우가 많으므로 철로 된 삽자루 제품을 추천드립니다. 정원 가드닝에서 각삽은 활용도가 거의 없으며, 눈을 치울 때 쓰는 플라스틱 각삽이 긁어낸 잔디를 퍼 담는 용도로 가끔 활용됩니다.

● **앞치마** / 옷이 망가지는 경우를 방지하고, 전지에 필요한 가위나 가지유도에 필요한 분재철사 등을 필요할 때 꺼내 쓸 수 있는 주머니가 넉넉한 앞치마는 일의 효율성을 높여줍니다.

● **휴대용 의자** / 착용하기 민망하고 처음에는 조금 불편함을 느낄 수 있으나, 이 의자야말로 파종을 하거나 모종 식재 등 다

양한 환경에서 가드너의 허리통증을 완화하고 무릎을 보호하는 역할을 톡톡히 해냅니다.

● **과수원용 사다리** / 큰 나무의 가지치기나 장미의 가지유도 등 여러 상황에서 높은 곳에 올라갈 경우가 발생합니다. 과수원용 사다리는 사다리와 지지대로 구성되어 있으며 높이가 최대 13~15m까지 올라갈 수 있어 유용합니다.

● **물호스 및 호스건** / 정원이 넓어지고 식물이 많아질수록 가드너의 대부분의 시간은 물을 주는 데 할애됩니다. 이 시간을 절약하기 위해 물호스를 자동분무기에 연결하는 방법을 자주 사용하는데, 야외수도 수압이 낮고 플라스틱 제품의 호스연결부품은 물의 압력을 견디지 못해 터져버리는 경우가 대부분이므로 가스연결밸브를 사용하여 최대한 터짐으로 인한 물 낭비를 방지하도록 합니다.

정원 전체를 한 바퀴 도는 호스를 바닥에 두르고 중간중간 포인트를 정해 호스를 자르고 가스밸브 T자 관을 연결합니다. 밸브와 연결된 부분에 4~5m가량의 호스와 호스건을 연결합니다. 단밍이네는 전체 정원에 이렇게 연결한 호스건이 5개가 있는데, 필요에 따라 물을 주며 그중 한 곳은 칙칙 소리를 내며 물을 분사하는 자동분사기에 연결하여 정원을 두 구역으로 나누어 30분가량씩 자동으로 공간에 물을 주도록 하고 있습니다.

참고문헌

권영명 외 12인, 《식물생리학》, 1997, 도서출판 아카데미서적

홍순관, 《식물의 구조와 기능》, 2002, 도서출판 진솔

이와나미 요조, 《광합성의 세계》, 2006, 도서출판 아카데미서적

변재균 외 9인, 《식물생장 조절물질》, 1996, 도서출판 농원

이효원, 《유기농업 원론》, 2009, (사)한국방송통신대학교 출판부

최은영 외 7인, 《생활원예》, 2021, 한국방송통신대학교 출판문화원

류수노 외 1인, 《재배학원론》, 2021, 한국방송통신대학교 출판문화원

김태성 외 4인, 《원예작물학》, 2022, 한국방송통신대학교 출판문화원

김길웅 외 2인, 《최신 잡초방제학 원론》, 2021, 경북대학교 출판부

최재을 외 4인, 《식물의학》, 2018, 한국방송통신대학교 출판문화원

문원 외 2인, 《원예학개론》, 2020, 한국방송통신대학교 출판문화원

김계훈 외 4인, 《토양학》, 2021, 한국방송통신대학교 출판문화원

이재두 외 7인, 《식물 형태학》, 1993, 도서출판 아카데미서적

정수진, 《식물의 이름이 알려주는 것》, 2002, 도서출판 다른

이병철, 《Garden plant combination》, 2021, 도서출판 한숲

오카모토 요리타카, 《무비료 텃밭 농사 교과서》, 2020, 보누스

yearly plan

정원 가드닝 연간 계획표

할일	화단 흙 준비하기	식물 비료주기	파종 하기	가지 치기	식재 하기	멀칭 하기	숙근식물 포기 나누기	잡초 제거
1월								
2월								
3월								
4월								
5월								
6월								
7월								
8월								
9월								
10월								
11월								
12월								

해당 가드닝의 적당한 시기

삽목 하기	데드 헤딩하기	구근 심기	관수	잔디밭 청소	잔디 깎기	퇴비 만들기	씨앗 채종
		춘식구근					
		추식구근					
		추식구근					

단밍이네 어린 정원

초판 1쇄 발행 2023년 04월 10일
초판 2쇄 발행 2023년 05월 15일

지 은 이 고현경, 이재호
펴 낸 이 한승수
펴 낸 곳 티나

편 집 이상실
디 자 인 박소윤
마 케 팅 박건원, 김홍주

등록번호 제2016-000080호
등록일자 2016년 3월 11일

주 소 서울특별시 마포구 연남동 565-15 지남빌딩 309호
전 화 02 338 0084
팩 스 02 338 0087
E-mail hvline@naver.com

I S B N 979-11-88417-59-9 13520

• 책값은 뒤표지에 있습니다.
• 잘못된 책은 구입처에서 교환해드립니다.
• 티나(teena)는 문예춘추사의 취미실용 브랜드입니다.